21世纪高职高专机电类规划教材

AutoCAD 2010中文版

基础教程

主　编　魏祥武

副主编　王　梅　胡晓燕　李　靖

主　审　李滨慧

中国人民大学出版社

·北京·

前　言

AutoCAD 是美国 Autodesk 公司开发的计算机绘图软件，该软件具有强大的绘图功能，易学易用，适用面广，是国内外广大设计人员广泛使用的 CAD 基础软件之一。现在它已广泛应用到了机械、建筑、交通规划设计、环境工程设计、航天、电子等工程设计领域，极大地提高了设计人员的工作效率。

最新推出的 2010 版本，提供了“二维草图与注释”、“三维建模”、“AutoCAD 经典”和“初始设置工作空间”工作界面，用户可根据自己的需要打开某一界面。每个界面都有相应的面板功能，使得常见操作都可以集中在面板中完成，不用反复输入命令或者切换工具栏；还增强了三维渲染功能，可使用户在灯光、材质、贴图的设置方面有所作为。

本书简洁而全面地介绍了 AutoCAD 2010 的功能及使用方法。通过本书的学习，用户可以迅速地掌握 CAD 基本的二维和三维图形的绘制及编辑方法；零件图和装配图的绘制及编辑方法。

本书主要特点：

- 各种命令的调用主要以功能区面板为主要操作工具；
- 以图解方式讲解软件应用，轻松易学；
- 软件讲解后紧跟专业案例，演示软件的使用，即学即用；
- 每章都配一定量的填空题和问答题，强化对软件的理解和应用；
- 每章均配一定量的操作题，目标明确，实际操作性强。

本书内容安排：

- 第 1 章：介绍 AutoCAD 2010 的操作界面，文件管理及绘图环境的设置。
- 第 2 章：介绍利用直线、多段线、矩形等实体命令，绘制二维平面图形。
- 第 3 章：介绍图层的创建和管理，以及利用图层精确绘图。
- 第 4 章：介绍了对象的选择、复制、镜像、阵列等多种二维图形的编辑方法。
- 第 5 章：介绍了创建内部和外部块、创建带属性图块及创建动态块的技术和方法。
- 第 6 章：介绍了文字样式的操作，以及单行文字、多行文字、表格、字段的创建和编辑等操作。

- 第 7 章：介绍了尺寸标注样式的组成、创建、修改和应用，还介绍了尺寸的线性标注、对齐标注、基线标注等标注的创建和编辑方法。
- 第 8 章：介绍了对象查询、设计中心及图纸集等的使用。
- 第 9～10 章：介绍了三维模型的特点、三维绘图基础、创建实体、编辑实体和三维对象的渲染等内容。
- 第 11 章：介绍了图形对象的输出方法和图形对象的打印。

本书适用范围：

本书可以作为中、高等职业技术院校，以及各类计算机教育培训机构的专用教材，也可以供广大初、中级计算机绘图爱好者自学使用。

本书由魏祥武主编，王梅、胡晓燕、李靖为副主编，何若宏、孙红、李东和参加了编写工作。李滨慧主审，并提出了很多宝贵的意见。

由于作者水平有限，书中难免存在疏漏和错误之处，恳请专家和读者批评指正。

编 者

2011 年 5 月

目 录

CONTENTS

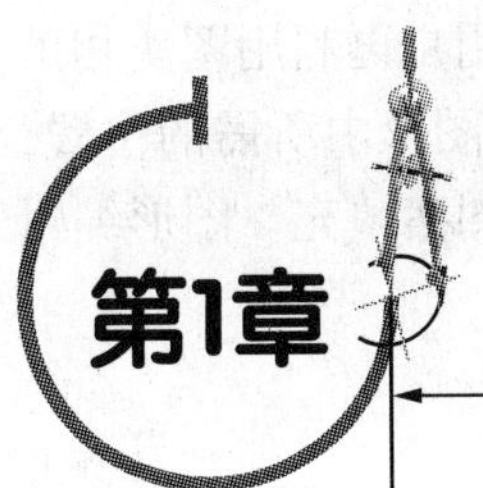

第1章 AutoCAD 2010 基础知识

学习要点

- AutoCAD 2010 绘图流程
- AutoCAD 2010 的工作界面
- 设置绘图环境
- 文件操作
- 系统环境设置

CAD 是 Computer Aided Design 的缩写，也就是计算机辅助设计的意思。随着计算机技术的飞速发展，CAD 技术已经成为现代化工业设计中非常重要的技术。其便捷的绘图功能、友好的人机界面、强大的二次开发能力以及方便可靠的硬件接口，已经成为了世界上应用最广泛的 CAD 软件，并成为了 CAD 系统的工业标准。

1.1 AutoCAD 2010 绘图流程

1.1.1 绘图前的设置

绘图前的设置包括新建或打开图形文件，设置系统环境、绘图单位、图形界限，设置图层、辅助绘图的各类参数等。并把常用的设置预先以“*.dwt”模板格式保存起来，在以后的绘图中得以调用，这样可以节省设置时间。任何熟悉 AutoCAD 绘图的人员都应懂得各参数的含义及熟练使用它们，并能在绘图过程中根据需要加以调整。

1.1.2 绘制和编辑图形

设置好各类参数后，用户利用绘图命令绘制图形，并把它们放置在合适的位置，然后利用各类图形修改命令，对图形进行修改，以生成所需的复杂图形。用户再利用图块相关的命令，把需要多次使用的图形定义成图块，并根据需要插入到当前图形中所需的位置，如粗糙度代号、公差代号等。如果绘制剖视图，则还需要对图形进行图案填充。图形编辑是 CAD 绘图中最重要的一步。图 1-1 所示为带肩镙钉的二维图形。

图 1-1　绘制编辑图形示例

1.1.3　图形尺寸标注、添加文字和表格说明

尺寸标注是制图过程中一个非常重要的环节。图形只是表达了物体的结构和形状，而物体的大小及各物体间的相对位置关系必须通过尺寸标注来体现。但尺寸标注有时并不能完整地表达所有信息，这时候还要通过添加文字说明才能充分地表达所有信息。标题栏用于说明图形名称、比例、数量、制图者、审核者以及其单位、制图日期等信息。图 1-2 所示为齿轮的尺寸标注和文字说明示例。

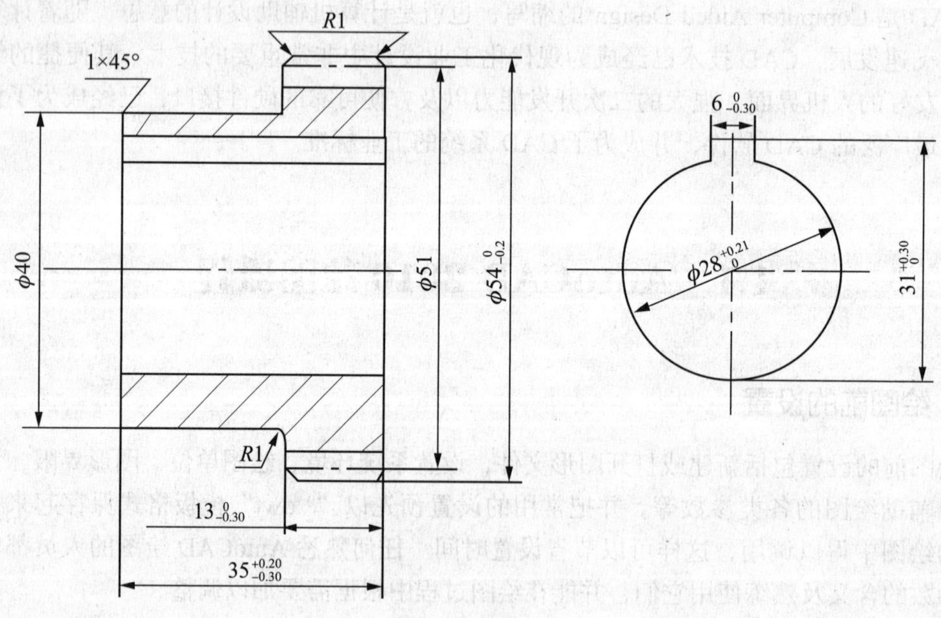

图 1-2　标注示例

1.1.4 渲染图形

当所绘制的图形为三维实体或表面图形时，通过对图形进行渲染，可获得真实、清晰的图像效果。如图 1-3 所示分别为三维线框视觉样式、三维隐藏视觉样式、真实视觉样式、概念视觉样式及渲染后的效果。

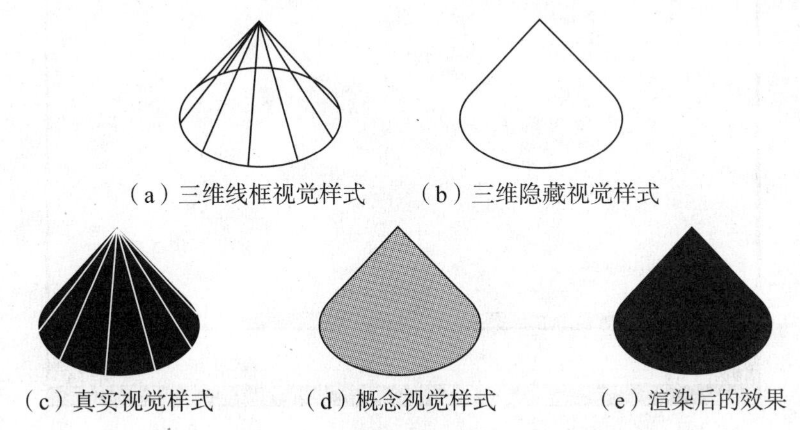

（a）三维线框视觉样式　（b）三维隐藏视觉样式

（c）真实视觉样式　（d）概念视觉样式　（e）渲染后的效果

图 1-3　三维视觉样式和渲染效果图

1.1.5 输出图形

经过前面四个主要步骤，图形已经绘制完毕。用户通过将图形发布到网上或保存到文件中或打印输出到图纸上，来实现图形资源的共享和工程实际应用。

1.2 AutoCAD 2010 的工作空间

工作空间是由分组组成的菜单、工具栏、选项板和功能区控制面板等组成的集合，使用户可以在专门的面向任务的绘图环境中工作。

AutoCAD 2010 提供了“二维草图与注释”、“三维建模”、“AutoCAD 经典”和“AutoCAD 默认”四种工作空间模式。

如果用户需要在四种工作空间模式中进行切换，只需单击“菜单浏览器”按钮，在弹出的菜单中选择“工具”→“工作空间”菜单中的子命令，或在状态栏中单击“切换工作空间”按钮，在弹出的菜单中选择相应命令即可。

1.2.1 二维草图与注释空间

默认状态下，打开“二维草图与注释”空间，其界面主要由标题栏、快速访问工具栏、“菜单浏览器”按钮、“功能区”选项板、文本窗口与命令行、状态栏等元素组成，如图 1-4 所示。

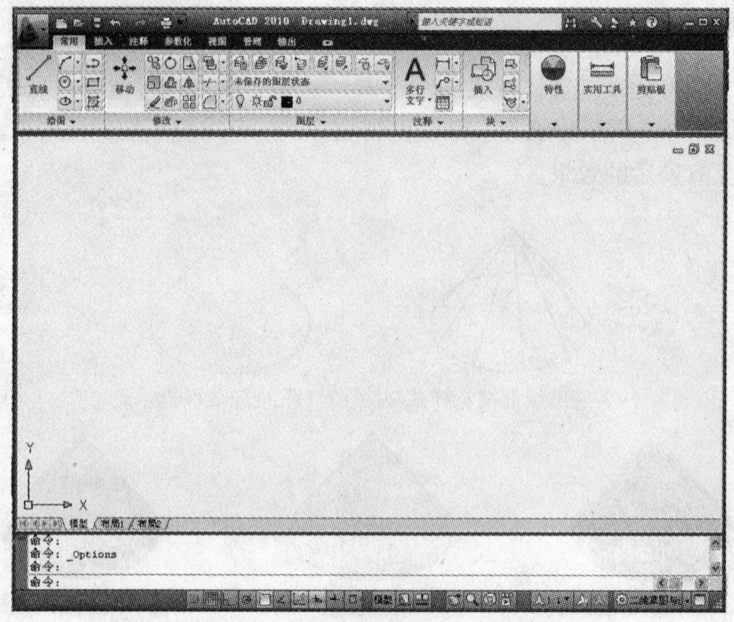

图 1-4　二维草图与注释空间界面

1.2.2　三维建模空间

使用“三维建模”空间，可以更加方便地在三维空间中绘制图形。在“功能区”选项板中集成了“三维建模”、“视觉样式”、“材质”、“光源”、“导航”和“渲染”等面板工具，从而为绘制三维图形、观察图形、创建动画、设置光源、对三维图形对象附加材质等提供了非常方便的工作环境，如图 1-5 所示。

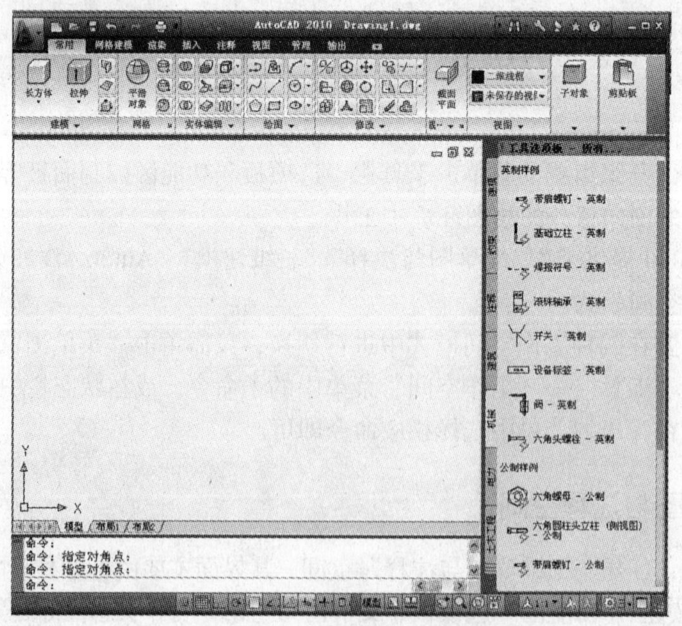

图 1-5　三维建模空间界面

1.2.3 经典空间

对于习惯于 AutoCAD 传统界面的用户来说，可以使用“AutoCAD 经典”工作空间。它主要由“菜单浏览器”按钮、快捷访问工具栏、菜单栏、工具栏、文本窗口与命令行、状态栏等组成，如图 1-6 所示。

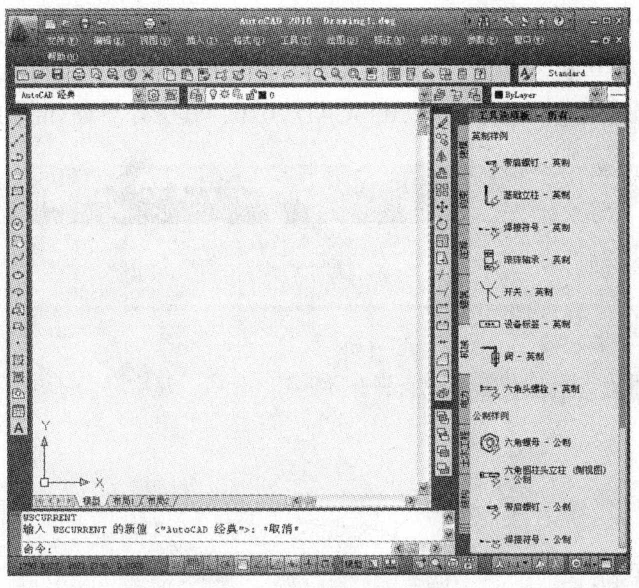

图 1-6 经典空间界面

1.2.4 初始设置工作空间

AutoCAD 2010 的默认工作空间与经典空间界面相比，少了菜单栏，多了图纸集管理器，其他基本一样，如图 1-7 所示。

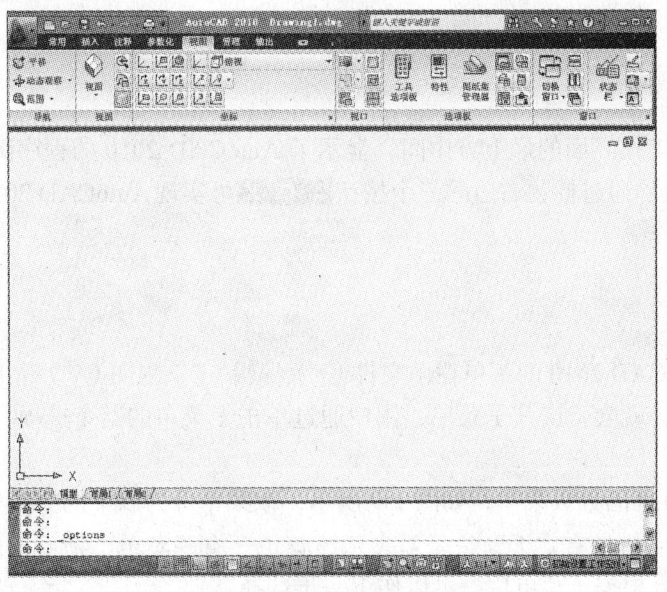

图 1-7 初始设置空间界面

1.3 AutoCAD 2010 二维草图与注释空间的工作界面

中文版 AutoCAD 2010 二维草图与注释空间的工作界面主要由标题栏、菜单栏浏览器、快速访问工具栏、菜单栏、功能区、信息中心、绘图区、文本窗口与命令行、状态栏和工具选项面板等部分组成。启动中文版 AutoCAD 2010，其工作界面如图 1-8 所示。

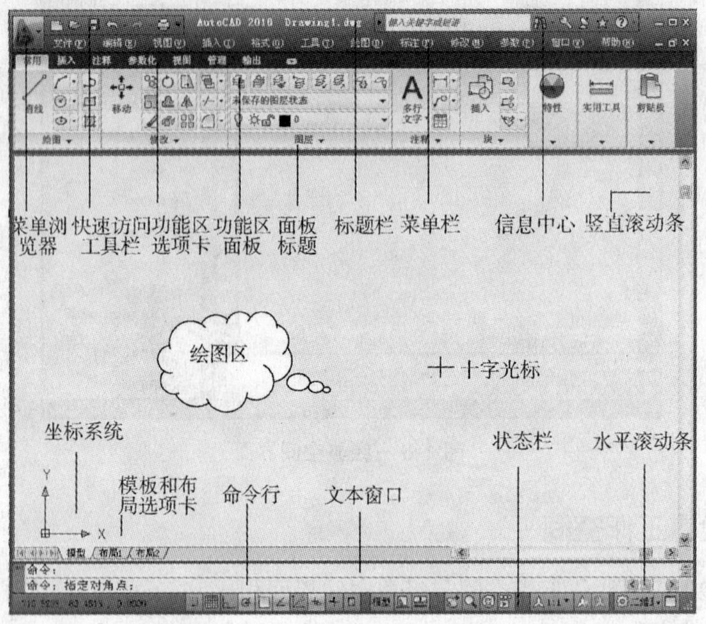

图 1-8 AutoCAD 2010 的工作界面

1.3.1 标题栏

标题栏位于工作界面的最上方中间，显示了 AutoCAD 2010 的程序图标、版本、当前文件名及储存路径。通过标题右边的三个按钮 可实现 AutoCAD 2010 窗口的最小化、最大化和关闭操作。

1.3.2 菜单栏

中文版 AutoCAD 2010 的菜单栏由文件（F）、编辑（E）、视图（V）等 12 个主菜单组成，单击一个主菜单，就会弹出其子菜单，用户通过单击子菜单的某个选项，就可完成与该项目对应的操作。

AutoCAD 2010 的分级菜单，如图 1-9 所示，该菜单分为以下四个类型：

（1）菜单项后边带有“▸”符号：表示该菜单还有子菜单。把鼠标停放在该菜单上，将弹出其子菜单，根据子菜单用户可以作下一步选择。

（2）菜单项右边带“…”符号：表示执行这个菜单命令后，将打开一个对话框，用户根据对话框可以进行下一步设置。

（3）菜单项右边没有任何内容或组合键：表示单击或按下对应的组合键将直接进行该命令。

（4）菜单项呈现灰色：表示当前状态该命令不可用。

另一种形式的菜单是快捷菜单，在绘图窗口、工具栏、状态栏、“模型”与“布局”选项卡以及一些对话框上单击鼠标右键，将弹出快捷菜单，如图 1-10 所示。该菜单中的命令与 AutoCAD 2010 的当前状态相关，使用这些快捷菜单能快速、高效地完成相关操作。

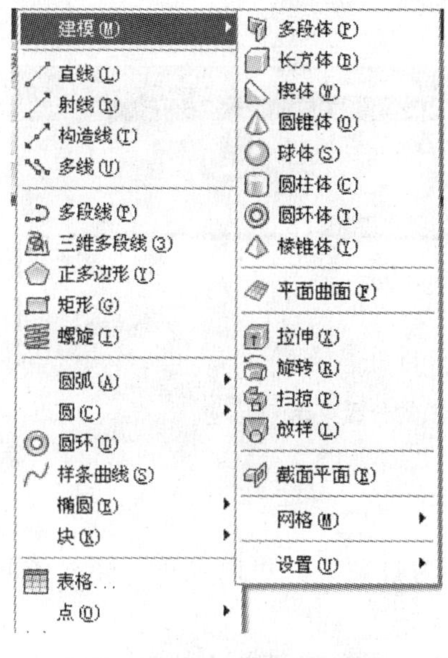

图 1-9 分级菜单

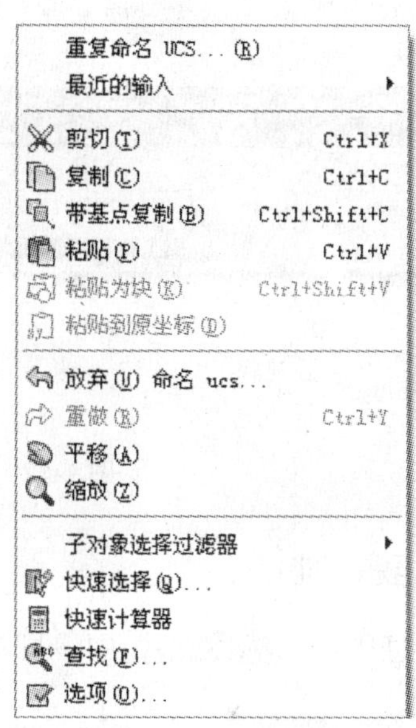

图 1-10 快捷菜单

如果只需要完成常用命令，如绘图、插入等，可以通过点击菜单浏览器中工具栏选项面板中的相应命令按钮来完成相应的操作。

1.3.3 快速访问工具栏

快速访问工具栏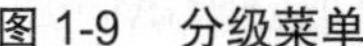中各项分别为新建文件、打开旧文件、保存、放弃、重做、打印等。如果需要更多还可以点击右侧箭头按钮，可在其下拉列表中选取各项。

1.3.4 功能区

点击不同的功能区选项卡，则显示不同的相关工具栏，工具栏是调用命令的一种快捷方式。单击工具栏的某个图标，就可以执行相应的命令。

在 AutoCAD 2010 中，系统提供了 常用 插入 注释 参数化 视图 管理 输出 七大类几十个已命名的工具栏。默认显示的工具是“常用”工具栏大类，包括“绘图”、“修改”、“图层”、“注释”、“块”、“特性”、“实用工具”、“剪切板”工具栏。

在常用工具面板的任何位置，点击右键，可增减工具栏选项卡和面板选项的数目，如图 1-11、图 1-12 所示。

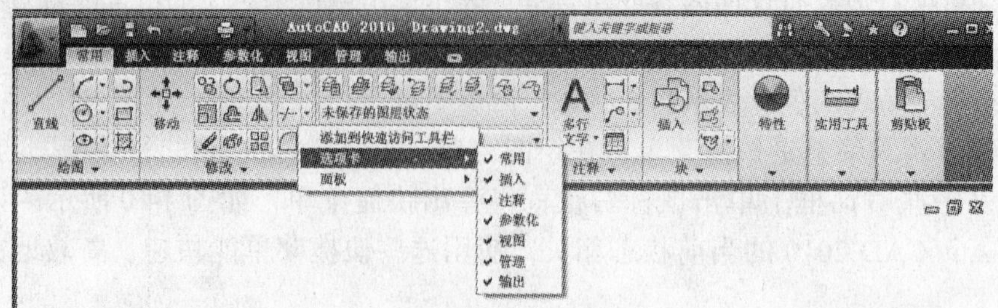

图 1-11　调整工具栏选项的分级菜单

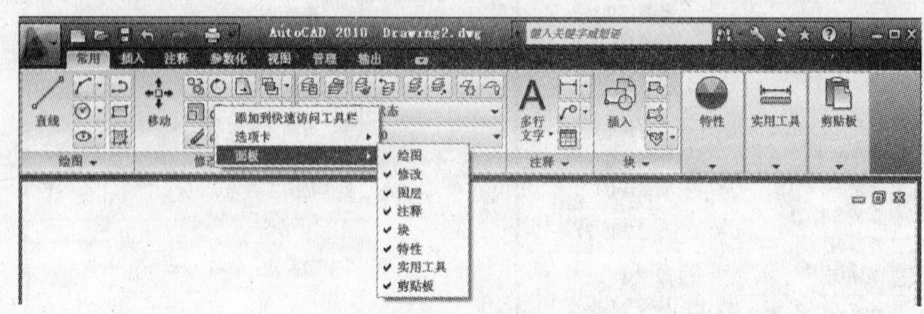

图 1-12　调整面板选项的分级菜单

1.3.5　信息中心

在信息中心中，可将链接保存为收藏夹并可以在稍后轻松访问这些收藏夹。

信息中心“搜索结果”面板、“速博应用中心”面板或“通讯中心”面板上显示的任何链接均可标记为收藏夹。标记为收藏夹的链接显示在“收藏夹”面板中。用户可以通过单击应用程序右上方信息中心框中的“收藏夹”按钮来显示“收藏夹”面板。

1.3.6　绘图区

绘图区是用户绘图的显示区域，类似于手工绘图的图纸，用户的所有绘图结果都显示在这个窗口当中。绘图区还显示了当前使用的坐标系类型以及坐标原点、X、Y、Z 轴的方向等。默认情况下，坐标系为世界坐标系（WCS）。在窗口的下方有“模型”和“布局”选项卡，单击它们可以在模型空间或图纸空间之间相互切换。

在绘图窗口中，AutoCAD 光标的位置表示当前绘图的位置。根据当前状态的不同，光标的显示形式也不同，如图 1-13 所示为不同状态下的光标形状。

图 1-13　不同状态下的光标形状

1.3.7 命令行与文本窗口

命令行位于绘图窗口的下方，用于输入命令、显示 AutoCAD 提示信息。为了留出更大的绘图窗口空间，系统默认只显示 3 行指令，如图 1-14 所示。如果用户需要查看更多的命令提示信息，可以把鼠标停放在绘图窗口和命令行的交界处，按住鼠标左键向上拖动来增大命令行空间。

```
命令:  circle 指定圆的圆心或 [三点(3P)/两点(2P)/切点、切点、半径(T)]:
指定圆的半径或 [直径(D)] <50.3290>:
命令:
```

图 1-14　命令行和文本窗口

如果用户想要查看详细的命令记录，也可通过按 F2 键打开文本窗口来查看命令记录，如图 1-15 所示，文本窗口显示所有的命令记录。

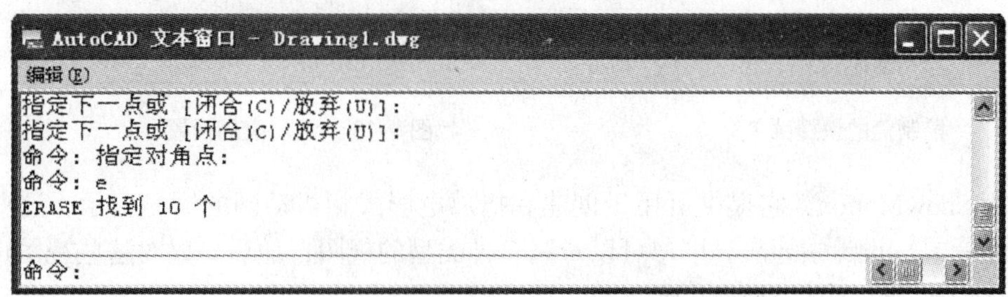

图 1-15　文本窗口

在 AutoCAD 中终止一个命令的方式有以下 4 种：

（1）正常完成。

（2）在完成之前，按 Esc 键。

（3）从菜单或工具栏中调用别的命令，AutoCAD 将自动终止当前正在执行的命令。

（4）从当前命令的快捷菜单中选择“取消”选项。

1.3.8 状态栏

状态栏显示坐标位置、快速绘图辅助功能按钮、模式布局转换开关、视图显示缩放按钮、注释比例等辅助功能按钮。

状态栏位于 AutoCAD 界面的底部，如图 1-16 所示，左边位置显示光标在绘图窗口的坐标；中间位置有按钮，单击可以打开 / 关闭这些辅助绘图按钮；为模型空间（绘制和标注图形）和图纸空间（用来规划图形输出布局，有两个分别对应不同规格的图纸）的转换开关、快速查看布局和快速查看图形开关；为图形平移、缩放按钮，为控制盘设置按钮，可以将此图标拖入绘图区，单击右键显示快捷菜单，如图 1-17 所示。控制盘的设置如图 1-18 所示。

图 1-16　状态栏

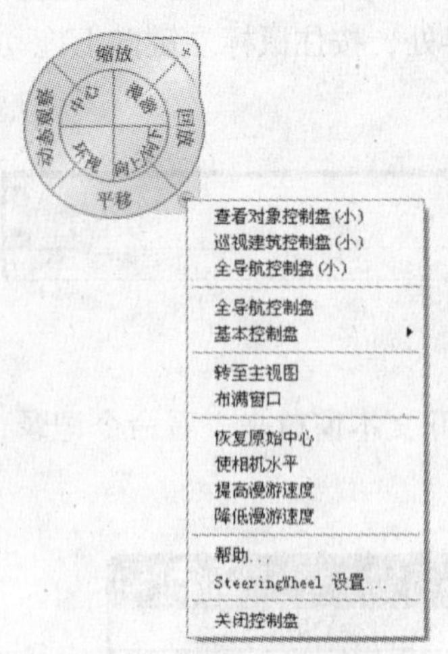

图 1-17　控制盘的快捷菜单

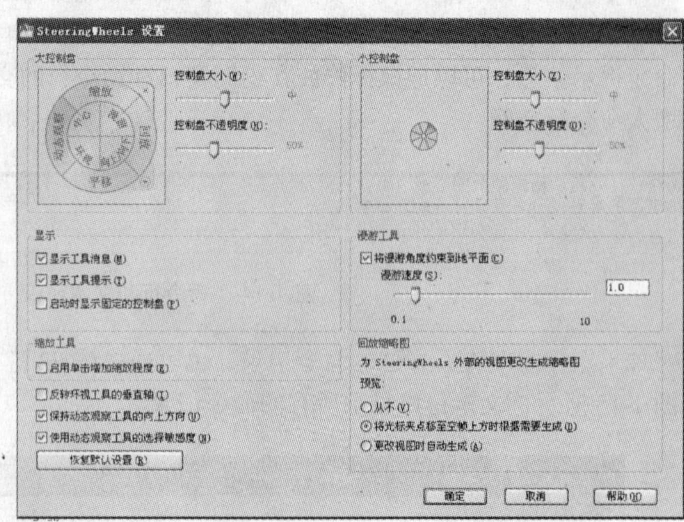

图 1-18　控制盘的设置

为 ShowMotion，它提供可用于创建和播放电影式相机动画的屏幕显示，这些动画可用于演示或在设计中导航。用户可以录制多种类型的视图，随后可以对这些视图进行更改或按序列放置，每种类型都是唯一的。

使用 ShowMotion 可以向捕捉到的相机位置添加移动的转场，这与电视广告中所见到的类似。这些动画视图称为快照，可分为三种类型：

（1）静止画面：包含一个已存储的相机位置。

（2）电影式：使用一个相机位置，并应用其他电影式相机移动。

（3）录制的漫游：允许用户单击并沿所需动画的路径拖动。

点击按钮后会出现具体操作按钮。右下角其他各按钮的含义如下：为视口控制开关；为注释控制开关；为工作空间设置开关，如图 1-19 所示；为工具栏及窗口位置锁定开关；为应用程序状态栏菜单，用于增加或减少状态栏上项目的多少；用于隐藏或显示绘图窗口上的快捷工具栏和任务栏。

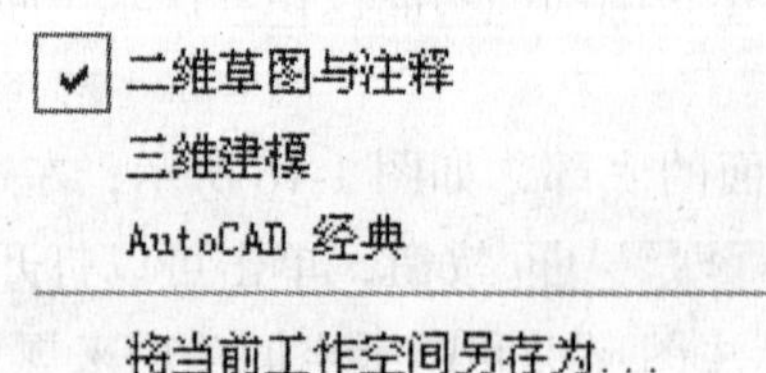

图 1-19　工作空间设置

1.4 图形文件管理

1.4.1 新建图形文件

启动新建图形文件命令的方法如下：

（1）组合键：Ctrl+N。

（2）工具栏：点击左上角的快速访问工具栏的按钮。

（3）菜单浏览器：点击左上角按钮，出现下拉菜单按钮，再点击级联菜单按钮。

（4）命令行：NEW。

执行上述操作命令后，系统将弹出如图1-20所示对话框。文件类型有图形样板、图形和标准三种，默认打开acadiso.dwt模板作为新建图形的模板。选择合适的样板文件后，用户就可以打开一个预先设定的绘图环境进行绘图。

图1-20 选择样板对话框

1.4.2 保存图形文件

启动保存图形文件命令的方法如下：

（1）组合键：Ctrl+S。

（2）工具栏：点击左上角的快速访问工具栏的按钮。

（3）菜单浏览器：点击左上角的按钮，再点击其下拉菜单按钮。

（4）命令行：QSAVE。

执行命令后，如果该文件之前未被保存过，则将弹出“另存为”对话框，如图1-21所示。

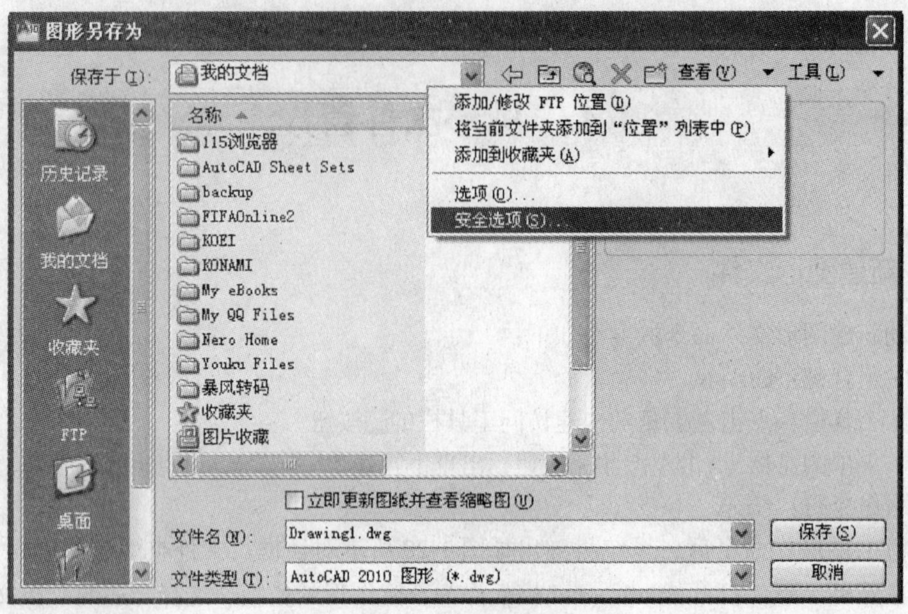

图 1-21　保存图形文件窗口

利用该对话框，用户可以指定文件的名称和存储格式。如果文件已经保存过，则当前文件将会替换原来保存的文件。

注意：（1）当需要把某个文件保存在多个位置或改变文件存储路径时，可以采用“另存为”的操作方法。

（2）保存文件时可以使用密码保护功能，对文件进行加密保存。在图 1-21 所示对话框中，单击“工具”按钮，在弹出的下拉菜单中选择“安全选项”命令，打开“安全选项”对话框，可设置打开时的密码，给重要文件加密。

1.4.3　打开已有图形文件

启动打开图形文件命令的方式如下：

（1）组合键：Ctrl+O。

（2）工具栏：点击左上角的快速访问工具栏的按钮。

（3）菜单浏览器：点击左上角的按钮，出现下拉菜单按钮，再点击级联菜单按钮。

（4）命令行：OPEN。

执行命令后，系统弹出“选择文件”对话框，如图 1-22 所示。

在该对话框的“文件类型”下拉列表中有图形文件“*.dwg”、标准文件“*.dws”、文件“*.dxf”和图形模板文件“*.dwt”四种文件类型，同时还提供了局部打开文件的功能。

在“选择文件”对话框中，先选择要局部打开的图形文件名，再单击打开按钮右边的三角形符号。在弹出的选项中选择“局部打开（P）”，将弹出局部打开对话框，如图 1-23 所示。利用此功能，用户可以基于指定的视图或基于指定的图层，仅打开图形的一部分，以便在处理大型文件时提高运行效率。

图 1-22 打开图文件窗口

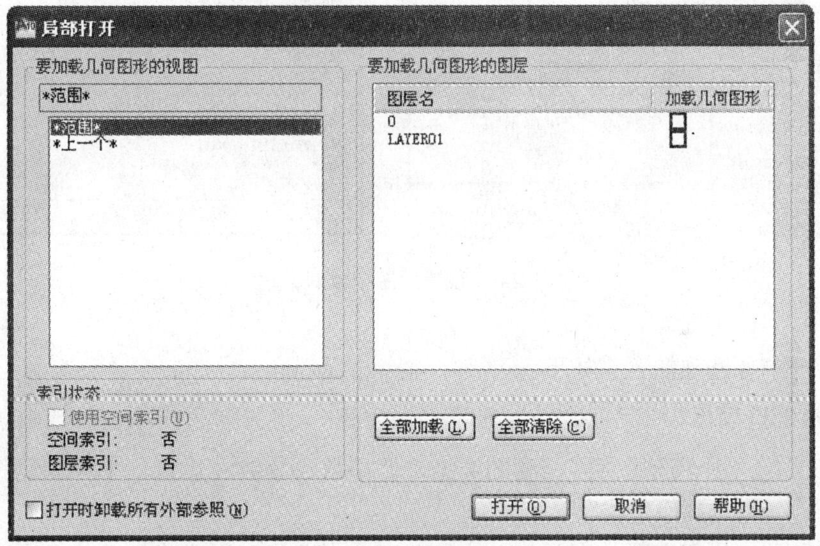

图 1-23 局部打开图形文件窗口

1.5 绘图环境设置

1.5.1 设置绘图单位

设置绘图单位命令的调用方法如下：

（1）菜单浏览器：点击左上角的按钮，在下拉菜单中出现“图形实用工具”按钮，再点击级联菜单按钮。

（2）菜单："格式（O）"→"单位（U）"。

（3）命令行：UNITS。

执行命令后，将打开"图形单位"对话框，用于设置绘图过程中显示的单位和精度，如图1-24所示。

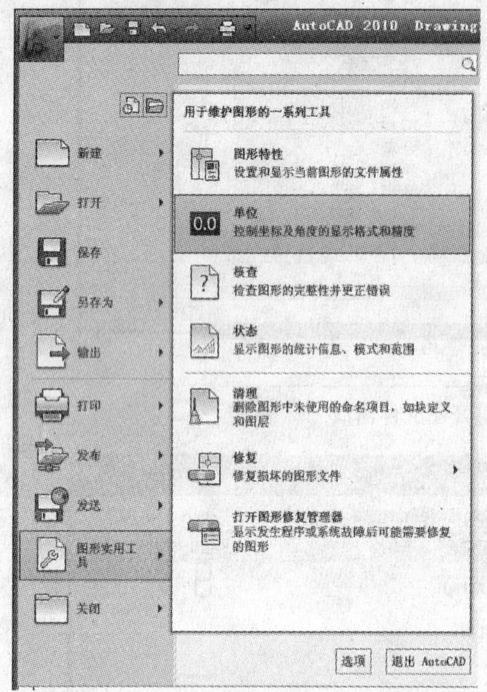

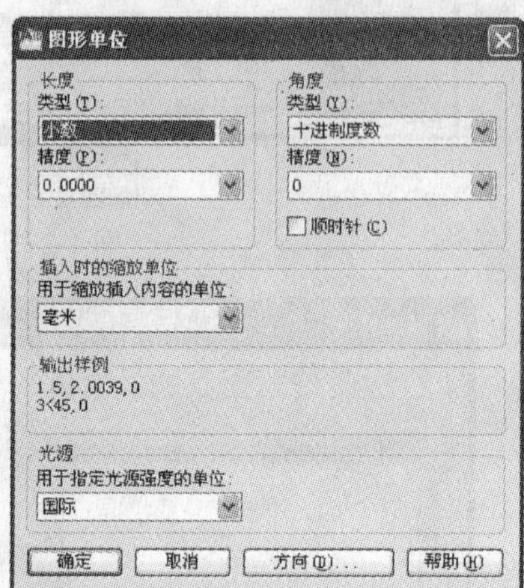

图1-24　设置绘图单位对话框

该对话框中各选项的含义如下：

1."长度"选项区

（1）"类型"：用于选择所需长度的类型，有小数、分数、建筑、工程科学等四项。作为机械制图，一般选择小数类型。

（2）"精度"：用于选择长度类型对应的精度，当选择工程或建筑单位格式时，长度单位将采用英制。作为机械制图，选择小数类型时，精度一般选择两位。

2."角度"选项区

（1）"类型"：用于选择角度的表示方式，有十进制度数、百分度、弧度、度/分/秒、勘测单位五种角度类型。机械类一般选择十进制度数。

（2）"精度"：用于选择角度的精度等级。

（3）"顺时针"：用于选择角度计算方向，不选时逆时针为正，选时逆时针为负。此设定在计算圆弧、椭圆弧、旋转角度时都会用到。

3."插入时的缩放单位"选项区

用于设置当通过CAD设计中心插入块时，块采用的缩放单位。

4.“方向”选项

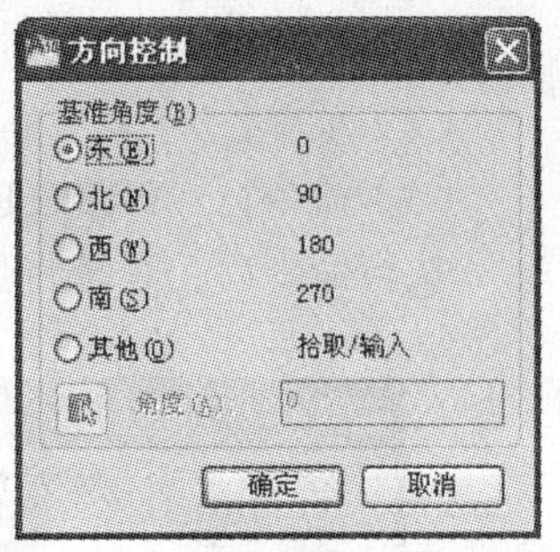

图 1-25 “方向控制”对话框

单击“方向(D)…”按钮,将弹出“方向控制”对话框,如图 1-25 所示。图中有东、北、西、南、其他五个单选按钮,用于在坐标系里确定角度测量的起始位置,即 0 角度的位置。如默认选择“东”,则以 X 轴正方向开始计算角度。当选中“其他”单选按钮时,要求输入一个角度作为 0 角度的位置,或单击按钮,切换到绘图窗口,通过拾取两点所形成的直线与水平线夹角作为起始角度。

1.5.2 设置绘图界限

AutoCAD 提供的绘图区域是被看做无穷大的,通过命令可在绘图区划出一个假想的有限大小的矩形区域,用于在该矩形区内绘制图形,这个矩形区称作图形界限。绘制图形时尽量采用 1:1 的方式,选择图形界限时要根据实物尺寸以 1:1 确定为佳,方便直观绘图,也方便布局或缩放。

设置绘图界限命令的方法如下:

(1)菜单:“格式(O)”→“图形界限(I)”。

(2)命令行:LIMITS。

执行命令后,AutoCAD 界面下方的命令行提示如下:

命令:LIMITS

重新设置模型空间界限:

指定左下角或 [开(ON)/ 关(OFF)]<0.00,0.00>:(指定图形界限左下角点的坐标值;回车表示默认尖括号内的设置。)

指定右上角点 <420.00,297.00>:(指定图形界限右上角点的坐标值)

AutoCAD 默认为 A3 图纸界限,如要绘制 A4 大小的模型图纸,则一般取左下角点坐标为 <0.00,0.00>,右上角点坐标输入 <297.00,210.00>。

上述有关选项的含义如下:

开(ON)/ 关(OFF):用于设置是否允许在图形界限外绘制图形。当选择“开(ON)”选项时,图形界限检查开关被打开,这时将无法在图形界限以外区域绘制实体对象。图形界限检查是避免实体对象绘制到图形界限外部的有效方法。如果需要在图形界限外绘制实体,则选择“关(OFF)”选项,此时可以在绘图区域任何位置绘制实体。

改变图形界限时,绘图窗口中的图形不会发生变化,但图形相对于图形界限会产生相对位置变化。如果打开栅格模式,则可以从栅格区域的变化反映出图形相对新的绘图区域位置的变化,否则在绘图区域中将看不到任何变化,栅格显示的区域即为图形界限。

1.5.3 系统环境设置

系统环境设置是指改变 AutoCAD 默认的绘图环境,如绘图窗口的颜色,夹点的颜色、大小,圆、圆弧的平滑,是否显示启动对话框等设置。系统环境各个参数在“选项”对话框中设置,打开“选项”对话框的方法如下:

（1）快捷菜单：“点击快捷菜单”→“选项（O）…”。

（2）菜单：“工具（T）”→“选项（N）…”。

（3）命令行：PREFERENCES。

执行命令后，系统将弹出“选项”对话框，如图 1-26 所示。

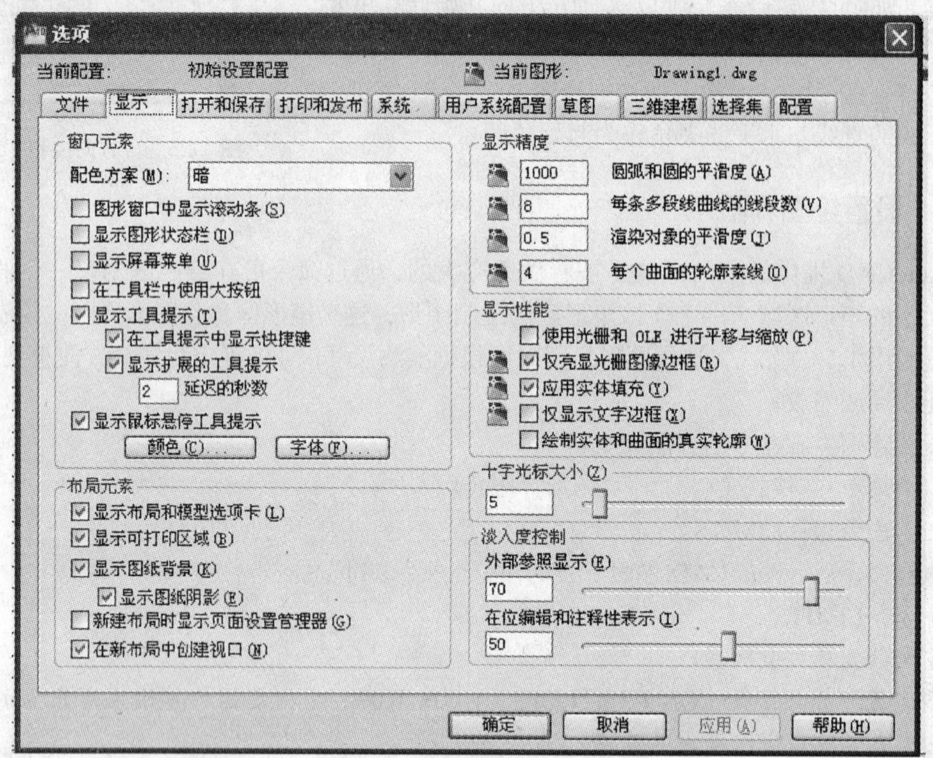

图 1-26 “选项”对话框

该对话框内容较多，在此只介绍几个常用参数的设置方法：

（1）十字光标、靶框和拾取框大小的调整：单击选项卡的“显示”项，在对话框的右下角的选项区中拉动滚动条可以调整十字光标大小；单击选项卡“草图”项，在右中部的选项区中拉动滚动条可以调整靶框的大小；单击选项卡的“选择集”项，在左上角可以调整拾取框的大小。

（2）自动保存文件的时间间隔：单击选项卡的“打开和保存”项，在左中部“文件安全措施”中，选择自动保存复选框，在其文本框中可以调整文件自动保存的时间间隔。

（3）调整绘图窗口的颜色和背景颜色：单击选项卡的“显示”项，在“窗口颜色”选项区中单击“颜色”按钮，将弹出“图形窗口颜色”对话框，如图 1-27 所示。在该对话框的“上下文”表框中选择需要更改的界面对象，然后在“界面元素”表框中选择合适的元素，再在“颜色”下拉列表中选择需要的颜色，单击“应用并关闭”按钮，就更改了界面相应的背景颜色。

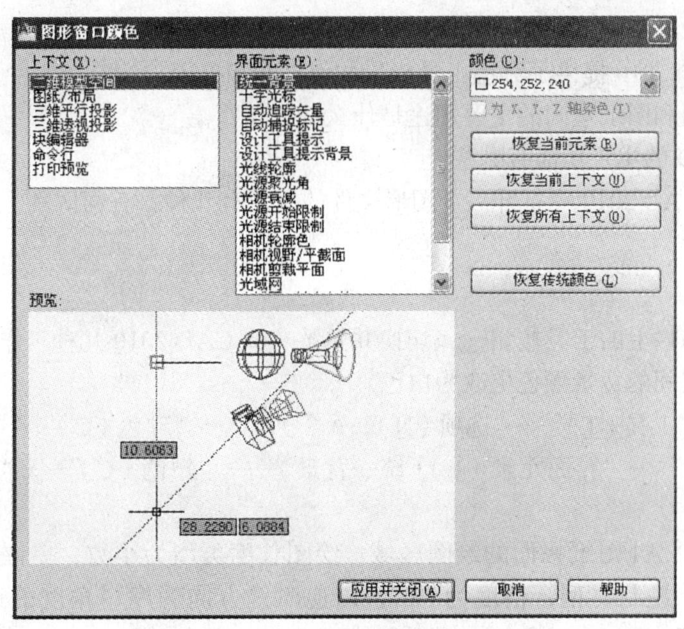

图 1-27 “图形窗口颜色”对话框

思考与练习

一、填空题

1. AutoCAD 的主要界面元素包括：________、________、________、________、________、________、________和________。

2. AutoCAD 中，________________都放置在菜单浏览器中。

3. 功能区由________和________组成。

4. 工作空间是指________，AutoCAD 提供了________、________、________。

5. 模型空间主要用来绘制和标注图形，图纸空间用来规划图形输出布局。其中，模型空间只有________个，图纸空间可有________个，分别对应________的图纸。

图形文件的格式是________________，样板文件的格式是________________。

6. 打开下拉菜单或快捷菜单后，某个菜单项呈现灰色，表明该菜单项________。

7. 快捷菜单的内容取决于________________。

8. 全局线型比例因子的作用是________________。

二、问答题

1. 中文版 AutoCAD 2010 的工作界面包括哪几部分，它们的主要功能是什么？

2. 快速访问工具栏有什么作用？如何在快速访问工具栏中添加命令？

3. 如何在 AutoCAD 2010 的功能区中只显示选项卡和面板标题？

4. 如何在 AutoCAD 2010 中打开菜单栏？
5. AutoCAD 2010 提供了哪些工具栏，如何打开和关闭它们？
6. 模型空间和图纸空间的主要用途是什么？
7. AutoCAD 的主要功能有哪些？
8. 在 AutoCAD 2010 中打开一个图形文件的方式有几种？有何区别？

三、操作题

1. 点击状态栏上的工具按钮，切换并熟悉 AutoCAD 2010 几种工作空间界面。

2. 将模型空间的背景颜色更改为白色。

"菜单"→"工具（T）"→"选项（N）"→"显示"→"颜色（C）…"→"上下文（X）（二维模型空间）"→"界面元素（E）（统一背景）"→"颜色（C）"→"白色"→"应用并关闭"。

3. 设置一个 A4 图纸幅面的绘图区域；绘图长度类型为小数，单位精度为"0.00"；角度单位采用十进制类型，精度为"0"，以逆时针方向为度量角度的正方向；另存为 modela4.dwg 文件名。

启动 AutoCAD 2010，进入绘图界面→"菜单"→"格式"→"图形界限"→左下角坐标设为（0.00,0.00），右上角点坐标设为（297.00,210.00）。

执行命令 ZOOM，选择"全部 A"。

"菜单"→"格式"→单位→按题目要求设置并最后点击"确定"。

"菜单"→"文件"→"另存为"→"文件名为 modela4"→AutoCAD 样板文件 *.dwt→"确定"。

4. 打开一个已有图形文件（*.dwg）。

5. 修改一个已有图形，然后另存为一个新的绘图文件。

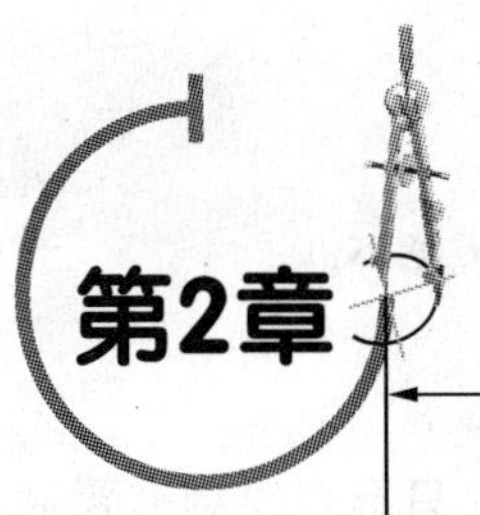

第2章 二维基本图形绘制

学习要点

- 二维坐标的输入方法
- 图形观察
- 各类基本绘图命令的使用方法
- 图案的渐变色和填充

2.1 绘图准备

2.1.1 二维坐标的输入方法

在命令行提示输入点时，可以使用定点设备指定点，也可以在命令行中输入点的坐标值。

启用“动态输入”时，可以在光标附近的工具栏提示下输入坐标值。用户可以按照笛卡儿坐标（X，Y）或极坐标输入二维坐标。

1. 笛卡儿坐标（直角坐标）和极坐标

笛卡儿坐标系有三个轴，即 X、Y 和 Z 轴。

在二维坐标系中的 XY 平面（也称工作平面）上指定点：笛卡儿坐标的 X 值指水平方向的绝对坐标值，Y 值指垂直方向的绝对坐标，原点（0,0）表示两轴相交的位置。

极坐标输入法是用距离和角度决定了定位。使用笛卡儿坐标和极坐标均可以基于原点（0,0）输入绝对坐标，或基于上一指定点输入相对坐标。

输入相对坐标的另一种方法：通过移动光标指定方向，然后直接输入“距离”，此法称为直接距离输入。

用户可以用科学、小数、工程、建筑或分数格式输入坐标，可以使用百分数、弧度、

勘测单位或度 / 分 / 秒输入角度。UNITS 命令控制了单位的格式。

2. 状态栏中坐标显示

坐标值在状态栏中有三种显示：静态显示、动态显示、距离和角度显示。

静态显示：仅当指定点时才更新；

动态显示：随着光标移动而更新；

距离显示：随着光标移动而更新相对距离（距离 < 角度）。此选项只有在绘制需要输入多个点的直线或其他对象时才可用。

3. 输入笛卡儿坐标

创建对象时，可以使用绝对或相对笛卡儿坐标定位点。

使用笛卡儿坐标指定点，要输入以逗号分隔的 X 值和 Y 值，如（X,Y）。

绝对坐标基于 UCS 原点（0,0），这是 X 轴和 Y 轴的交点。用户已知点 X 和 Y 为精确值时，要求使用绝对坐标。

使用动态输入，可以使用 # 作为前缀指定绝对坐标。如果在命令行而不是工具栏提示中输入坐标，可以不使用 # 作为前缀。如输入“(3,4)”指定一点，此点在 X 轴方向距离 UCS 原点为 3 个单位，在 Y 轴方向距离 UCS 原点 4 个单位。

相对坐标是基于上一个输入点，如果知道某点与前一点的位置关系，可以使用相对（X,Y）坐标。用户要指定相对坐标，需在坐标前面添加一个 @ 符号。如输入“@3,4”，表示此点距离上一指定点沿 X 轴方向有 3 个单位，沿 Y 轴方向有 4 个单位。

如图 2-1 所示，绘制一条从（–2，1）开始，到下一点（4，4），再相对上一点（4，–2），再相对上一点（0，–2），最后回到起点。

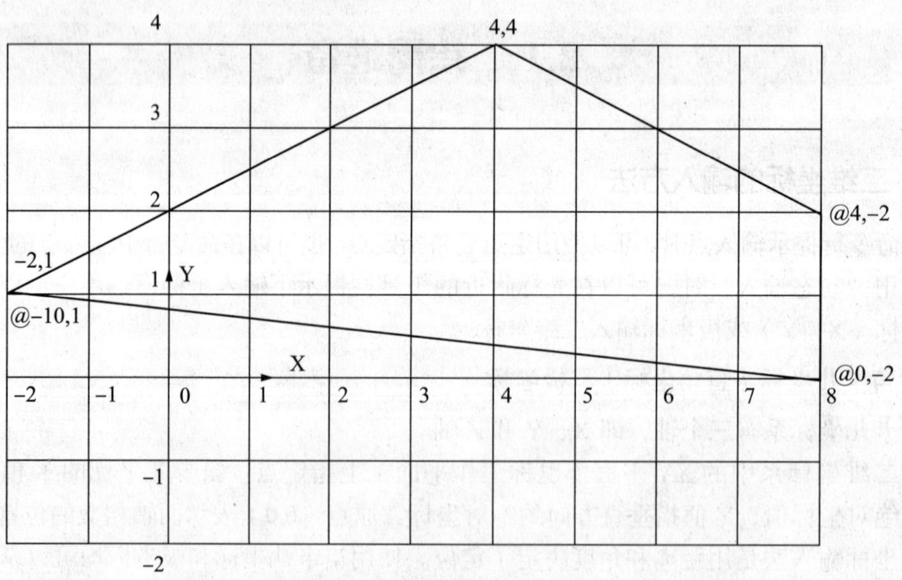

图 2-1　二维绝对和相对直角坐标输入

命令：line

起点：#–2, 1

下一点：#4, 4

下一点：@4, –2

下一点：@0, –2

下一点：@–10, 1

4. 输入极坐标

创建对象时，可以使用绝对极坐标或相对极坐标（距离和角度）定位点。

使用极坐标指定一点，要输入以尖括号“<”分隔距离和角度。

默认情况下，角度按逆时针方向旋转时增大，按顺时针方向旋转时减小。用户要指定顺时针方向，应为角度输入负值，如输入“1<315°”和“1<-45°”都代表同一点。用户可以使用 UNITS 命令改变当前图形的角度约定。二维极坐标如图 2-2 所示。

绝对极坐标从 UCS 原点（0,0）开始测量，此原点是 X 轴和 Y 轴的交点。当知道点的准确距离和角度坐标时，需使用绝对极坐标。

动态输入，可以使用 # 作为前缀指定绝对坐标。如果在命令行而不是工具栏提示中输入坐标，可以不使用 # 作为前缀。如输入 #3<45 指定一点，此点距离原点有 3 个单位，并且与 X 轴成 45° 角。

相对极坐标是基于上一输入点的，如果知道某点与前一点的位置关系，可以使用相对 X、Y 坐标。用户要指定相对坐标，需在坐标前面添加一个 @ 符号。如输入 @1<45 指定一点，此点距离上一指定点为 1 个单位，并且与 X 轴成 45°。

如图 2-3 所示，显示了使用绝对和相对极坐标绘制的四条直线，它们使用默认的角度方向设置。在工具栏提示下输入以下信息：

命令：line

起点：#0, 0

下一点：#4<30°

下一点：#5< –90°

下一点：@3<120°

下一点：@5<90°

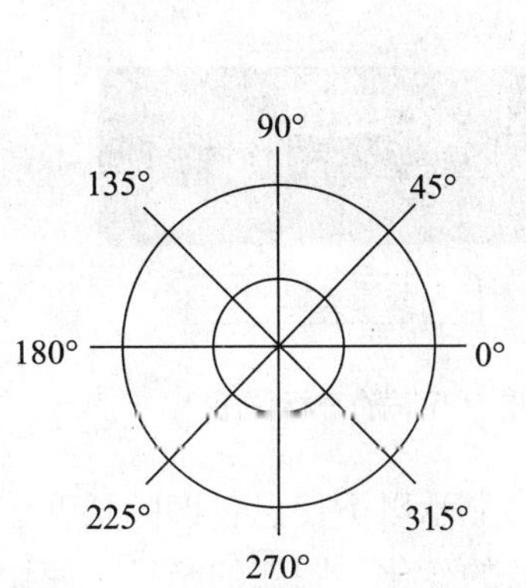

图 2-2　二维绝对和相对极坐标输入

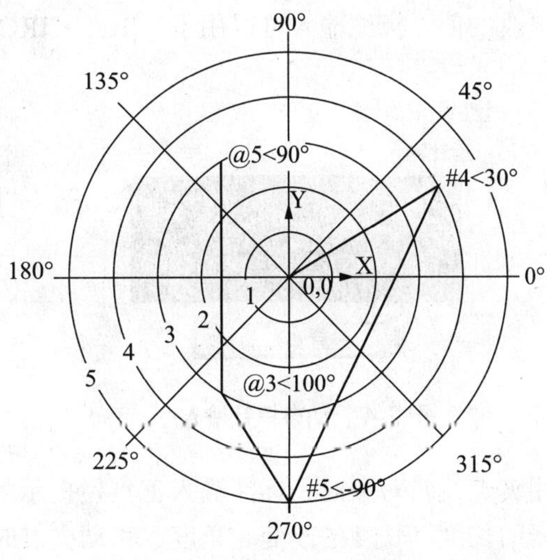

图 2-3　二维绝对和相对坐标的输入

关于“动态输入”的正确使用：

（1）使用“动态输入”：“动态输入”在光标附近提供了一个命令界面，以帮助用户专注于绘图区域。

启用“动态输入”时，工具栏提示将在光标附近显示信息，该信息会依附光标移动而动态更新。当某条命令被激活时，工具栏提示将为用户提供输入的位置。

在输入字段中输入值并按 Tab 键后，该字段将显示一个锁定图标，并且光标会受用户输入值的约束。随后，用户可以在第二个输入字段中输入值。另外，如果用户输入值然后按 Enter 键，则第二个输入字段将被忽略，且该值将被视为直接距离。

完成命令或使用夹点所需的指令与命令行中的指令类似。其区别是用户的注意力可以保持在光标附近。

动态输入不会取代命令窗口。用户可以隐藏命令窗口以增加绘图屏幕区域，但是在有些操作中还是需要显示命令窗口的。按 F2 键可以根据需要隐藏或显示“命令提示”和“错误消息”。另外，用户也可以使用浮动命令窗口，并使用“自动隐藏”功能来展开或卷起该窗口。

（2）打开和关闭动态输入。单击状态栏上的 按钮或 DYN 按钮来打开和关闭“动态输入”。按住 F12 键可以临时将其关闭。在“动态”上单击鼠标右键，然后单击“设置”，以控制启用“动态输入”时每个组件所显示的内容。“动态输入”有三个组件：指针输入、标注输入和动态提示。

（3）指针输入。当启用指针输入且有命令在执行时，十字光标的位置将在光标附近的工具栏提示中显示为坐标。用户可以在工具栏提示中输入坐标值，而不用在命令行中输入，如图 2-4 所示。第二个点和后续点的默认设置为相对极坐标（对于 RECTANG 命令，为相对笛卡儿坐标），用户不需要输入 @ 符号。如果需要使用绝对坐标，应使用 # 作为前缀。例如，要将对象移到原点，在提示输入第二个点时，输入“#0,0”。

使用指针输入设置可修改坐标的默认格式，以及控制指针输入工具栏提示何时显示。

（4）标注输入。启用标注输入时，当命令提示输入第二点时，工具栏提示将显示距离和角度值。在工具栏提示中的值将随着光标移动而改变，如图 2-5 所示。按 Tab 键可以移动到要更改的值。标注输入可以用于 ARC、CIRCLE、ELLIPSE 和 PLINE 命令。

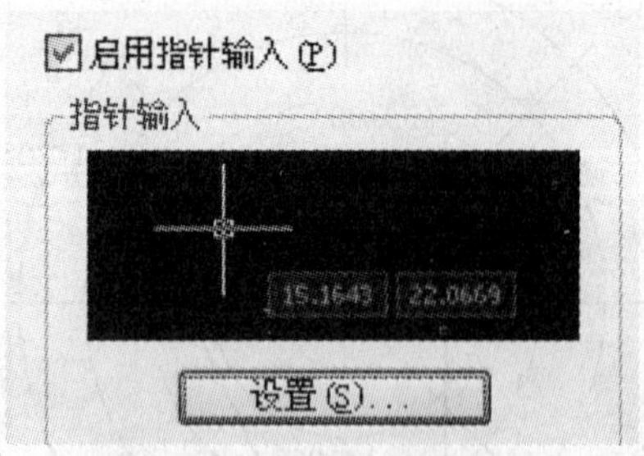

图 2-4　动态指针输入

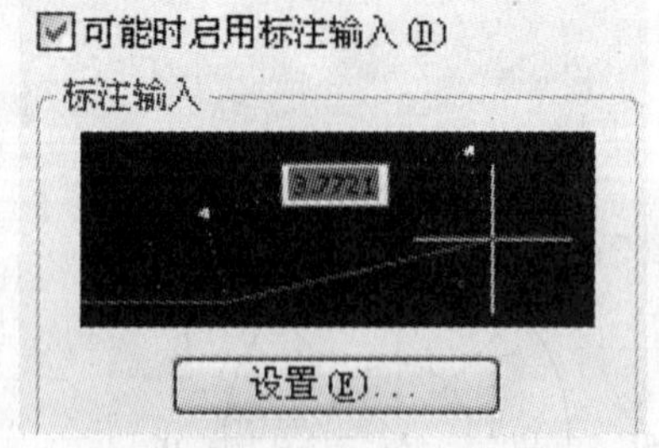

图 2-5　动态标注输入

使用夹点编辑对象时，标注输入工具栏提示可能会显示以下信息：旧的长度、移动夹点时更新的长度、长度的改变、角度、移动夹点时角度的变化、圆弧的半径。使用夹点编辑对象动态输入如图 2-6 所示。

（5）动态提示。启用动态提示时，提示会显示在光标附近的工具栏提示中。用户可以在工具栏提示中输入响应。按向下箭头键可以查看和选择选项，按向上箭头键可以显示最近的输入，如图 2-7 所示。

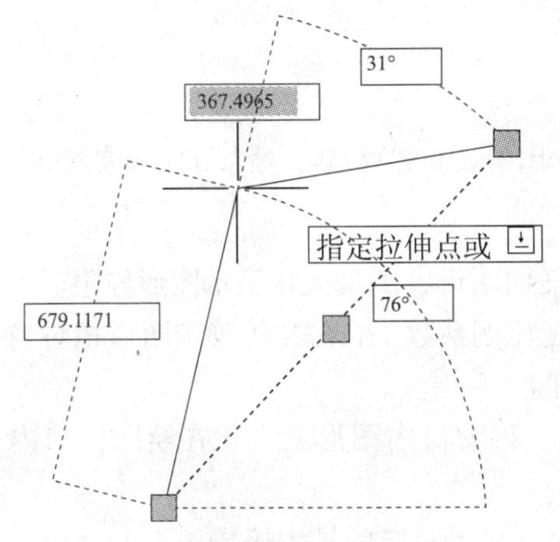

图 2-6　使用夹点编辑对象动态输入

图 2-7　动态提示

注意：（1）要在动态提示工具栏提示中使用 PASTECLIP，可以键入字母然后在粘贴输入之前用空格键将其删除。否则，输入将作为文字粘贴到图形中。

（2）所有的坐标输入中的数字和符号一律使用英文半角，否则系统提示输入出错。

2.1.2　图形观察方法

在 AutoCAD 中，观察平面图形有多种方法，其中重要的是通过平移（PAN）命令、缩放（ZOOM）命令和重生成（REGEN）命令观察图形。

1. 平移

平移命令通过移动整个图形来观察图形的不同部分。

启动平移命令的方法：

（1）状态栏：点击 按钮。

（2）功能区：“视图”→“导航”→ 按钮。

（3）命令行：PAN。

执行命令后。按 Esc 键或者 Enter 键退出命令。实际使用中，更多的是通过按住鼠标中间的滑轮，移动鼠标来平移图形。

2. 缩放

缩放（ZOOM）用于放大或者缩小图形的显示尺寸，图形的真实尺寸不变。当放大图形的显示尺寸时，可以看到较小区域内的图形细节。当缩小图形显示尺寸时，可以观察到更多的图形对象。

启动缩放命令方法：

（1）状态栏：点击 按钮。

（2）功能区："视图"→"导航"→ 按钮。

（3）命令行：ZOOM。

执行命令后，命令行提示信息如下：

命令：ZOOM

命令行提示：

[全部(A)/中心(C)/动态(D)/范围(E)/上一个(P)/比例(S)/窗口(W)/对象(O)]<实时>：

上述部分选项的含义如下：

全部（A）：显示所有图形，如果绘图窗口没有任何图形，则最大化显示图形界限。

中心（C）：指定一点为当前绘图中心点，再指定比例系数1X、2X等确定图形相对当前图形的比例或者输入数值直接指定窗口显示的高度。

指定窗口的角点：直接利用光标选取一个窗口，将窗口内图形最大化在绘图窗口内显示。

输入比例因子（nX或nXP）：直接输入比例数字，显示对应的扩大倍数。

实际使用中，用得最多的是实时缩放，即直接滚动鼠标滚轮，向前为放大，向后为缩小，以光标所在位置为中心向四周缩放。或直接点击 按钮右侧的尖点，从而选择缩放形式。

注意：缩放并不是改变图形本身的大小，仅仅是改变图形的显示大小。AutoCAD真正改变图形大小的命令是SCALE缩放。

3. 重生成

重新生成命令用于重新生成绘图窗口上的图形。当执行缩放时，图形线轮廓可能会产生锯齿状变形（例如放大后圆周变得不光滑），这时利用重生成功能可使图形恢复原形状。

启动重生成命令的方法：

（1）菜单："视图（V）"→"重生成（G）"图标。

（2）命令行：REGEN。

执行命令后，图形将重新生成。

注意：PAN命令的简化输入方式为P；ZOOM为Z；REGEN为RE。

2.1.3 命令执行方式

1. 启动命令

在AutoCAD中，启动绘图命令有三种方式，一种方式是直接单击各个工具栏选项面板上的图标按钮，如单击绘图工具栏上的 图标按钮将启动"矩形"命令绘制矩形；另一种方式是利用菜单→子菜单的输入方式，例如："绘图（D）"→"直线（L）"；还有一种方式是直接在命令行或DYN工具栏输入命令，然后按Enter键，执行命令。

2. 执行命令

执行某个绘图命令后，命令行将提示输入三类信息：

（1）坐标位置。这个时候可直接在命令行输入 X、Y 轴具体坐标，也可以通过光标在绘图窗口上指定一个点。

（2）数值。需要通过键盘在命令行输入具体数值或利用光标指定一个点，该点与上一个点的距离被当成此数值执行。

（3）数字字母。通过输入对应数字和字母进入命令的执行方式。

例如：单击功能区选项卡常用绘图面板上的圆命令按钮 ，命令提示信息如下：

命令：CIRCLE

指定圆的圆心或 [三点（3P）/（2P）/ 相切、相切、半径（T）]:（要求输入坐标位置：用鼠标指定绘图窗口上的点或者直接输入一对坐标值，则该点就是圆心位置，这个时候命令行会接着提示。）

指定圆的半径或 [直径（D）]:（要求输入数值：用键盘在命令行输入具体数值确定半径，或者说用鼠标确定一个点，该点和圆心的距离就是半径，圆也就确定了。）

上面指令提示方括号内表示绘制圆的其他方式或位置，当输入小括号内的数字字母并按下 Enter 键时，表示选择对应的命令执行方式。

例如，当提示：

指定圆的圆心或 [三点 (3P)/ 两点 (2P)/ 切点、切点、半径 (T)]:（要求输入字母：如输入 3P，则命令行提示输入 3 个点来确定一个圆，而不再是利用圆心、半径来确定圆。）

另一种快捷操作方式，直接点击 右侧的三角点，会出现下拉式菜单，再点击相应的输入方式即可。

3. 终止命令

在 AutoCAD 中，终止命令有三种形式：

（1）正常完成命令。

（2）在执行命令过程中按 Esc 键。

（3）在执行命令过程中启动其他命令。

4. 命令的重复、撤销和重做

（1）重复命令。当执行完一个命令后，需要重复执行该命令时，用户无须再次通过工具栏、菜单或命令行执行该命令，只需按 Enter 键或空格键，系统就会自动调用上一个命令。即使上一个命令并没有完成，系统也同样调用该命令。

（2）撤销命令。在命令执行过程中，用户按 Esc 键将取消执行该命令；在命令行输入 U 或者 UNDO，按 Enter 键，则为撤销该命令的上一步操作。用户也可以在快速访问工具栏上单击 按钮来执行撤销命令。多次执行该命令将撤销多步操作。

（3）重复命令。当用户取消某个命令后，如果想恢复该命令，就可以通过执行重做命令恢复已经撤销的命令。重做命令的执行方法是命令行输入 REDO 或单击快速访问工具栏上的 按钮来执行该命令。

注意：执行撤销命令的快捷键是 Ctrl+Z；执行重做命令的快捷键是 Ctrl+Y。

2.2　点类图形的绘制

点是组成图形元素的最基本元素。在绘制图形时，通常绘制一些点作为对象捕捉的参考点，图形绘制完成后，再将这些点擦除或冻结它们所在的图层。绘制点时，点的位置可由输入的坐标值或通过单击鼠标来确定。在 AutoCAD 绘图中，用户可以方便地绘制单点、多点和等分点等。

2.2.1　点的样式设置

由于点显示形式的特殊性，故需要指定点的样式以便能明显识别点的存在。

启动点样式的命令：

（1）菜单："实用工具" → "点样式（P）…" 图标。

（2）命令行：DDPTYPE。

执行命令后，系统将弹出"点样式"对话框，如图 2-8 所示，通过该对话框可以选择点的样式和大小。

2.2.2　绘制点

启动点类图形绘制命令的方法如下：

（1）功能区："常用" → "绘图" → "点" 按钮。

（2）菜单："绘图" → "点（O）" 图标。

（3）命令行：POINT。

执行命令后，系统提示信息如下：

命令：POINT

当前点模式：PDMODE=0　PDSIZE=0.00

指定点：（指定一个点）

其中 PDMODE 是指当前点的样式，数字 0、1 等分别代表不同的点样式；PDSIZE 是指点在绘图窗口显示的大小。

通过功能区："常用" → "绘图" → "点" 来绘制点时，子菜单上有"多点"、"定数等分"和"定距等分"三种（通过菜单绘图还有单点）绘制点的方法可供选择，如图 2-9 所示。

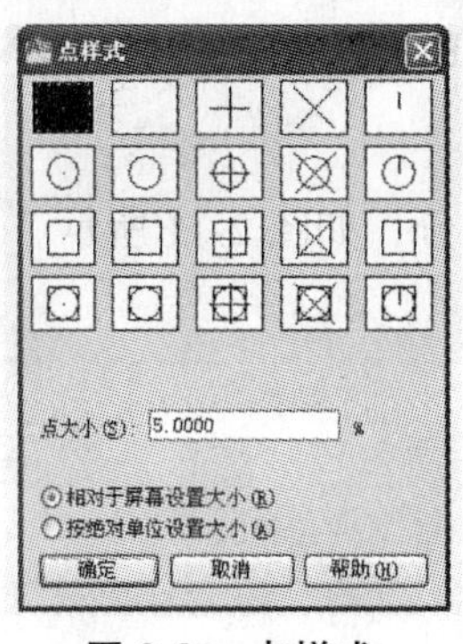

图 2-8 点样式

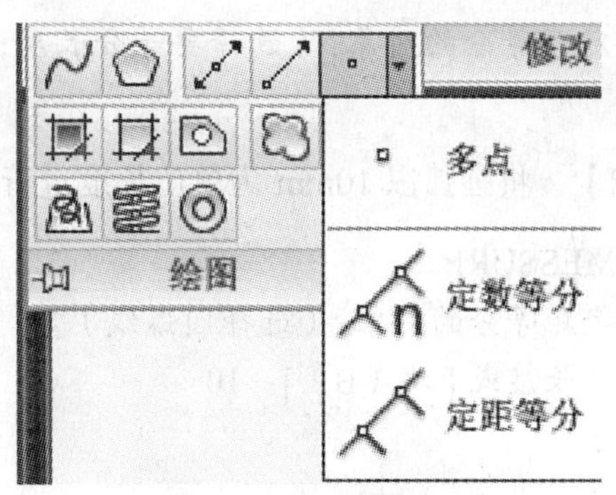

图 2-9 绘制点的类型

2.2.3 定数等分

定数等分用于按一定数目平分直线和圆等对象，它人为制造了几何特征点，可以用作精确绘图。

启动定数等分绘制命令的方法如下：

（1）功能区："常用"→"绘图"→"点"→" 定数等分（D）"按钮。

（2）菜单："绘图"→"点"→" 定数等分（D）"图标。

（3）命令行：DIVIDE 或 DIV。

执行命令后，命令行提示信息如下：

命令：DIVIDE

选择要定数等分的对象：（选择要等分的直线、圆等对象。）

输入线段数目或 [块（B）]：（输入对象的等分段数；输入 B，则以等分点为插入点放置图块。）

[例 2-1] 将正五边形十五等分，如图 2-10 所示。

绘制步骤：

命令：DIVIDE

选择要定数等分的对象：（选择正五边形）

输入线段数目或 [块（B）]：15

2.2.4 定距等分点

定距等分点用于按一定长度等分直线、圆等对象。

启动定距等分点绘制命令的方法如下：

（1）功能区："常用"→"绘图"→"点"→" 定距等分（M）"按钮。

（2）菜单："绘图"→"点"→" 定距等分（M）"图标。

（3）命令行：MEASURE 或 ME。

执行命令后，命令行提示信息如下：

命令：MEASURE

选择要定距等分的对象：（选择要等分长度；输入 B，则以等分点为插入点，放置选择的图块。）

【例 2-2】 将圆弧以 10mm 为单位长度进行定距等分，如图 2-11 所示。

命令：MESSURE
选择要定距等分的对象：（选择圆弧线）
指定线段长度或 [块（B）]：10

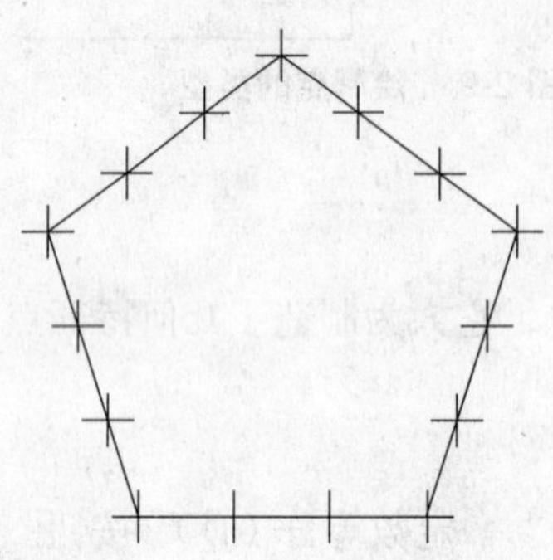

图 2-10 十五等分正五边形

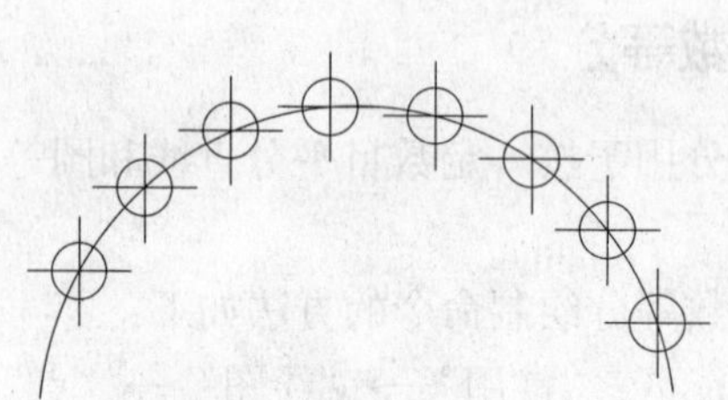

图 2-11 定距等分点

2.3 各类直线的绘制

启动绘制二维基本图形的命令可以在功能区绘图面板工具栏上进行相关操作，如图 2-12 所示。

2.3.1 直线

启动绘制直线命令的方法如下：
（1）功能区："常用" → "绘图" → 按钮。
（2）菜单："绘图（D）" → " 直线（L）" 图标。
（3）命令行：LINE。
执行命令后，命令行提示信息如下：

命令：LINE
指定第一点：（指定直线的起点）
指定下一点或 [放弃 (U)]：（指定另一个点确定一条直线：输入 U 将放弃上一步的操作。以后介绍其他命令时，"U" 选项均是放弃上一步操作。）
指定下一点或 [放弃 (U)]：（输入一个新端点确定另一条直线）
指定下一点或 [闭合 (C)/ 放弃 (U)]：（指定下一点确定第三条直线，输入 C 以起始点作为下一点，按 Enter 键，三条直线将构成一个闭合图形。）

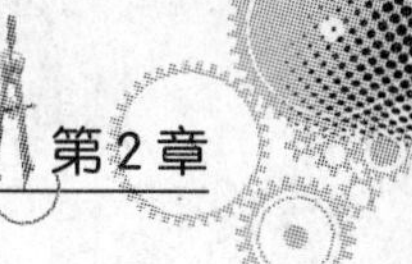

【例 2-3】 如图 2-13 所示，用 A4 纸绘制此三角形。

提示：可以使用绝对直角坐标方法，也可以使用相对直角坐标方法，还可以使用极坐标方法，速度更快的方法是使用动态坐标输入的方法。下面以动态输入的方法为例。

绘制步骤：

准备：菜单→格式→图形界限（取左下角坐标值为（0.00,0.00），右上角为（297,210），ZOOM 命令缩放为 ALL。

命令：LINE

指定第一点：40, 50

指定下一点：或 [放弃（U）]：150, 30

指定下一点：或 [放弃（U）]：0, 80

指定下一点：或 [放弃（U）]：输入“C”，回车或按空格键

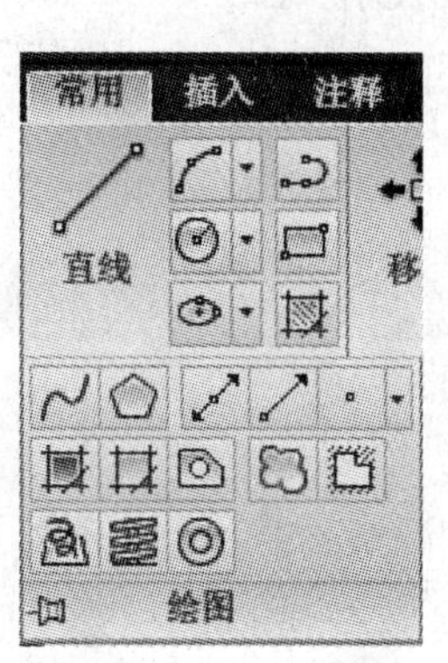

图 2-12 绘图工具面板

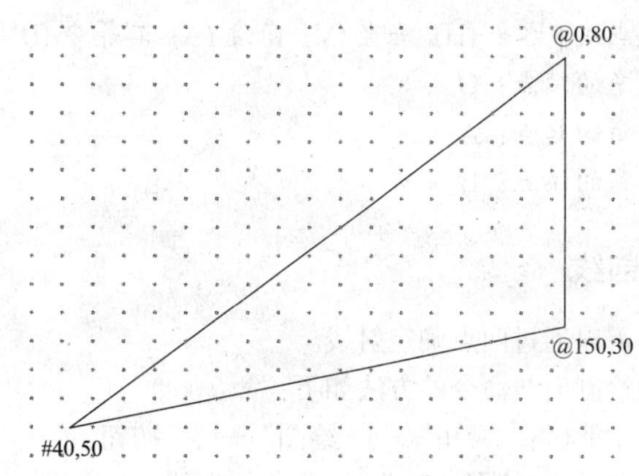

图 2-13 使用直线命令绘制图形

2.3.2 构造线

AutoCAD 中的构造线是几何意义上的直线，是无限延长的，一般用作绘图过程中的辅助线。从本质上讲，给定两点或给定一点和一个角度，即可绘制一条构造线。

启动绘制构造线命令的方法如下：

（1）功能区：“常用” → “绘图” → 按钮。

（2）菜单：“绘图（D）” → “ 构造线（T）” 图标。

（3）命令行：XLINE。

命令执行后，提示信息如下：

命令：XLINE

指定点或 [水平 (H)/ 垂直 (V)/ 角度 (A)/ 二等分 (B)/ 偏移 (O)]：（要求指定构造线上的一个点）

指定通过点：（指定构造线上另外一个点以确定一条构造线）

上述各选项含义如下：

水平（H）：指定一点绘制水平方向的构造线。

垂直（V）：指定一点绘制垂直方向的构造线。

角度（A）：指定一点绘制指定角度的构造线。

二等分（B）：先指定构造线上点 1，再指定点 2 和点 3，形成假想的直线 L_{12} 和 L_{13}，绘制平分通过直线 L_{12} 和直线 L_{13} 形成的夹角的构造线。

偏移（O）：绘制一条与选定对象平行且偏移指定距离的构造线。

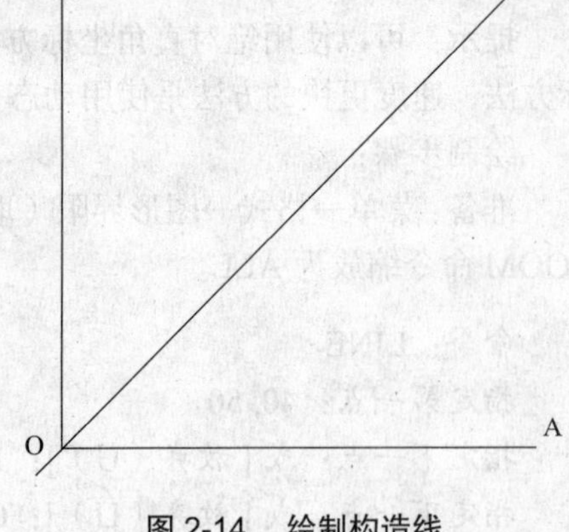

图 2-14 绘制构造线

【例 2-4】 绘制如图 2-14 所示的直角 AOB 的平分线。

绘图步骤：

命令：XLINE

指定点或 [水平 (H)/ 垂直 (V)/ 角度 (A)/ 二等分 (B)/ 偏移 (O)]：B

指定角的顶点：O

指定角的起点：A

指定角的端点：B

2.3.3 射线

用户可以通过两点确定射线。

启动绘制射线命令的方法如下：

（1）功能区：“常用”→“绘图”→ 按钮。

（2）菜单：“绘图（D）”→“ 构造线（R）”图标。

（3）命令行：RAY。

命令执行后，提示信息如下：

指定起点：(确定射线起点)

指定通过点：(确定射线经过点)

此提示要求用户确定射线上另外任意一点的位置。确定后，AutoCAD 绘出经过起点与该点的射线，而后会继续提示“指定通过点：”。通过该提示，可以绘出多条从同一起点发出的射线。在“指定通过点”提示下按空格键或 Enter 键，结束命令的执行。

2.3.4 多段线

多段线由相连的直线段或弧线组成。多段线的特点主要有如下三个：

（1）由于多段线可以同时包含直线段和弧线段，因此，多段线通常用于绘制图形轮廓线，如图 2-15 左图所示。

（2）由于多段线在 AutoCAD 中被作为一个对象，因此，绘制三维图形时，常利用封闭多段线绘制三维图形的截面图形，然后再利用拉伸方法将其拉伸为三维图形，如图 2-15 中图所示。

（3）由于多段线中每段直线或弧线的起始和终止点宽度可以任意设置，因此，可使用多段线绘制一些特殊符号，如图 2-15 右图所示。

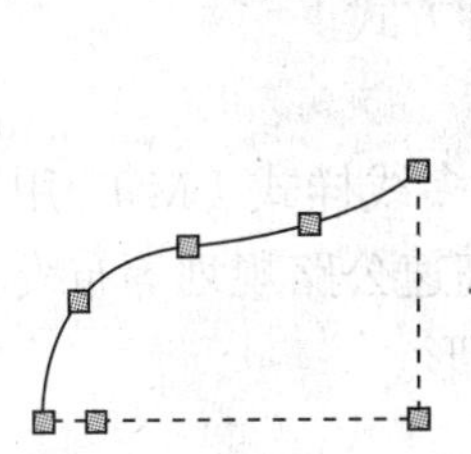
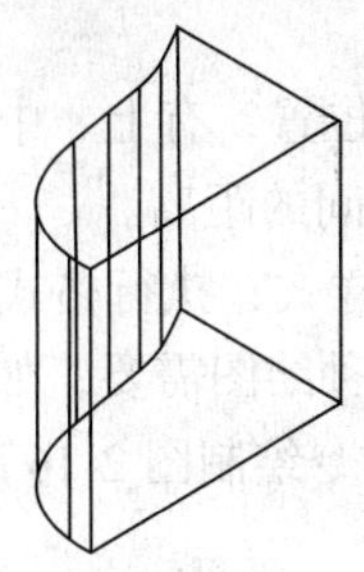

图 2-15　多段线的用途

启动多段线命令的方法如下：

（1）功能区："常用"→"绘图"→ 按钮。

（2）菜单："绘图（D）"→" 多段线（P）"图标。

（3）命令行：PLINE。

执行命令后，命令行提示如下：

命令：PLINE

指定起点：

指定端点宽度 <0.0000>：

指定下一个点或 [圆弧 (A)/ 半宽 (H)/ 长度 (L)/ 放弃 (U)/ 宽度 (W)]：A

指定圆弧的端点或 [角度 (A)/ 圆心 (CE)/ 方向 (D)/ 半宽 (H)/ 直线 (L)/ 半径 (R)/ 第二个点 (S)/ 放弃 (U)/ 宽度 (W)]：D

指定圆弧的起点切向：（操作者指定起点切线方向）

指定圆弧的端点：（操作者指定该圆弧的终点）

2.3.5　多线

多线由 1~6 条平行线组成，这些平行线称为元素。利用"多线"命令可以一次操作绘制多条直线段，如可以一次绘制 2 条直线来表示建筑制图中的墙体。系统默认为绘制双线。

启动绘制多线命令的方法如下：

（1）菜单："绘图（D）"→" 多线（U）"图标。

（2）命令行：MLINE。

执行命令后，命令行提示信息如下：

命令：MLINE

当前设置：对正 = 上，比例 =1.00，样式 =STANDARD

指定起点或 [对正 (J)/ 比例 (S)/ 样式 (ST)]：（指定多线的起点）

指定下一点：（指定另一个点确定一条多线）

指定下一点或 [放弃 (U)]：（输入另一个点，和上一个指定点确定另一条多线。）

指定下一点或 [闭合 (C)/ 放弃 (U)]：(指定下一点确定第三条多线，输入 C 以起始点作为下一点，三条多线将构成一个闭合图形。)

以上各选项含义如下：

对正（J）：确定多线的基准位置，有上、中、下三种方式。

比例（S）：确定多线各元素间的距离。

样式（ST）：指定新的多线样式，执行格式（D）→多线样式（M）。用户利用修改命令可以编辑多线样式，以适合各种绘图需要，如建筑、高速公路规划等布线。

【例 2-5】 利用“多线”命令绘制图 2-16 所示的图形。

绘制步骤：

命令：MLINE

当前设置： 对正 = 上，比例 = 20.00，样式 = STANDARD

指定起点或 [对正 (J)/ 比例 (S)/ 样式 (ST)]：10，10

指定下一点：200，10

指定下一点或 [放弃 (U)]：200，80

指定下一点或 [闭合 (C)/ 放弃 (U)]：10，80

指定下一点或 [闭合 (C)/ 放弃 (U)]：C

2.3.6 样条曲线

样条曲线是通过一组定点的光滑曲线，主要用于绘制机械图形中的断裂线，以及非机械图形中的飞机、轮船、汽车轮廓线等。

样条曲线的形状主要由数据点控制，如图 2-17 所示。绘制样条线时应首先指定样条线的各数据点，然后在结束时指明样条线起点和终点的切线方向。

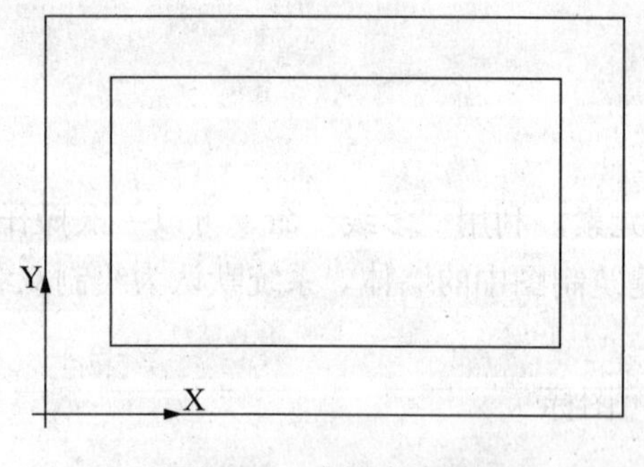

图 2-16 多线命令绘图

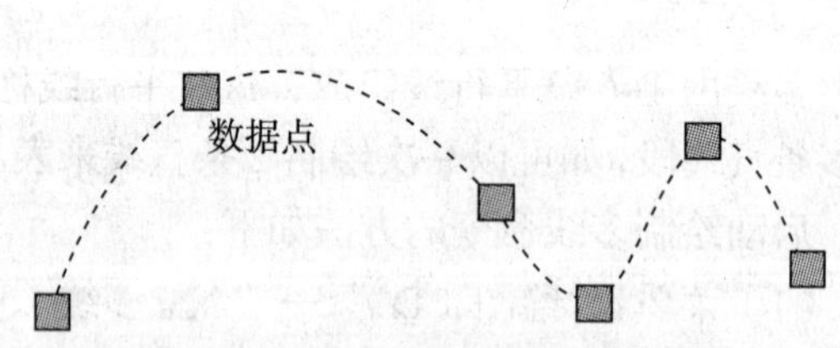

图 2-17 样条线的数据点和拟合点

启动绘制样条曲线的方法如下：

（1）功能区：“常用”→“绘图”→ 按钮。

（2）菜单：“绘图（D）”→“ 多段线（S）”图标。

（3）命令行：SPLINE。

执行命令后，命令行提示信息如下：

命令：SPLINE

指定第一个点或 [对象（O）]：

指定下一点：（指定起点）

指定下一点或 [闭合 (C)/ 拟合公差 (F)] < 起点切向 >：（指定第二点，两点之间形成一条样条曲线。）

指定下一点或 [闭合 (C)/ 拟合公差 (F)] < 起点切向 >：（指定第三点）

指定下一点或 [闭合 (C)/ 拟合公差 (F)] < 起点切向 >：（可以继续指定点……最后一次要按 Enter 键）

指定起点切向：（指定起点切线方向，可用鼠标点取。）

指定端点切向：（指定终点切线方向，可用鼠标点取。）

【例 2-6】 绘制如图 2-18 所示的断裂线。

绘图步骤：

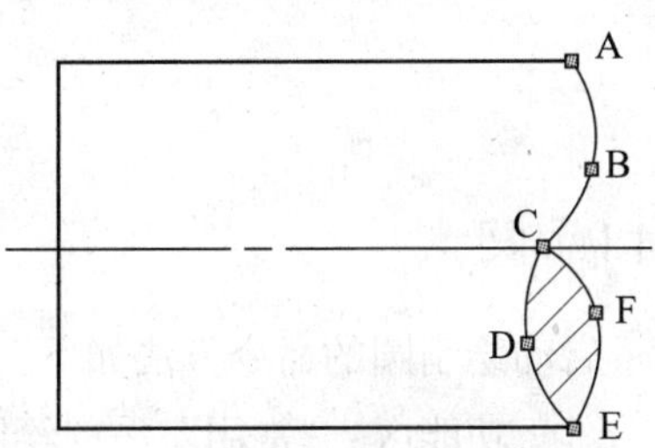

图 2-18 绘制样条曲线

命令：SPLINE

指定第一个点或 [对象（0）]：（选择 A 点）

指定下一点：< 正交关 >

指定下一点或 [闭合 (C)/ 拟合公差 (F)] < 起点切向 >：（选择 B 点）

指定下一点或 [闭合 (C)/ 拟合公差 (F)] < 起点切向 >：（选择 C 点）

指定下一点或 [闭合 (C)/ 拟合公差 (F)] < 起点切向 >：（选择 D 点）

指定下一点或 [闭合 (C)/ 拟合公差 (F)] < 起点切向 >：（选择 E 点）

指定下一点或 [闭合 (C)/ 拟合公差 (F)] < 起点切向 >：（选择 F 点）

指定起点切向：（指定起点 A 的切线方向）

指定端点切向：（指定终点 C 的切线方向）

注意：LINE 命令的简单输入方式为 L；XLINE 为 XL；PLINE 为 PL；SPLINE 为 SPL。

2.3.7 徒手线

徒手线对创建不规则边界或使用数字化仪追踪非常有用。徒手绘图时，定点设备就像画笔一样。单击定点设备将把“画笔”放到屏幕上，这时可以进行绘图，单击将提起画笔，再单击落笔，按 Enter 键停止绘图。

徒手线绘图命令：SKETCH

2.3.8 修订云线

修订云线的方法如下：

（1）功能区：“常用”→“绘图”→按钮。

（2）菜单：“绘图（D）”→“修订云线（U）”图标。

（3）命令行：REVCLOUD。

命令：REVCLOUD
最小弧长：15 最大弧长：15 样式：普通
指定起点或 [弧长 (A)/ 对象 (O)/ 样式 (S)] < 对象 >：
沿云线路径引导十字光标…
反转方向 [是（Y）/ 否（N）]< 否 >：Y

修订云线完成。

2.4 圆类图形的绘制

2.4.1 圆

启动绘制圆的命令方法如下：

（1）功能区："常用"→"绘图"→ ⊙· 按钮。

（2）菜单："绘图（D）"→"圆（C）"图标。

（3）命令行：CIRCLE 或 C。

执行命令后，命令行提示如下：

命令：CIRCLE
指定圆的圆心或 [三点 (3P)/ 两点 (2P)/ 切点、切点、半径 (T)]：（指定圆心）
指定圆的半径或 [直径 (D)]：（指定半径；输入 D 则为指定直径。）

上述各选项的含义如下：

三点（3P）：通过指定圆周上的三个点来绘制圆。

两点（2P）：通过指定圆的任一直径上的两个端点来绘制圆。

相切、相切、半径（T）：指定圆的两条切线和半径来绘制圆。

其他圆的绘制方法在功能区："常用"→"绘图"→ ⊙· 按钮的子菜单中，如图 2-19 所示。

究竟选择哪一种方法画圆，要根据实际绘图需要。例如以某线段为直径画圆，则应当采用两点（2P）画圆的方法；而要画一个三角形内切圆，则应采用相切、相切、相切的方法。

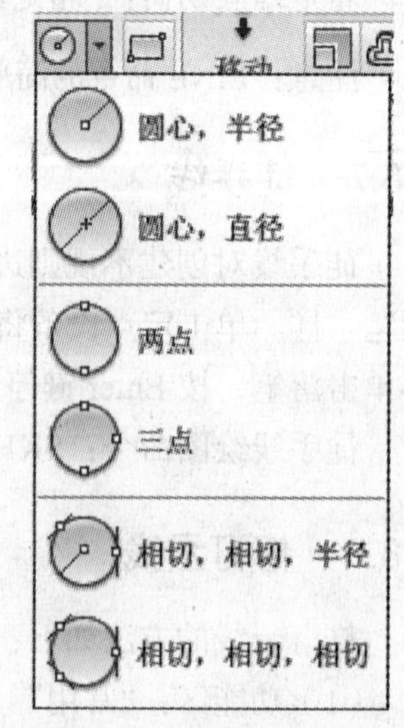

图 2-19 绘制圆的命令菜单

2.4.2 圆弧

启动绘制圆弧命令的方法如下：

（1）功能区："常用"→"绘图"→ 按钮。

（2）菜单："绘图（D）"→"圆弧（A）"图标。

（3）命令行：ARC 或 A。

执行命令后，命令行提示信息如下：

命令：ARC

指定圆弧的起点或 [圆心 (C)]:（指定圆弧的起点或输入 C 指定圆弧的圆心位置）

指定圆弧的第二个点或 [圆心 (C)/ 端点 (E)]:（指定圆弧上的第二个点或输入 E 通过指定端点和半径来绘制圆弧）

指定圆弧的端点:（指定圆弧的端点）

在 ARC 命令下，总共有 11 种绘制圆弧的方式，指定其中某种方式可以通过功能区："常用"→"绘图"→ 按钮的子菜单来实现，如图 2-20 所示。

注意：默认圆弧的绘制方向为逆时针，所以在绘制圆弧时，必须区分起点和端点。

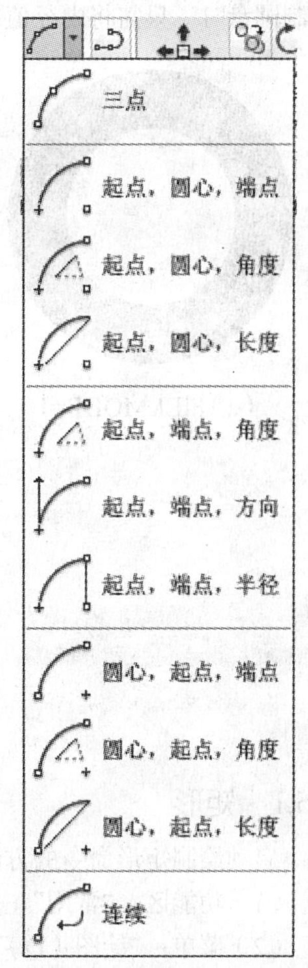

图 2-20 绘制圆弧的命令菜单

2.4.3 椭圆

椭圆的形状由两条相互垂直平分的长轴与短轴决定。

启动绘制椭圆命令的方法如下：

（1）功能区："常用"→"绘图"→ 按钮。

（2）菜单："绘图（D）"→"椭圆（E）"图标。

（3）命令行：ELLIPSE 或 EL。

执行命令后，命令行提示信息如下：

命令：ELLIPSE

指定椭圆的轴端点或 [圆弧 (A)/ 中心点 (C)]:（指定椭圆一条轴的一个端点）

指定轴的另一个端点:（指定椭圆轴的另一个端点）

指定另一条半轴长度或 [旋转 (R)]:（指定另一条半轴长度或者注入 R，通过绕第一轴旋转来绘制椭圆。）

在 ELLIPSE 命令下，总共有 3 种绘制椭圆的方式，指定其中某种方式可以通过功能区："常用"→"绘图"→ 按钮的子菜单来实现，如图 2-21 所示。

2.4.4 圆环

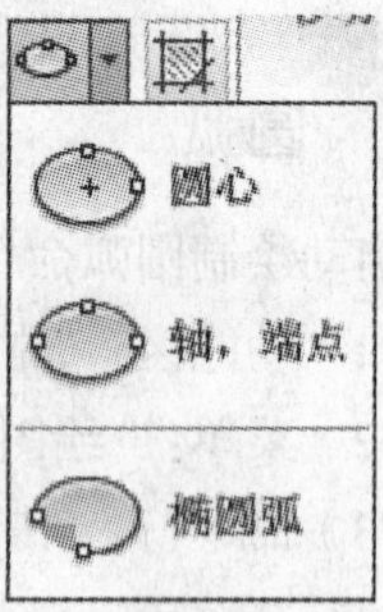

启动绘制圆环命令的方法如下：

（1）功能区："常用"→"绘图"→◎按钮。

（2）菜单："绘图（D）"→"◎圆环（D）"图标。

（3）命令行：DONUT 或 DO。

执行命令后，命令行提示信息如下：

指定圆环的内径 <300>：（由操作者指定圆环的内径）

指定圆环的外径 <500>：（由操作者指定圆环的外径）

指定圆环的中心点或 <退出>：（由操作者指定圆环的圆心点）

图 2-21 绘制椭圆的命令菜单

注意：不要用圆环命令来绘制两个同心圆，因为圆环中的两个圆是一个元素，而要用画圆和偏移命令来绘制同心圆。

系统变量 FILLMODE 用于控制所绘制的圆环是否为实心，如图 2-22（a）、（b）所示。绘制圆盘时，只需将内径值取 0 即可，如图 2-22（c）所示。

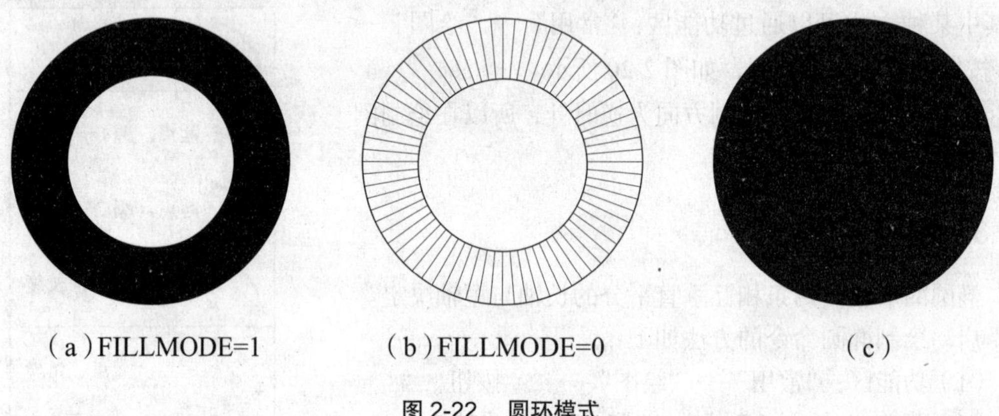

（a）FILLMODE=1　　（b）FILLMODE=0　　（c）

图 2-22 圆环模式

2.5 多边形的绘制

2.5.1 矩形

启动绘制矩形命令的方法如下：

（1）功能区："常用"→"绘图"→□按钮。

（2）菜单："绘图（D）"→"□矩形（G）"图标。

（3）命令行：RECTANG。

执行命令后，命令行提示信息如下：

命令：RECTANG 或（REC）

指定第一个角点或 [倒角 (C)/ 标高 (E)/ 圆角 (F)/ 厚度 (T)/ 宽度 (W)]：（指定矩形的一个角点的位置）

指定另一个角点或 [面积 (A)/ 尺寸 (D)/ 旋转 (R)]：（指定矩形另一角点相对第一个角点的位置）

上述各选项的含义如下：

倒角（C）：绘制带倒角的矩形。

标高（E）：指定矩形线框所形成面的 Z 轴高度，用于三维图形的绘制。

圆角（F）：绘制带圆角的矩形。

厚度（T）：指定三维绘图时设置矩形 Z 轴方向厚度。

宽度（W）：指定轮廓宽。

面积（A）：指定一个角点、面积和长度或宽度来绘制矩形。

尺寸（D）：指定长度、宽度来绘制矩形。

旋转（R）：指定矩形旋转的角度。

2.5.2 正多边形

正多边形的边数可以是 3~1024 条。

启动绘制正多边形命令的方法如下：

（1）功能区："常用" → "绘图" → ⬠ 按钮。

（2）菜单："绘图（D）" → "⬠ 正多边形（Y）" 图标。

（3）命令行：POLYGON。

执行命令后：命令行提示信息如下：

命令：POLYGON

输入边的数目 <4>：（输入正多边形的边数）

指定正多边形的中心点或 [边（E）]：（指定正多边形的中心或输入 E 指定边的位置）

输入选项 [内接于圆 (I)/ 外切于圆 (C)] <I>：（绘制内接或外切于假想圆的正多边形）

指定圆的半径：（通过指定假想圆的半径来确定正多边形的大小）

【例 2-7】 利用正多边形命令绘制图 2-23 所示的图形。

绘图步骤：

命令：POLYGON 或 POL

输入边的数目 <4>：5

指定正多边形的中心点或 [边 (E)]：200，200

输入选项 [内接于圆 (I)/ 外切于圆 (C)] <I>：c

指定圆的半径：100

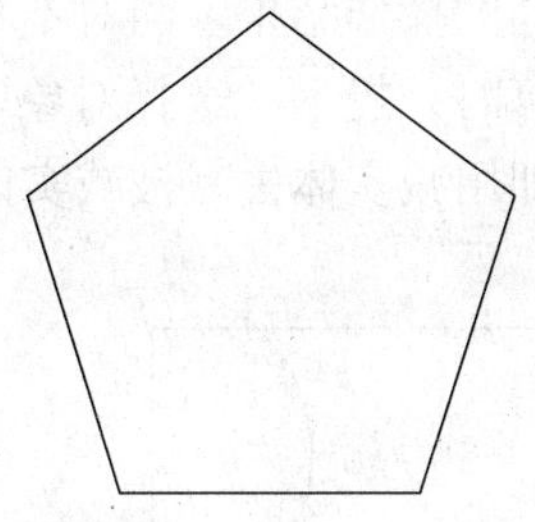

图 2-23 绘制正五边形

2.6 面域

2.6.1 创建面域

面域是指有边界的平面区域，它是一个对象，不仅包括边界，还包括边界内的平面。其内部可以包含孤岛，相当于没有厚度的实体，而不是线框。

启动创建面域命令的方法如下：

（1）功能区："常用"→"绘图"→ 按钮。

（2）菜单："绘图（D）"→" 面域（N）"图标。

（3）命令行：REGION。

执行命令后，选择事先已绘制好的封闭图形为将要创建的面域对象，按 Enter 键后就创建了一个面域。

此外，还可以采用边界创建来生成面域：

（1）功能区："常用"→"绘图"→ 按钮。

（2）"菜单"："绘图（D）"→" 边界（B）…"图标。

（3）BOUNDARY。

执行命令后，系统将打开"边界创建"对话框，如图 2-24 所示。

在"边界创建"对话框中，从对象类型中选择面域，再用拾取点的方式选择绘图窗口封闭对象内的任何一点，被选中的对象就转换成面域。"孤岛检测"用于检测内部边界。

图 2-24 "边界创建"对话框

2.6.2 面域操作

面域是实体，通过三维建模工作界面的功能区："常用"→"实体编辑"对应面板上的 并集、 差集、 交集按钮，可以对面域进行布尔运算操作。图 2-25 为几个不同的操作结果。当对不相交的面域进行交集运算时，将删除被选中的面域。在进行差集运算时，提示"选择对象"时，要选中被减实体，按 Enter 键后再选减实体，再按 Enter 键，即用减实体去减被减实体，得差集实体。

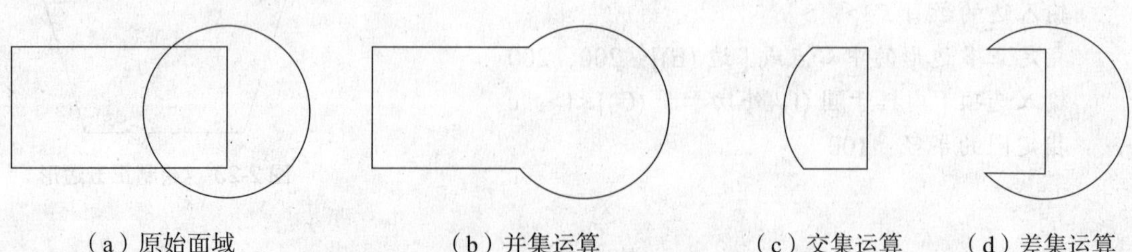

（a）原始面域　（b）并集运算　（c）交集运算　（d）差集运算

图 2-25 布尔运算结果

2.7 图案填充与渐变色

2.7.1 图案填充

图案填充是指用图案来填充图形的某个区域，以表达该区域的特征。机械制图中用它表达装配关系，建筑图中用它表达不同的材料等。对图形的填充不但能描述对象的材料特征，还能增加图形的可读性。

启动图案填充命令的方法如下：

（1）功能区："常用"→"绘图"→ 按钮。

（2）菜单："绘图（D）"→" 图案填充（H）..."图标。

（3）命令行：BHATCH。

执行命令后，弹出"图案填充和渐变色"选项卡，如图2-26所示。

该选项卡中各选项含义如下：

1."类型和图案"选项区

类型（Y）下拉列表框：用于设置填充图案的类型，有三个选项，其中"预定义"是指使用AutoCAD提供的图案类型；"用户定义"为使用当前线型自定义一个图案作为填充的图案类型；"自定义"为选择用户预定义好的图案进行填充。

当用户选择"预定义"的时候，下面的"图案（P）"下拉列表框列出了AutoCAD自带的几十种图案样板。单击列表框右边的 按钮打开"填充图案选项板"对话框可以观察到所有预定义图案的预览图像，如图2-27所示。最近使用的图案可以在样例文本框中预览。机械制图剖面线一般选取"ANSI31"。

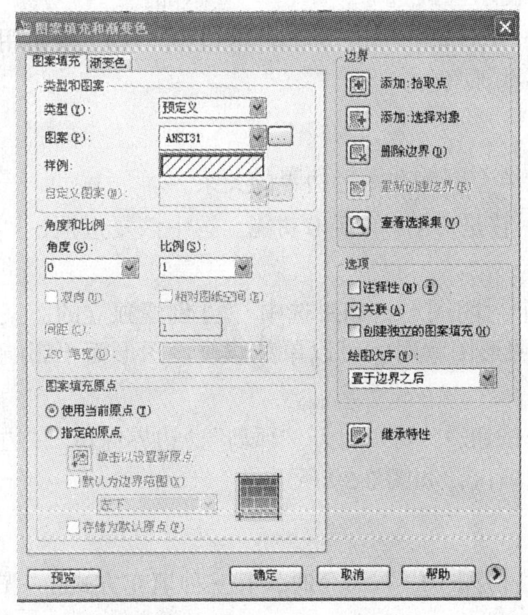

图2-26 "图案填充"选项卡

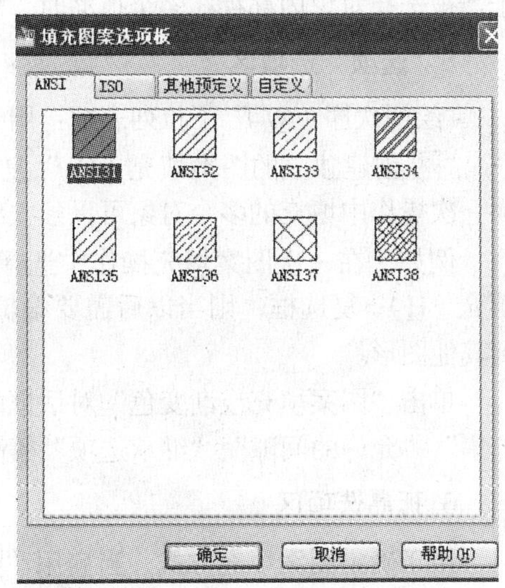

图2-27 "填充图案选项板"对话框

当用户选择自定义时，“图案（P）”下拉列表框变为灰色，表示这时该项不可用，用户可从“自定义图案（M）”下拉列表框中选择预先定义好的图案。

2. 角度和比例选项区

“角度（G）”下拉列表框：用于选择图案填充的倾斜角度。

“比例（S）”下拉列表框：用于设定图案的缩放比例。合适的填充图案大小很重要，如果图案过大或过小，填充结果将显示不出来或不如意。在绘制机械图样的剖面线时，经常会调整这个比例，以达到期望的绘图效果。用户可以通过“图案填充和渐变色”对话框左下角的“预览”按钮来预览填充效果。

3. 图案填充原点选项区

“使用当前原点（T）”和“指定的原点”选项用于指定图案填充的原点。原点附近总能看到完整的图案样式，如图 2-28（a）、（b）所示为调整原点后的图形对比。

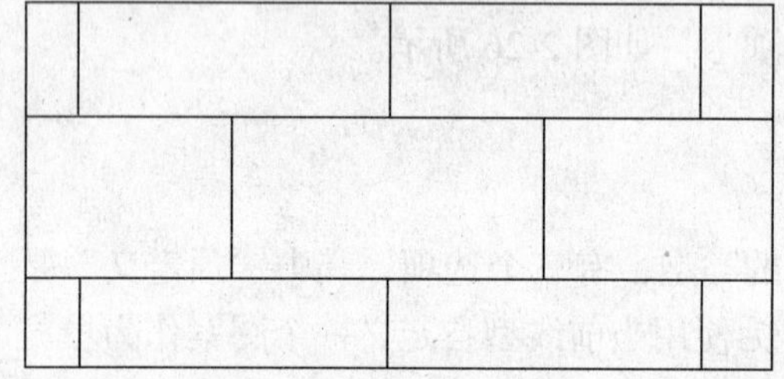

（a）使用当前图案填充原点

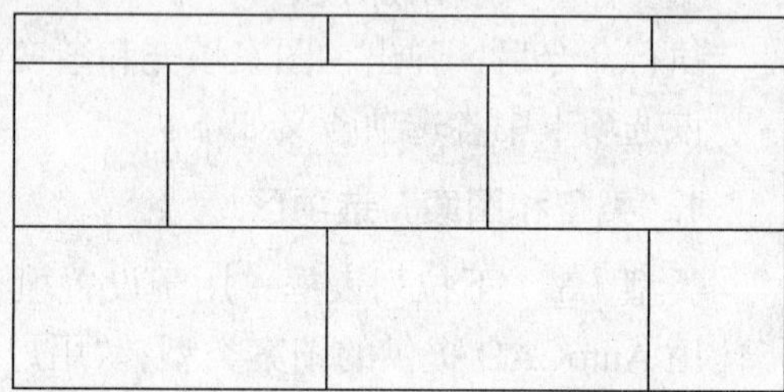

（b）使用新的图案填充原点

图 2-28　调整图案填充原点

4.“边界”选项区

单击“添加：拾取点”按钮切换到绘图窗口，选择要进行图案填充的封闭对象边界内任何一点，这时该对象轮廓变为虚线，表示已被选中；单击“添加：选择对象”按钮则切换到绘图窗口，选择要进行的图案填充对象。单击“删除边界（D）”按钮用于当被选择对象内部存在多个孤岛时，删除某些孤岛。

5.“选项”选项区

“绘图次序（W）”下拉列表框：用于设置填充图案和图形边界的关系。

“创建独立的图案填充（H）”复选框：它是 CAD 的新增功能。选中该复选框，则同一次操作中填充的多个对象可以独立编辑。

例如，在一次图案填充操作中选择了多个封闭图形，如果选中“创建独立的图案填充（H）”复选框，则当以后需要编辑某个图形图案时，可以单独修改该图形而不影响到其他图形。

单击“图案填充或渐变色”对话框的伸缩按钮，可以打开“孤岛”、“边界保留”、“边界集”、“允许的间隙”、“继承选项”等高级选项区，如图 2-29 所示。

6. 孤岛选项区

用于确定图案填充方式，当启用“孤岛检测（L）”命令时，有三种填充方式：“普通（N）”、“外部”和“忽略（I）”。

（1）“普通（N）”单选按钮：从最外边界向里填充，遇到内部边界就断开填充。再次遇到边界，又继续填充，如此循环，直到最里层。

（2）“外部”单选按钮：从最外边界向里填充，遇到内部边界就断开填充，不再继续向里填充。

（3）“忽略（I）”单选按钮：从最外边界向里填充，忽略内部所有边界。选择这种方式，外部边界内的图形将被填充图案覆盖。

如图 2-30 所示，为图案填充效果图。

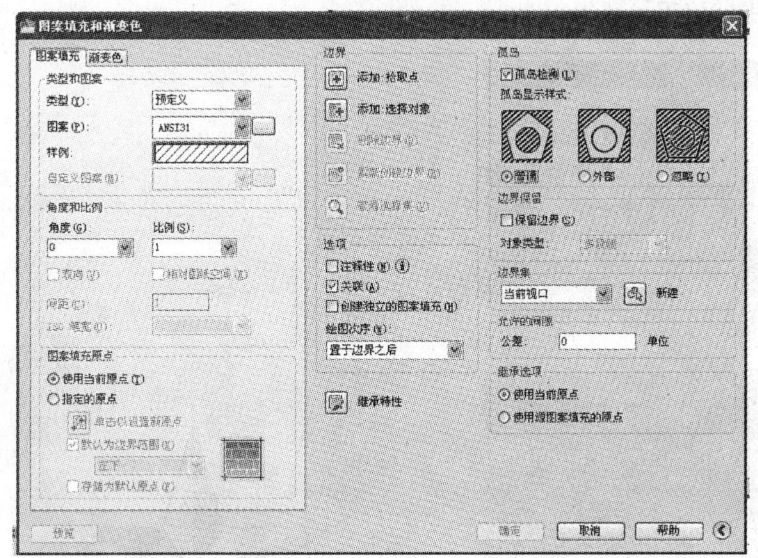

图 2-29 展开的“图案填充或渐变色”

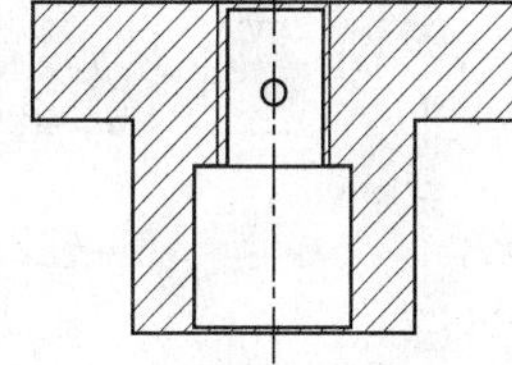

图 2-30 图案填充效果图

2.7.2 渐变色填充

渐变色是指同一种颜色或从一种颜色到另一种颜色的平滑过渡，使用渐变色能增强图形视觉效果，可以把渐变色看成一种特殊的图案。

启动渐变色填充命令的方法如下：

（1）功能区：“常用”→“绘图”→ 按钮。

（2）菜单：“绘图（D）”→“ 渐变色…”图标。

（3）命令行：GRADIENT。

执行命令后，弹出“图案填充和渐变色”对话框的渐变色选项卡，如图 3-31 所示。

该选项卡中各选项的含义如下：

1. 颜色（C）选项区

（1）单色（O）单选按钮。选中该按钮，使用同一种颜色产生的渐变色来进行图案填充，单击其下拉列表框的 按钮选择所需颜色。

（2）双色（T）单选按钮。选中该按钮，使用两种颜色产生的渐变色来进行图案填充。

2. 方向选项区

（1）居中（C）复选框。选中该复选框，则颜色从中间向四周渐变。

（2）角度（L）下拉列表框。用于指定颜色渐变的角度。

对话框的左边中间区域显示了 9 种渐变色效果图例，单击某种图案，将按该效果进行渐变。

其他选项区和图案填充选项卡含义一样。单击伸缩按钮可以打开 / 关闭带高级选项的渐变色对话框。

图 2-32 所示，为双色渐变色填充效果图。

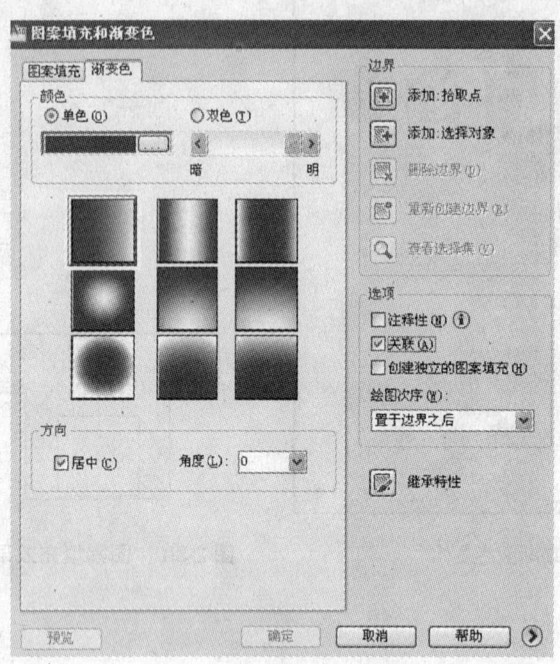

图 2-31 “渐变色”选项卡

图 2-32 双色渐变色填充效果图

思考与练习

一、填空题

1. 坐标输入方式主要有 ________、________、________、________。

2. 要实时缩放图形，可以选择 ________ 工具，然后 ________；要实时平移图形，可以选择 ________ 工具，然后 ________。

3. 要终止命令，可以按 ________ 键。

4. 执行命令时，在选择对象提示下，在选择了某些对象后，如果希望结束对象选择，

可以按 ________ 键。

5. AutoCAD 中，可使用 ________ 命令绘制平行线；可使用 ________ 绘制断裂线。

二、问答题

1. 在 AutoCAD 中，鼠标的左键、右键和滚轮作用分别是什么？
2. 什么是极轴追踪？如何设置极轴？
3. 什么是重生成？
4. 在中文版 AutoCAD 2010 中，可以使用哪几种方法来绘制二维图形？
5. 如果希望一次撤销一步、多步操作，可以怎么办？
6. 如果希望修改多段线中某一线段的起始和结束宽度，应该怎么办？

三、操作题

1. 使用画直线、矩形、填充等命令，完成图 2-33 所示图形的绘制。（提示：可以作辅助圆）
2. 使用画直线、圆等命令，完成图 2-34 所示图形的绘制。（提示：可以作辅助圆）
3. 使用画直线、画、填充等命令完成图 2-32 所示图形的绘制。
4. 使用画多边形命令、画直线命令绘制图 2-35 所示图形，填充部分使用双色（红、黄）渐变色，空白处不填充。

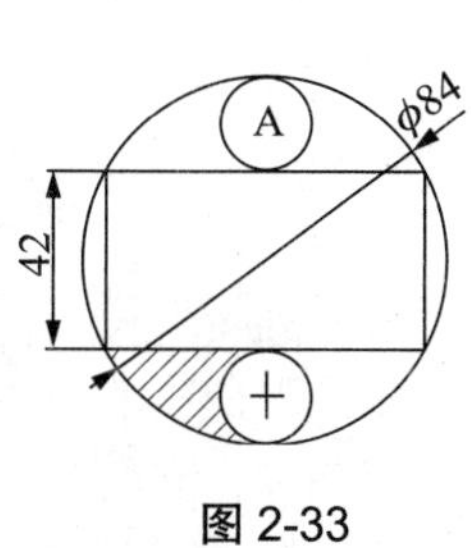

图 2-33

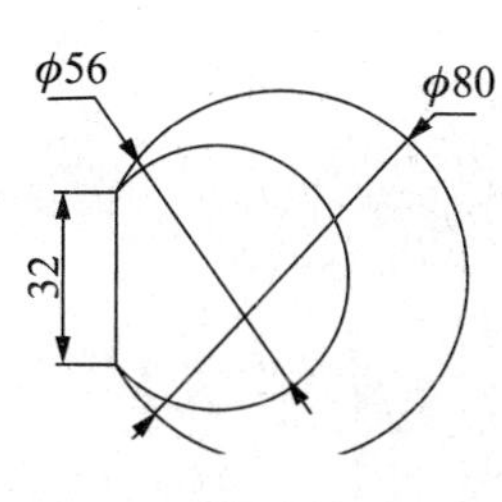

图 2-34

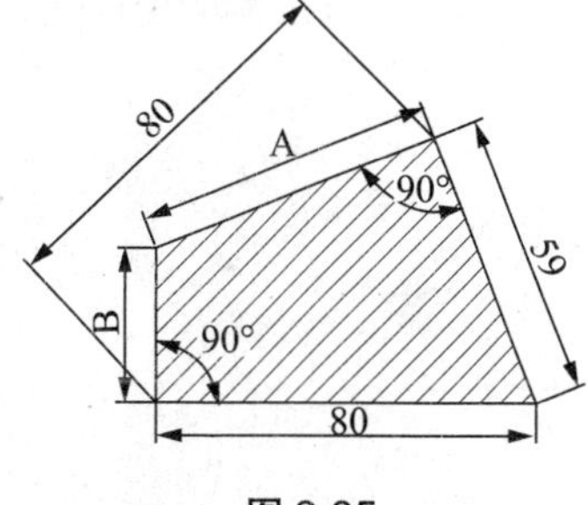

图 2-35

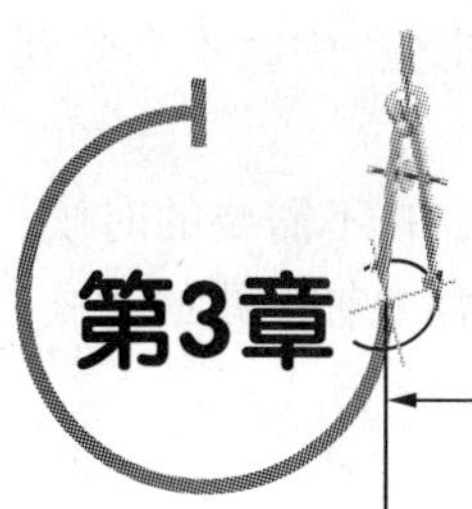

第3章 图层和精确绘图

学习要点

- 图层设置和使用
- 各种精确绘图功能的设置
- 使用辅助绘图功能
- 动态输入功能

在绘图时，灵活运用 AutoCAD 所提供的绘图辅助工具进行准确定位，可以有效地提高精确性和效率。在中文版 AutoCAD 2010 中，用户不仅可以通过常用的指定坐标法绘制图形，而且还可以使用系统提供的对象捕捉、对象捕捉追踪等功能，在不输入坐标的情况下精确地绘制图形。

3.1 图层

3.1.1 图层概述

1. 定义

图层是 AutoCAD 中管理图形对象的重要工具。各个图层由名称、颜色、线型和线宽等要素构成。在绘图过程中，可以随时打开 / 关闭、解冻 / 冻结、锁定 / 解锁图层。图层的应用非常广泛，例如：

（1）一般绘制机械平面图形时，有各种不同的线型，如实线、虚线、点画线等。通过将各种线型绘制在不同的图层上，并设置不同的颜色、线宽，就能有效区分图形各部分结构，从而绘制出准确、清晰、有序的图形。

（2）当绘制一幅比较复杂的三维图形时，可以按一定的原则将整幅图形分成几个部分，每个部分赋予一个图层。这样，在适当时候打开 / 关闭某些图层，绘图过程中就不会受到其他部分的干扰，从而更加高效地绘制图形。

（3）很多时候绘制图形都需要创建辅助线，建立一个辅助线图层，在不需要的时候，可以暂时关闭该图层，从而减少辅助线带来的视觉和捕捉点的干扰。在需要辅助线的时候，打开该图层，可以捕捉到和其他线生成的交点、切点等有用的特征点。

2. 图层特点

（1）在一个图形文件中，用户可以建立任意数目的图层。各个图层上可以绘制任意数目的图形对象。

（2）用户可以为各个图层上设置不同的颜色、线型、线宽；在某个图层上为不同对象分别设置不同的颜色、线型、线宽；用户可以为每个对象的不同部分设置不同的颜色、线型、线宽。

（3）一个图形文件中的各个图层都具有相同的坐标系、图形界限和显示时的缩放倍数。

（4）对象可以由一个图层转换到另一个图层。

（5）系统只能将一个图层设置为当前图层，用户各种操作只能在当前图层上进行，不能同时对各个图层上的所有对象进行操作。

（6）打开 AutoCAD 时，默认图层为“0”层，该图层名称不能被更改。

3.1.2 图层的设置

图层设置是指建立 / 删除图层，设置图层的名称、颜色、线型和线宽。其具体设置方法在图层特性管理器对话框当中。打开图形特性管理器的方法如下：

（1）功能区：“常用”→“图层”→ 按钮。

（2）菜单：“格式（O）”→“ 图层（L）...”图标。

（3）命令行：LAYER。

执行命令后，系统将弹出“图层特性管理器”对话框，如图 3-1 所示。

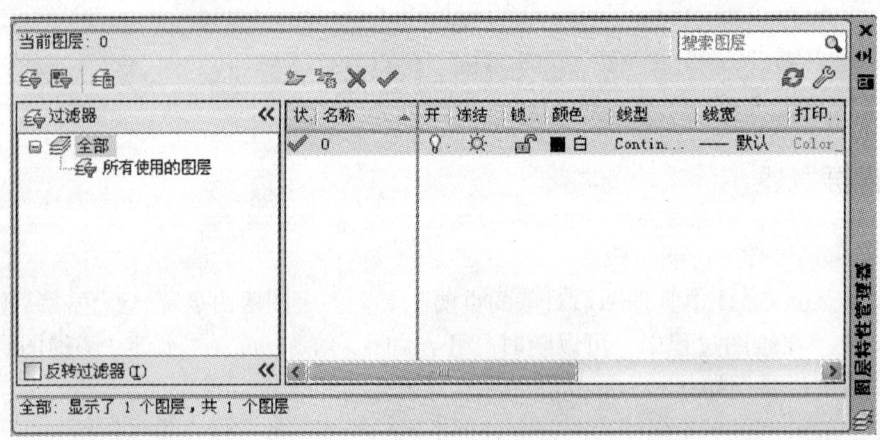

图 3-1 图层特性管理器对话框

图层设置的步骤如下：

1. 建立图层

在图层特性管理器对话框中，默认有一个名称为“0”的图层，该图层不能被删除，也不能重命名。在该对话框上方有四个按钮，各命令的功能如下：

“按钮”：单击该按钮系统会新建一个名为“图层1”的图层。多次单击，可以创建多个图层，图层数目没有限制。用户可以根据需要建立和更改图层数量及名称。例如，绘制一般机械图样的时候，可以设置“实线”、“虚线”、“细线”、“中心线”、“标注”等图层，分别用于绘制实线、虚线、细线、中心线、尺寸和文本标注等，如图3-2所示。

“按钮”：该功能是创建新图层，然后在所有现有布置视口将这些图层冻结，可以在“模型”选项卡或布局选项卡上访问此按钮。

“按钮”：单击该按钮系统将删除被选中但层上没有实体对象的图层。如果选中层上有实体对象将会出现如图3-3所示的提示，图层将不会被删除。

“按钮”：单击该按钮系统将把选中的图层置为当前层。置为当前层后，用户所绘制的实体就会保存在该图层。当某个图层为当前层时，图层名称前面状态显示为。设置某个图层为当前层也可以双击图层状态按钮来实现，如图3-2所示。

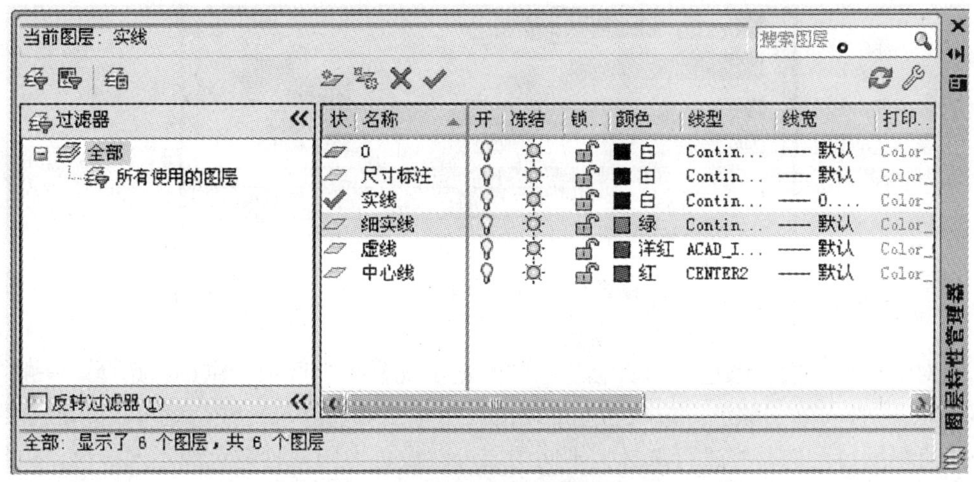

图 3-2 “图层特性管理器”对话框

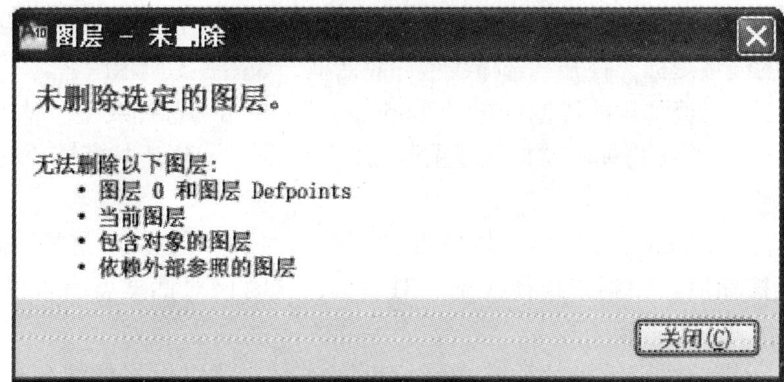

图 3-3 无法删除的图层

2. 设置图层

（1）设置图层颜色。图层颜色是指绘制在该图层上的所有实体对象的默认颜色，为了清晰区分不同图层上的实体对象，可以为各个图层设置不同的颜色。单击颜色按钮■，系统将弹出“选择颜色”对话框，如图 3-4 所示。用户也可以通过菜单“格式（O）”→“颜色（C）…”来打开该对话框。

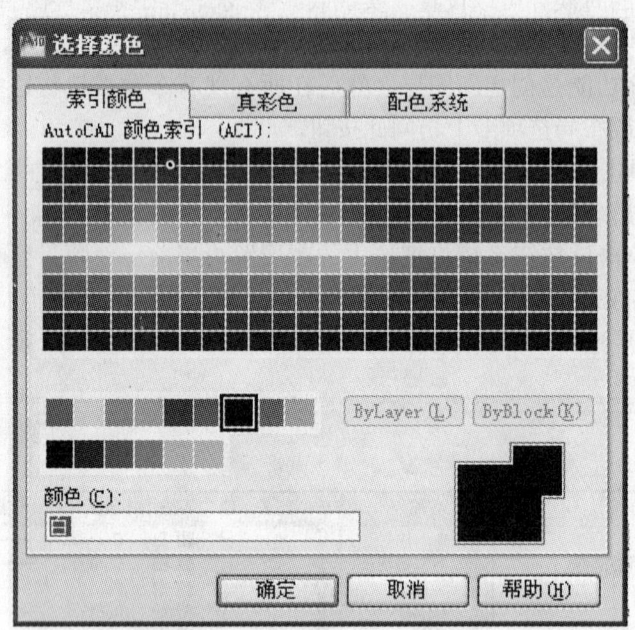

图 3-4 “选择颜色”对话框

该对话框有“索引颜色”、“真彩色”、“配色系统”三个选项卡供用户选择。一般当图形不多时，选择“索引颜色”选项卡左下角的几个标准颜色和灰度颜色就可以满足需要了。用户也可根据自己的喜好进行选择，不同图层可以设置为同一种颜色或不同颜色。

（2）设置图层线型。图层的线型是指绘制在该图层上的所有实体对象所采用的默认线型。用户可以为各个图层设置不同的线型。如果用户没有指定线型，则系统默认该图层线型为“Continuous”，即实线。用户要设置其他线型，可以在“图层特性管理器”对话框中单击相应图层的线型图标，打开“选择线型”对话框，如图 3-5 所示。

默认情况下，已经加载的线型只有“Continuous”，单击“选择线型”对话框下边“加载（L）...”按钮，系统将弹出“加载或重载线型”对话框，用于加载需要的线型，如图 3-6 所示。

系统默认打开 acadiso.lin 文件，共有几十种线型。用户可以从中选择所需要的线型，单击“确定”按钮后，回到“选择线型”对话框，这时该对话框就有可以选择的所需线型。

用户选择所需的线型，则使用该图层绘制实体时，就以设置的线型表示所绘制的对象。

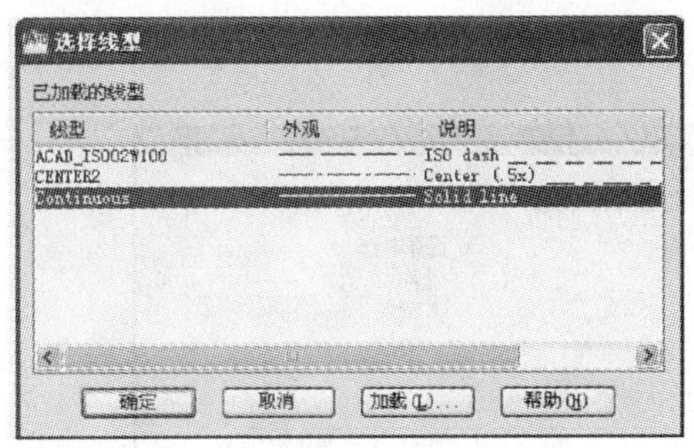

图 3-5　“选择线型”对话框

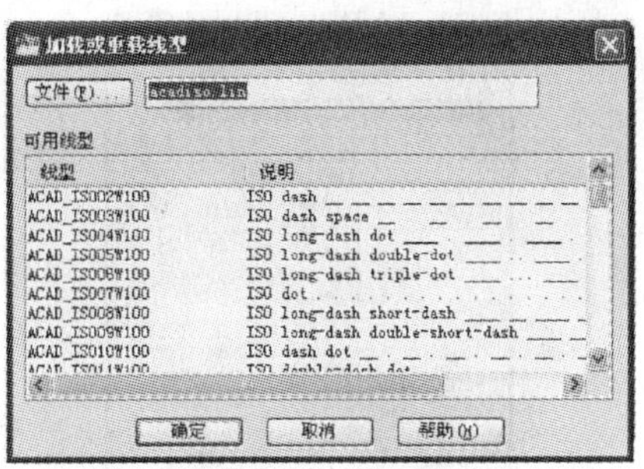

图 3-6　“加载或重载线型”对话框

当线型比较复杂时，可以通过菜单“格式（O）”→“线型（N）”打开“线型管理器”来管理线型，如图 3-7 所示。

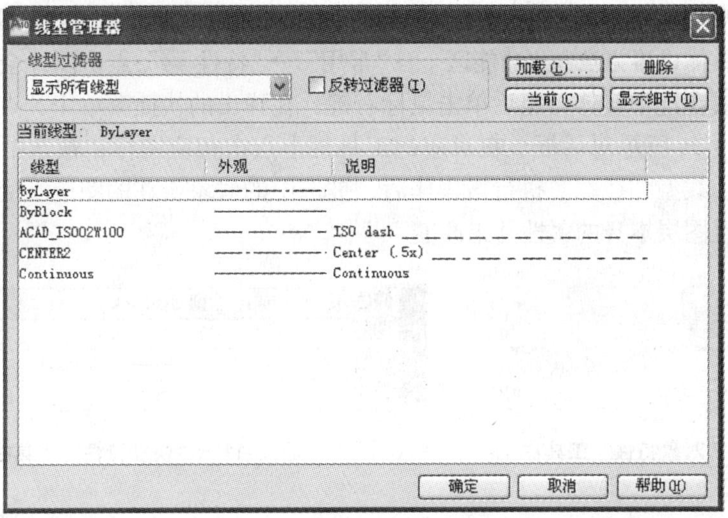

图 3-7　“线型管理器”对话框

打开“显示细节（D）”，通过该对话框的“全局比例因子（G）”文体框，可以改变某线型相对其他线型的比例，从而当图形过大或过小时，仍能清晰地表达出各种不同的线型。用户也可用 ltscale 命令来改变虚线、中心线、双点画线等的线性比例，从而显示出令人满意的线型效果。

（3）设置图层线宽。图层的线宽是指绘制在该图层上的对象所采用的线宽。单击相应图层的线宽图标“—默认”，打开“线宽”对话框，选择适当的线宽，如图3-8 所示。

进入绘图模式后，默认线宽为 0.25mm，也就是说，用户不改变线宽时，一律采用默认宽度。当需要调整线宽时，可通过执行“格式（O）”→“线宽（W）”命令，打开“线宽设置”即可完成线宽设定；或用鼠标右键点击“状态栏”上的 ＋ 按钮，在弹出的级联菜单上点击“设置（S）…”按钮，即可打开“线宽设置”对话框，从而完成线宽设定。用户也可以用这样方式改变当前图层的线宽，如图 3-9 所示。

注意：选择适当的线宽后，在绘图时必须打开“状态栏”上的 ＋ 按钮才能显示出线宽。

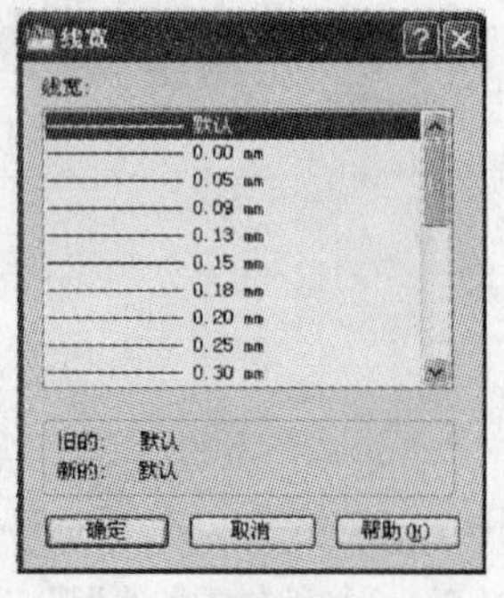
图 3-8 “线宽”对话框

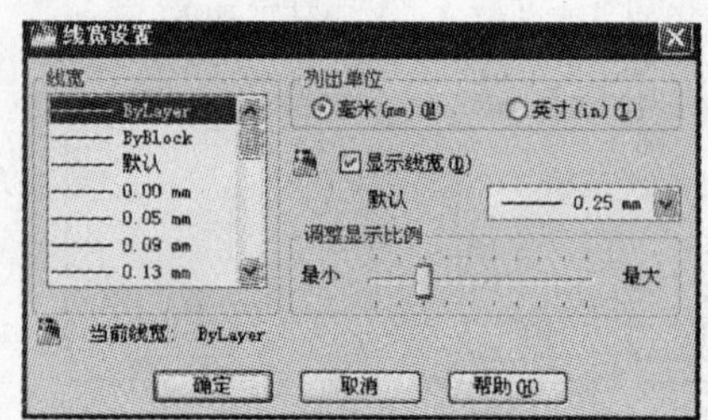
图 3-9 “线宽设置”对话框

3. 设置对象特征

根据图层的特征，用户可以为各个图层分别设置不同的颜色、线型和线宽；设置好图层后，如果有需要，还可以在绘图过程中随时为不同的图形或实体对象设置不同的颜色、线型和线宽。具体设置方法是“功能区”→“常用”→“特性 ”,点击图标会出现如图 3-10 所示对话框；或在选中实体对象后单击鼠标右键，在弹出的快捷菜单中，点击快捷特性按钮，出现如图 3-11 所示对话框。在对应的工具栏上点击相应图标，被选中的对象就转换为所选的颜色、线型和线宽。执行该操作后，被选中的对象所在的图层不变，仍然在原来的图层中，而且图层本身的属性并未改变。

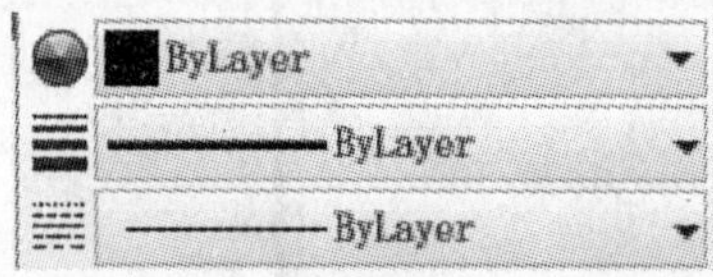
图 3-10 “对象特性”工具栏

图 3-11 “快捷特性”工具栏

3.1.3 图层管理

1. 使用图层

在 AutoCAD 主界面中，点击“功能区”→“常用”→“图层面板上的 按钮”，将显示创建的所有图层，如图 3-12 所示。用户单击某一图层，将该层置为当前层，接下来绘制的实体对象就保存在该图层之中。

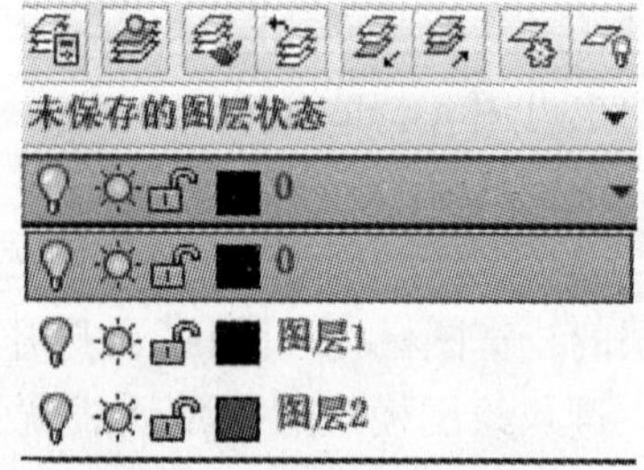
图 3-12 “图层”工具栏

把某个图层置为当前层后，在常用面板上，点击右侧特性按钮 将显示该层的颜色、线型和线宽，如图 3-10 所示。其中 Bylayer（随层）的意思是当前要绘制图形的颜色、线型、线宽和该图层预置的颜色、线型、线宽一致。

如图 3-12 所示，上方左边第一个按钮 是图层状态管理器，显示图形中已保存的图层状态列表。用户可以创建、重命名、编辑和删除图层状态。用户可以将当前图层设置保存为图层状态、更改图层状态以及以后将它们恢复至图形，也可以从其他图形输入图层设置并输出图层状态，其设置在“未保存的图层状态”工具栏下完成；按钮是表示把选中对象所在的图层设为当前层；按钮是将选定对象的图层更改为与目标对象相匹配；按钮是把上一个当前层再次置为当前层；按钮是隐藏或锁定除了选定图层之外的所有图层；按钮是恢复使用 LNYISO 命令隐藏或锁定的所有图层；按钮是冻结选定对象的图层，使冻结对象的图层不可见；按钮是关闭选定对象的图层，可使对象不可见。

2. 图层特性管理

在功能区常用面板下点击图层标题，出现如图 3-13 所示对话框。上方左起第一个按钮表示打开所有图层；按钮是表示解冻图形中所有图层；按钮表示锁定选定的对象的图层；按钮是表示解锁选定的对象的图层；按钮是表示将选定的对象的图层特性更改为当前图层；按钮是将一个或多个对象复制到其他图层；按钮是显示选定图层上的对象，并隐藏所有其他图层上的对象；按钮是冻结除当前视口外的所有其他布局视口中的选定图层；按钮是将选定图形合并为一个目标图层，从而将以前的图层从图形中删除；按钮是删除图层中所有对象并清理图层。

图 3-13 “图层”下拉工具栏

关于图层“开 / 关”、“解冻 / 冻结”、“解锁 / 锁定”的含义如下：

“开 / 关”状态：当状态为“开”时，用户可以看见该图形对象；当状态为“关”时，该图层上的图形对象为不可见，也不能被打印输出。当某个图层上图形暂时不需要显示时，可以关闭该图层，以使绘图窗口更加简洁。当被关闭的图层置当前层时，仍然可以在图层上绘制对象，但绘制的对象不能被观察到，需要在打开图层时才能观察到。

“解冻 / 冻结”状态：其效果和“开 / 关”一样。“冻结”和“关”的区别是图层被“冻结”时，用户看不见该图层，图层上的图形也不参与 AutoCAD 处理过程的运算。而“关”状态时的图层虽然看不见，但仍然参与处理过程的运算。用户不能在被冻结的图层上绘制实体，也不能将当前层“冻结”。

“解锁 / 锁定”状态：当图层处于被“锁定”状态的时候，图层上的图形对象仍然可见，用户并不能对其进行编辑，但可以在锁定的图层上绘制新实体对象。此外，用户还可以在锁定的图层上使用查询命令和对象捕捉等功能。

3. 过滤图层

当绘制复杂图形、图层数目很多难以管理的时候，用户可以通过打开“图层特性管理器”左上角的按钮，打开“图层过滤器特性”对话框来筛选所需要的图层，如图 3-14 所示。

在该对话框中，用户在过滤器定义列表中设置图层的状态、名称、颜色、线型和线宽等过滤条件来选择图层，符合过滤条件的图层显示在下方的过滤器预览列表中。

注释：

（1）在进行正式绘图时，建议不要使用 0 层和 Defpoints 层，用户应自行设置图层，将图形中的同类对象放在相应的图层上，以便提高修改图样效率。

（2）制作“块”对象时应放在 0 层上进行。

（3）Defpoints 层是 AutoCAD 系统自动产生的，它是一个非打印层。如果用户不经意使用了该层，则该层上的图形对象将不可打印。用户需要在图层特性管理器中更改图层名称，并将其打印特性改为可打印后方可打印。

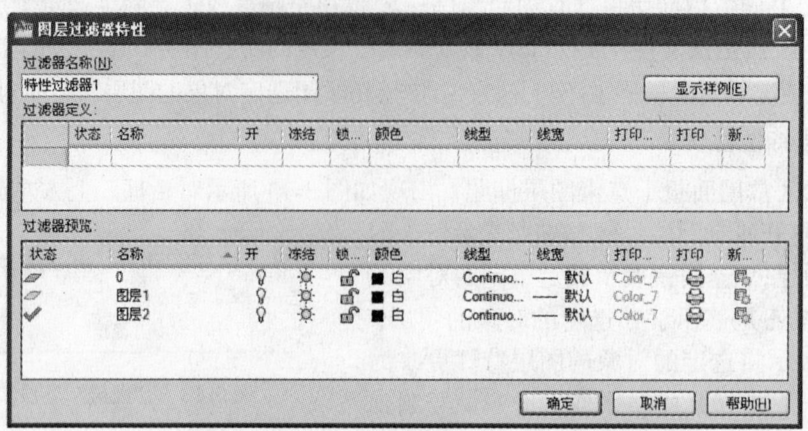

图 3-14 “图层过滤器特性”对话框

（4）各层线宽取值建议：A1 ～ A0 图纸：粗实线可取 0.4 ～ 0.7mm；A4 ～ A2 图纸：粗实线可取 0.35mm。其他如虚线、点画线、细线、尺寸标注线等一律取默认线宽。

4. 打印样式和打印

在“图层特性管理器”对话框中，用户可以通过“打印样式”按钮选择确定各图层的打印样式，但如果使用的是彩色绘图仪，则不能改变这些打印样式。单击“打印”按钮，可以设置图层是否能够被打印，这样就可以在保持图形显示可见性不变的前提下控制图形的打印特性。打印功能只对可见的图层起作用，即只对没有冻结和没有关闭的图层起作用。

3.2 精确绘图

在 AutoCAD 中绘制图形时，尽管用户可以通过移动光标或给定光标点来指定点的位置，但该方法很难精确指定点的某一位置。因此，要精确定位点，就要使用系统提供的状态栏中的功能按钮来完成绘图。

在 AutoCAD 界面下方状态栏中有十个功能按钮，如图 3-15 所示。

图 3-15 状态栏上的功能按钮

上面状态栏的内容显示为图标和汉字，以及这几项是否显示在状态栏上，用户可以在状态栏上利用右键单击 QP 按钮“使用图标”和“显示”来控制，如图 3-16 所示。

单击这些按钮即可打开 / 关闭其功能，按钮按下去表示打开，按钮弹起表示关闭。正

确设置这些功能按钮，并在恰当的时候打开 / 关闭，是实现精确绘图的基础。

这些功能按钮的显示，也可以通过单击状态栏最右边的下拉菜单按钮 ▼ 来选择显示，如图 3-17 所示。

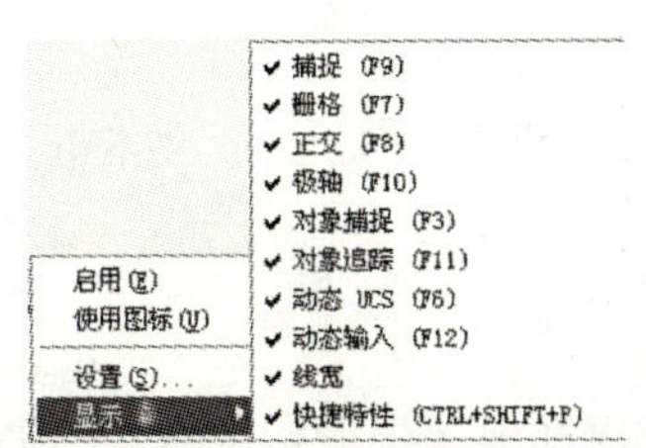

图 3-16 精确绘图状态栏显示控制

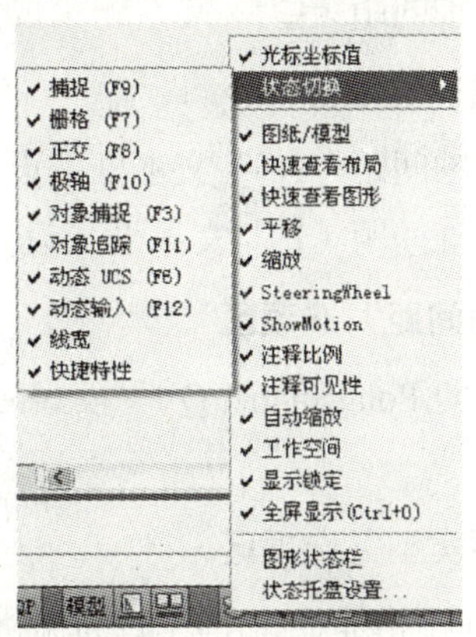

图 3-17 状态栏上功能按钮的下拉菜单设置

状态栏上各项功能的设置都可以在“草图设置”对话框中进行，如图 3-18 所示。打开草图对话框的方法：

（1）状态栏：右键单击“快捷特性 ▤ 按钮（或其他功能按钮）”→“设置（S）…”按钮。

（2）菜单：“工具（T）”→“草图设置（F）…”图标。

（3）命令行：DSETTINGS。

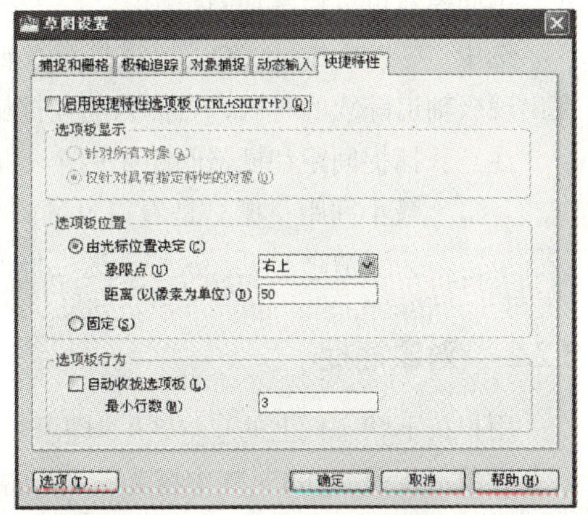

图 3-18 “草图设置”对话框

3.2.1 捕捉与栅格

用户按下状态栏上的“捕捉”按钮，即打开捕捉功能，按下状态栏上的“栅格”按钮，即打开栅格显示。

捕捉用于将光标锁定在距离光标最近的捕捉点，此时只能绘制与捕捉间距大小成倍数的距离，用于精确绘图。

栅格是指在绘图窗口显示的布满图形界限的具有一定间距的点，用于提供精确距离和位置参照。

在草图设置对话框中，点击“捕捉与栅格”按钮，就会出现如图 3-19 所示的选项卡，其选项卡中各选项的含义如下：

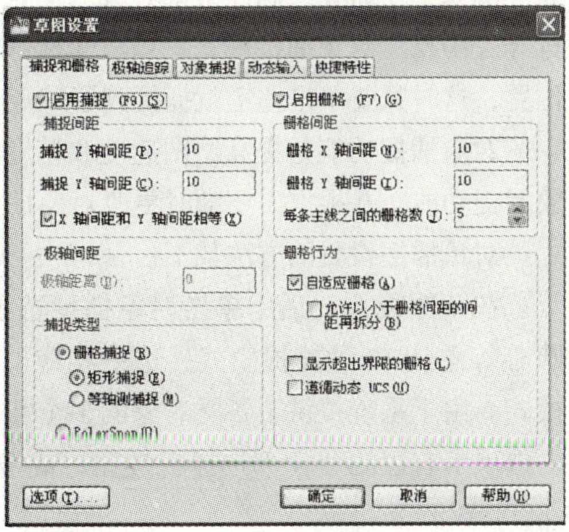

图 3-19 “捕捉和栅格”选项卡

1.“捕捉”选项区

“捕捉 X 轴间距（P）”文本框：设置 X 轴方向的捕捉间距，单位为 mm。

“捕捉 Y 轴间距（C）”文本框：设置 Y 轴方向的捕捉间距，单位为 mm。

2.“栅格”选项区

“栅格 X 轴间距（N）”文本框：设置栅格 X 轴方向的间距，单位为 mm。

“栅格 Y 轴间距（I）”文本框：设置栅格 Y 轴方向的间距，单位为 mm。

3.“极轴间距”选项区

当启用“◎PolarSnap（O）”模式时，通过“极轴距离（D）：”文本框指定捕捉的极轴间距。

4.“捕捉类型”选项区

选中“◎ 栅格捕捉（R）”时为栅格捕捉，即捕捉选项区中设定的 X、Y 方向捕捉间距。其中“◎ 矩形捕捉（E）”用于矩形捕捉模式；“◎ 等轴测捕捉（M）”用于等轴测图捕捉模式，用此模式可以绘制轴测投影图。

选中“◎PolarSnap（O）”，将打开极轴捕捉功能。此时，当打开“极轴追踪”功能捕捉出现极轴追踪线的时候，光标只能捕捉极轴追踪线上一定间距的点。

注意：捕捉间距和栅格间距是两个不同的设置。捕捉间距是看不见的，是实际捕捉的最小间距；栅格是看得见的，仅仅作为位置和距离参照，两者是相互独立的。为了清晰起见，最好设置一样的捕捉间距和栅格间距。

3.2.2 对象捕捉

用户按下状态栏上的 □ 按钮，即可打开对象捕捉功能。

对象捕捉是 AutoCAD 中极为重要的精确绘图工具，启用对象捕捉功能时，当光标停留在图形对象的几何特征点附近时，系统将根据对象捕捉模式设置，自动捕捉其几何特征点。例如：当需要绘制以某条直线的中点为圆心的圆时，并不需要知道直线的长度，只需打开“中点”对象捕捉模式。当将光标停放在直线的中点附近时，系统自动显示该中点的位置，这时只要单击左键就捕捉到了该点。

对象捕捉功能是提高绘图速度和精度的最有效的方法，在绘图过程中应该保持打开对象捕捉功能，并根据需要随时更改对象捕捉模式。

对象捕捉设置的方法如下：

在草图设置对话中单击对象捕捉选项卡，如图 3-20 所示。系统提供了端点、中心、圆心等总计 13 种捕捉模式，选中相应的几何特征点复选框，就打开了相应的对象捕捉模式。由于系统提供了各类对象的多个几何特征点供用户选择，为减少用户操作，可以单击选项卡右边的“全部选择”按钮，或增或减所需要的捕捉模式。

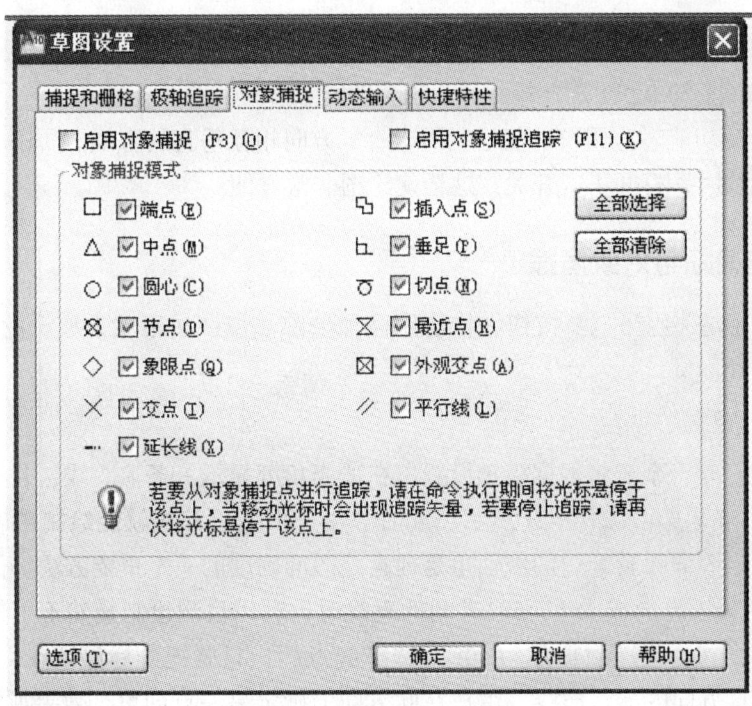

图 3-20 “对象捕捉”选项卡

各捕捉模式功能说明如下：

□☑ 端点（E）：用于捕捉线段或圆弧的端点。

△☑ 中点（M）：用于捕捉直线或圆弧的中点。

○☑ 圆心（C）：用于捕捉圆、圆弧和圆环的圆心。

⊠☑ 节点（D）：用于捕捉图形上孤立的点。

◇☑ 象限点（Q）：用于捕捉圆周或圆弧上 0°、90°、180°、270° 的点。

×☑ 交点（I）：用于捕捉两个实体对象实际存在的交点。

--☑ 延长线（X）：用于捕捉对象延长线上的点。

☑ 插入点（S）：用于捕捉图块、文字等插入点。

☑ 垂足（P）：用于捕捉直线或圆弧中的一个点，使其与另一个点的连线垂直于该直线或圆弧。

☑ 切点（N）：用于捕捉圆、圆弧上的一个点，使其与另一个点的连线与圆、圆弧相切。

⧖☑ 最近点（R）：用于捕捉距对象最近的一个点。

⊠☑ 外观交点（A）：用于捕捉两个没有相交的对象延长或投影后的交点。

//☑ 平行线（L）：用于捕捉一点，使已知点与该点的连线与一条已知直线平行。

注意：在适当时候打开合适的对象捕捉模式十分重要。如果打开所有的捕捉模式，当各个几何点距离较近时，很容易误选到不需要的几何点，所以最佳方法应该是根据绘图需要打开不同的捕捉模式。

3.2.3 正交

单击状态栏上的 按钮，即可打开正交功能。

当启用正交功能时，用户只能绘制沿 X、Y 方向相互垂直的直线。所以，通常在绘制水平线或垂直线时，打开正交开关，这会使绘图非常方便。

3.2.4 极轴追踪与对象追踪

单击按下状态栏上的 按钮，将启用极轴追踪功能；按下状态栏上的 按钮，将启用对象追踪功能。

1. 极轴追踪

当绘制图形时，系统将根据极轴设置，在适当角度显示一条追踪线，并显示光标相对上一点的距离和角度，如图 3-21 所示。此时，用户根据追踪线就能绘制精确角度和距离的直线。在适当时候设置合适的极轴角是提高绘图准确度的一个重要方法。例如，当需要绘制一条和 X 轴正方向成 45°、50° 夹角的直线时，利用目测绘制显然不可靠，只要将增量角设为 45°，并新建一附加角为 50°。选择起点后，只要把光标停留在大约 50° 附近，系统就显示 50° 方向的追踪虚线，用户在此方向上确定另一点即可，效果如图 3-22 所示。绘图时增量角可在整倍数位置出现追踪线，而附加角只能用其本身。

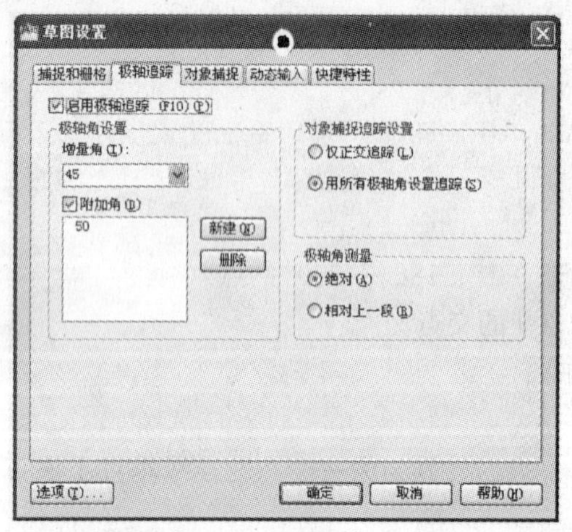

图 3-21 “极轴追踪”选项卡

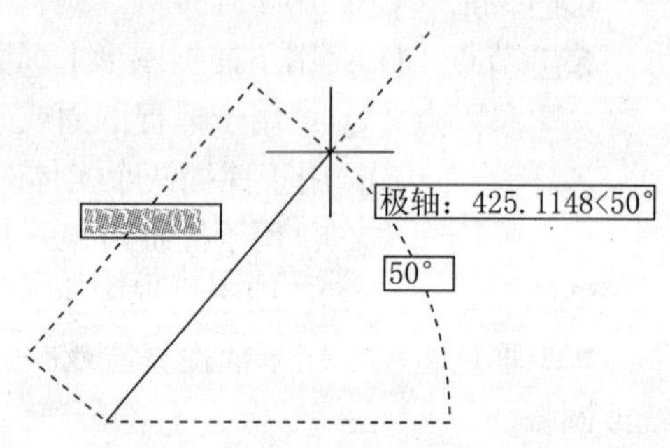

图 3-22 追踪 45° 线

2. 对象追踪

启用对象追踪功能，当把光标短暂停放在几何特征点上时，沿着正方向或者极轴方向拖动光标，将显示一条对象追踪线，并显示光标位置与几何点的相对关系。当用户把光标停放在多个几何特征点上时，将显示多条对象追踪线。如图 3-23 所示，为过直线端点作另一直线的平行线。

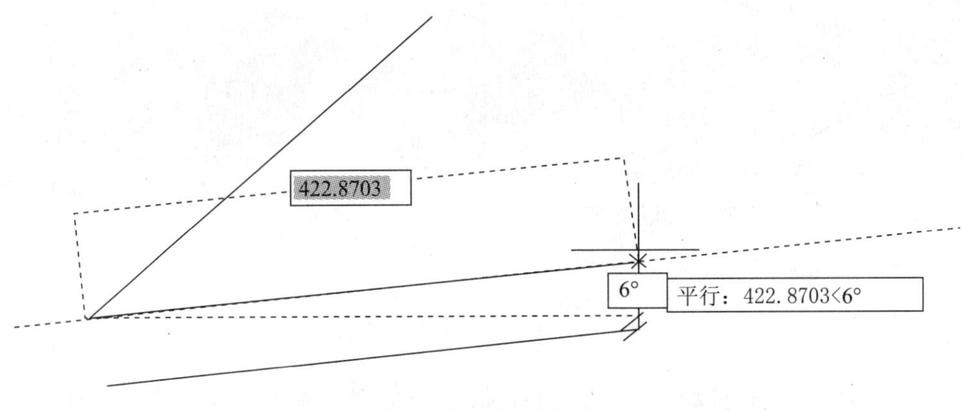

图 3-23 对象追踪线

注意：极轴追踪和对象追踪的差别是启用极轴追踪功能时，需先指定一个点，然后系统根据指定点和极轴角的设置，显示光标和指定点的位置关系；而启用对象追踪时，不需要先指定一个点，但只有把光标停放在实体对象的几何特征点上才会显示追踪线，系统可以显示多条对象追踪线。

3. 对象捕捉追踪设置

对象捕捉设置用于选择对象追踪的追踪模式。用户选中仅“正交追踪”单选按钮时，仅追踪沿栅格 X、Y 方向相互垂直的直线。用户选中“用所有极轴角设置追踪”时，将根据极轴角设置进行追踪。

4. 极轴角测量

“绝对”单选按钮：以当前坐标系为基准计算极轴角。

“相对上一段”单选按钮：以最后创建的两个点所形成的线段为基准计算极轴角；如果一条线段以其他线段的几何特征点为起点，则以该“其他线段”为基准计算极轴角。

3.2.5 DYN（动态输入）

单击打开按下状态栏上的 按钮，将启动 DYN（动态输入）功能。

动态输入功能，用户可以在光标旁边的工具栏提示中直接输入坐标值和数据，而不必在命令行输入。光标旁边显示的工具栏提示信息将随着光标的移动和命令的不同执行阶段而动态更新。当某个命令处于活动状态时，可以在工具栏提示中输入值。系统有两种动态输入形式：

（1）指针输入：用于输入坐标值。

（2）标注输入：用于输入距离和角度。

动态输入功能主要是让用户能更集中精力专注于设计。因为启用 DYN 模式的时候，光标附近会提示命令的下一步操作和当前位置相对坐标系统或上一点的关系。这样，用户无须在命令行和光标之间来回扫描。如图 3-24 所示显示了启用 DYN 前后的对比状态。

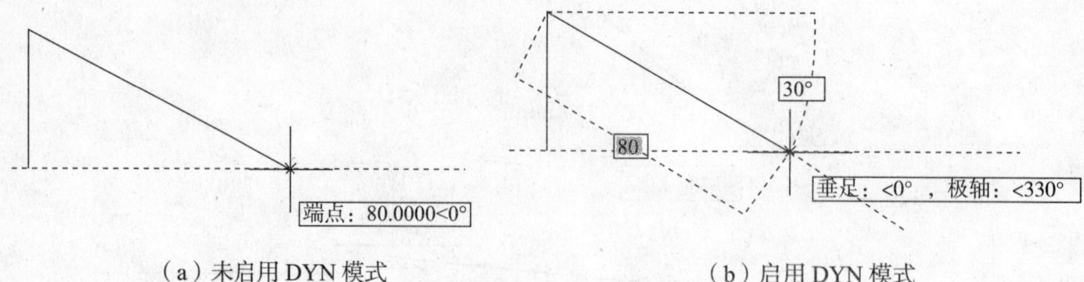

（a）未启用 DYN 模式　　　　（b）启用 DYN 模式

图 3-24　启用 DYN 前后的对比

观察左右两个图形可以看出，启用 DYN 模式时，光标附近显示了本来只在命令行出现的提示信息，还显示了将要绘制直线的标注信息和其绝对角度、相对角度。

根据 DYN 模式设置不同，将在光标旁边工具栏显示不同的信息。

设置 DYN 模式的方法是通过快捷菜单，右键单击 DYN 按钮，在弹出的菜单中选择“设置（S）...”，弹出“草图设置”对话框的“动态输入”选项卡，如图 3-25 所示。

该选项卡中各选项的含义如下：

1.“指针输入”选项区

单击“设置（S）”按钮，将弹出如图 3-26 所示的“指针输入设置”对话框。该对话框中，各选项的含义如下：

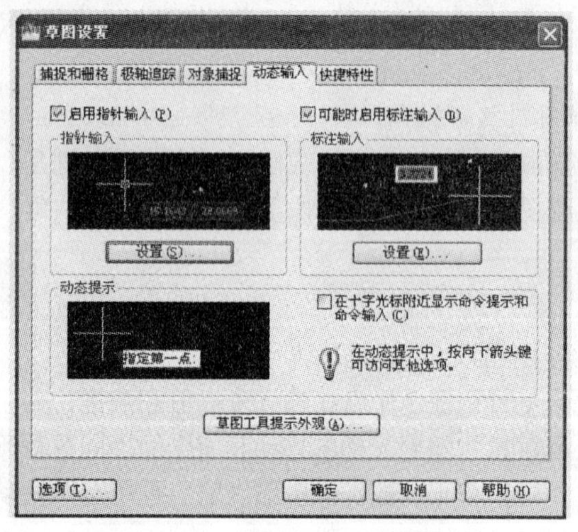

图 3-25　“动态输入”选项卡

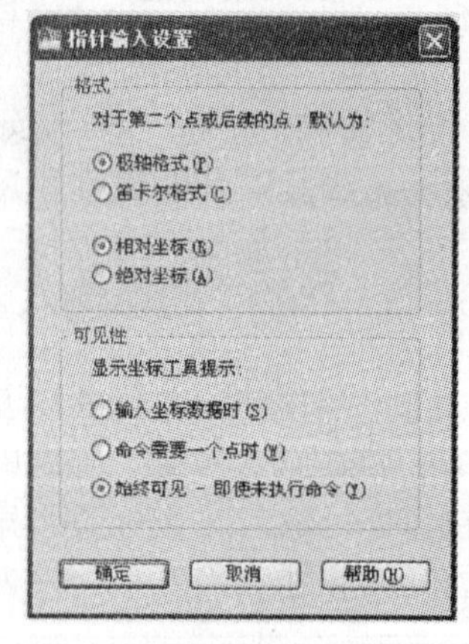

图 3-26　“指针输入设置”对话框

（1）“格式”选项区：它用于设置光标所在位置坐标的表达形式。

◎ 极轴格式（P）：光标所在点的坐标以极坐标的形式表示。

◎ 笛卡儿格式（C）：光标所在点的坐标以直角坐标的形式表示。

◎ 相对坐标（R）：光标所在点的坐标显示值以上一点的坐标为基准。

◎ 绝对坐标（A）：光标所在点的坐标显示值以当前坐标系为基准。

（2）“可见性”选项区：它用于控制光标所在位置坐标系的可见性。

◎ 输入坐标数据时（S）：需要输入坐标数据时，光标附近显示光标所在位置的坐标信息。

◎ 命令需要一个点时（W）：需要输入坐标值时，光标附近就会显示光标所在位置的坐标信息。

◎ 始终可见—即使未执行命令（Y）：表示任何时候均显示光标所在位置的坐标值。

2. “标注输入”选项区

用户单击“设置（S）”按钮则弹出如图 3-27 所示的“标注输入的设置”对话框。该对话框中各选项的含义如下：

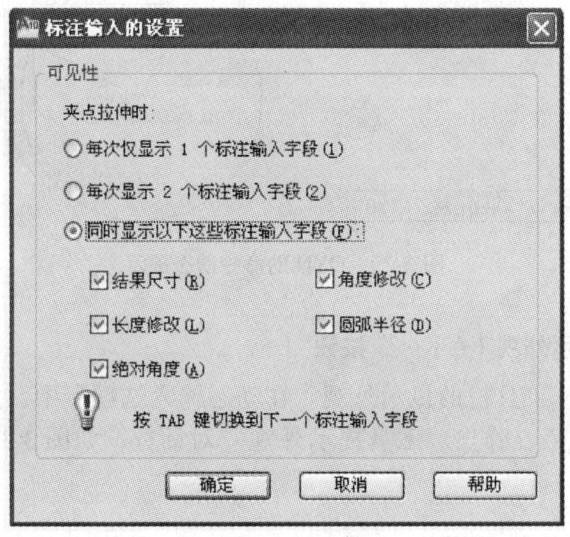

图 3-27 “标注输入的设置”对话框

◎ 每次仅显示 1 个标注输入字段（1）：光标附近显示光标与上一个拾取点的相对距离关系，如图 3-28（a）所示。

◎ 每次仅显示 2 个标注输入字段（2）：不仅显示长度关系，还显示光标与上一个拾取点确定的直线与坐标系所成的角度，如图 3-28（b）所示。

◎ 同时显示以下这些标注输入字段（F）：将激活“结果尺寸（R）、角度修改（C）、长度修改（L）、圆弧半径（D）、绝对角度（A）”等复选框，系统根据选择显示相应的数值。

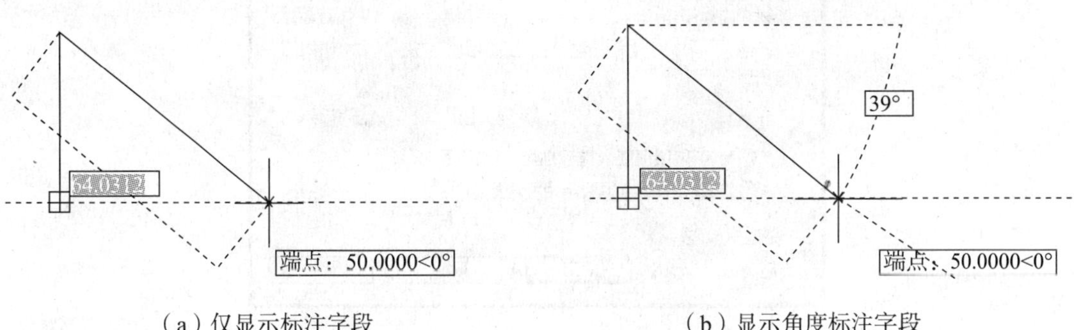

（a）仅显示标注字段　（b）显示角度标注字段

图 3-28 标注输入

3. “动态提示”选项区

当选中“在十字光标附近显示命令提示和命令输入（C）”复选框时，光标附近将提示命令的下一步操作。选中该复选框，则动态输入功能已经基本能代替命令行的提示功能。

【例 3-1】 执行“CIRCLE”命令时，光标附近工具提示如图 3-29 所示，左图提示指定圆心点的位置，当指定圆心点位置后，工具栏继续提示指定圆的半径，如右图所示。

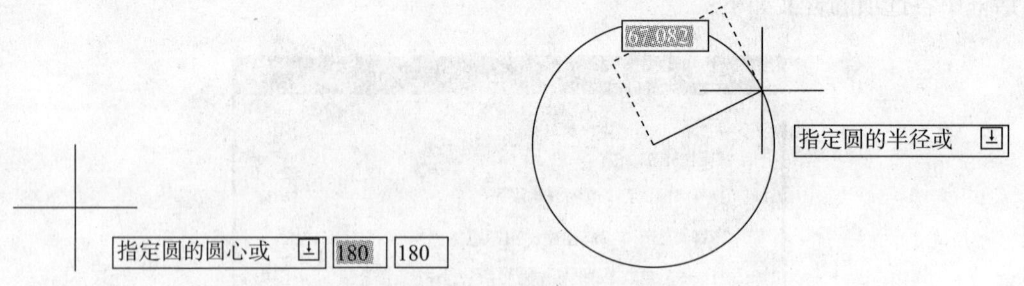

图 3-29 DYN 的命令动态提示

4. “草图工具提示外观（A）…”按钮

它用于更改 DYN 工具栏的显示外观。在动态输入选项卡中，点击“草图工具提示外观（A）...”按钮后，弹出“工具提示外观”对话框，如图 3-30 所示，各项含义不再叙述。

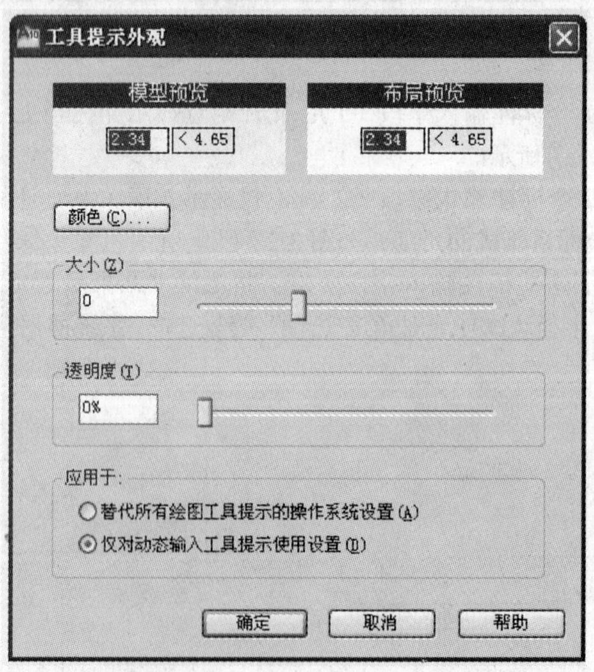

图 3-30 “工具提示外观”对话框

3.2.6 精确绘图功能显示设置和快捷键

1. 显示设置

在“草图设置”对话框中，单击左下角的“选项”按钮，弹出“选项”对话框，再选择“草图”选项卡，如图 3-31 所示。

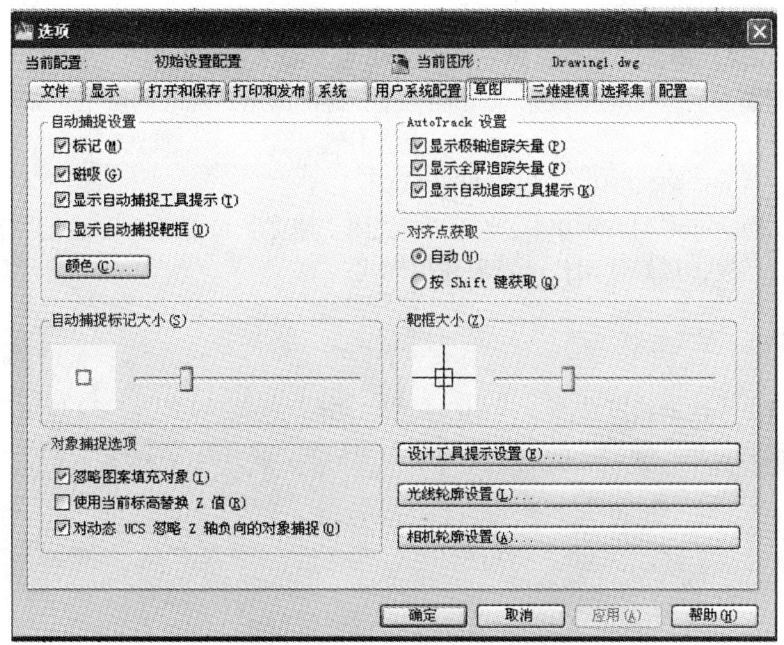

图 3-31　精确绘图功能显示设置

在该选项卡中，有关详细的捕捉设置，可以根据需要设置捕捉样式，这里不再叙述。

2. 快捷键

精确绘图功能按钮使用频繁，故 AutoCAD 使用快捷键来快速打开 / 关闭这些功能，其对应快捷键如下：

捕捉：F9；栅格：F7；正交：F8；极轴追踪：F10；对象捕捉：F3；对象追踪：F11。

思考与练习

一、填空题

1. 在 AutoCAD 中，用户可以在 ________ 和 ________ 中对图层特性进行管理。
2. AutoCAD 提供的标准线型库，其线型定义文件中的扩展名是 ________。
3. 控制图层状态包括 ________、________ 和 ________。
4. 要清理图形中多余的图层，可以 ________。

5. 通过 ________ 图层可以隐藏某些图形元素。

6. 在 AutoCAD 中，用户可以通过 ________ 工具栏和 ________ 对话框等方式调用对象捕捉功能。

7. ________ 图层不能被删除。

二、问答题

1. 在 AutoCAD 中，图层具有哪些特性？如何设置这些特性？

2. 在绘制图形时，如果发现某一图形没有绘制在预先设置的图层上，如何将其放置在指定的图层上。

3. 中文版 AutoCAD 2010 提供哪种辅助绘图工具？

4. 在中文版 AutoCAD 2010 中，要打开或关闭“捕捉”和“栅格”功能共有几种方法？

5. 要绘制切线，最好使用什么对象捕捉模式。

三、操作题

1. 启动捕捉等辅助绘图功能，采用画直线、画圆命令绘制如图 3-32 所示的图形。

2. 配以正交、极轴捕捉、动态坐标辅助绘图功能，采用绘制直线命令以图示尺寸画出如图 3-33 所示图形。

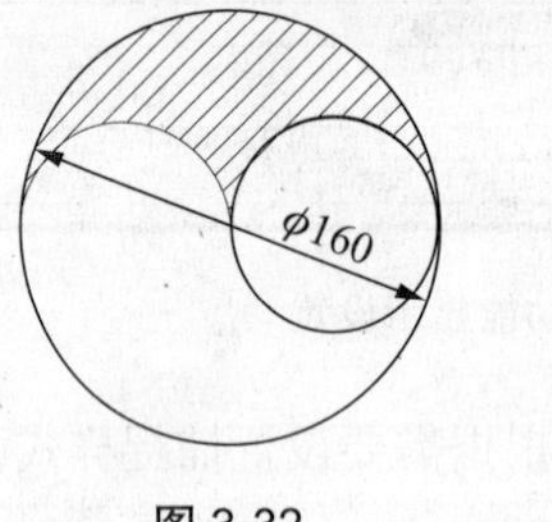

图 3-32

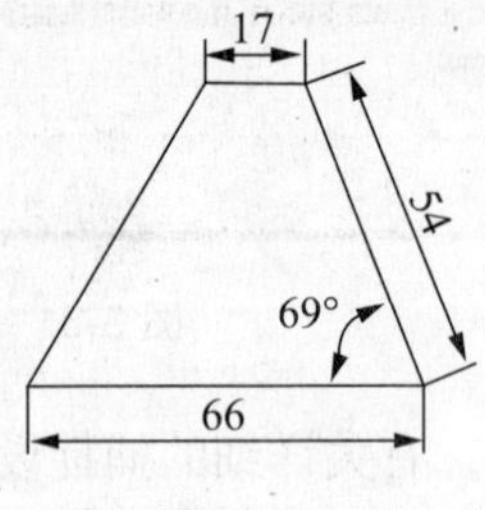

图 3-33

3. 配以动态坐标、正交、捕捉功能，采用绘制圆的命令按图示给定尺寸绘制如图 3-34 所示图形。

4. 以给定尺寸，按层绘制如图 3-35 所示图形，建立中心线层、实体层、标注层、剖面线层，各层取不同颜色、线型、线宽。绘图时，建议使用正交、捕捉、追踪、动态坐标等辅助功能。

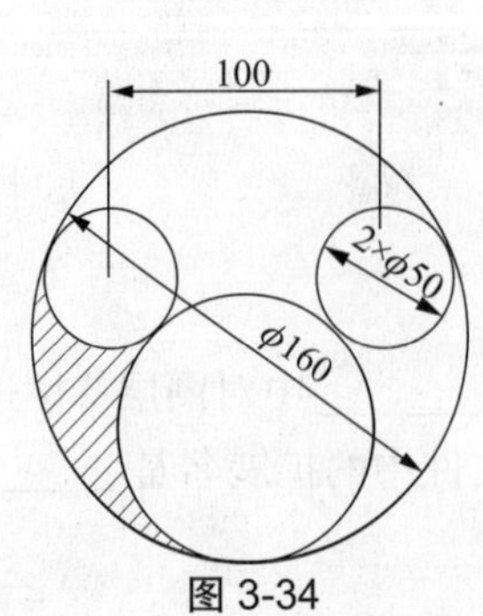

图 3-34

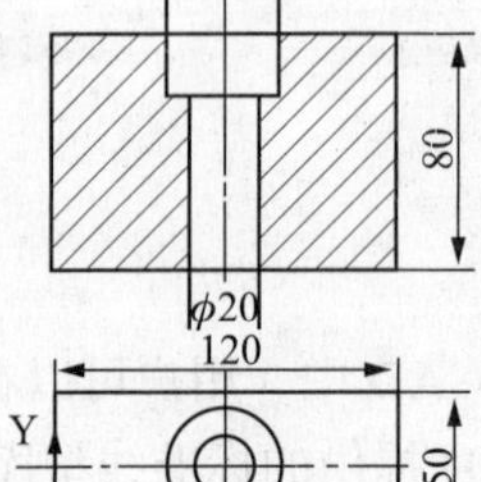

图 3-35

5. 绘制如图 3-36 所示图形。

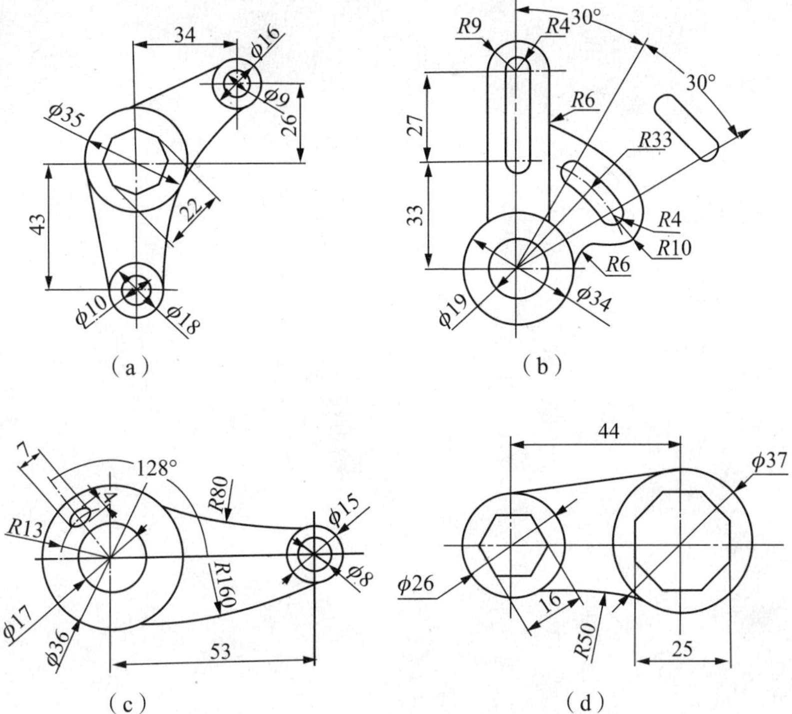

图 3-36

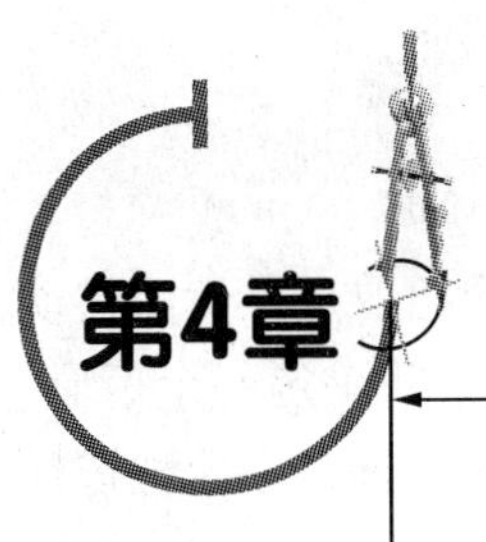

二维图形的编辑

学习要点

- 选择对象的各种方法
- 各类图形编辑命令

在二维绘图时，单纯地使用绘图命令或绘图工具只能绘制一些基本图形，为了绘制复杂图形，在很多情况下必须借助于图形编辑命令，才能达到理想的效果。绘图好比是生产毛坯的过程，而编辑是将毛坯加工成成品的过程。

4.1 选择对象

在对图形进行编辑操作之前，首先需要确定所要编辑的对象，即选择对象。AutoCAD会用虚线高亮度显示所选的对象，而这些对象也就构成了选择集。选择集可以包含单个对象，也可以包含更复杂的对象组。

在 AutoCAD 中，选择对象的方法很多：可以通过单击对象逐个拾取，也可使用矩形窗口或交叉窗口选择；可以选择最近创建的对象、选择集或图形中的所有对象，也可以向选择集中添加对象或从中删除对象。

下面介绍多种选择图形对象的方法：

4.1.1 直接选择方式

在命令行输入 SELECT 命令，按 Enter 键，并且在命令行提示“选择对象：”，光标变成“□”形状时，直接在绘图窗口选择要编辑的对象，被选中的对象轮廓将变成虚线，可以连续选择多个对象。直接选择是最常用的选择对象方法。

4.1.2 窗口选择方式

1. 规则窗口选择

当提示“选择对象：”后，在绘图窗口的空白处单击鼠标选择一个拾取点，然后移动光标，在其他空白处单击鼠标选择另一拾取点，以这两个拾取点为对角点将确定一个矩形。如果是从左上向右下拾取两个拾取点，那么完全包含于矩形内的对象将被选中，这种选择方式称为窗口选择，如图 4-1 所示；如果是从右下向左上拾取两个拾取点，那么包含于矩形内的对象和与矩形相交的对象都被选中，这种选择方式称为窗口交叉（窗交）选择，如图 4-2 所示。这两种选择方法和点选法是最常用的图形对象选择方法。

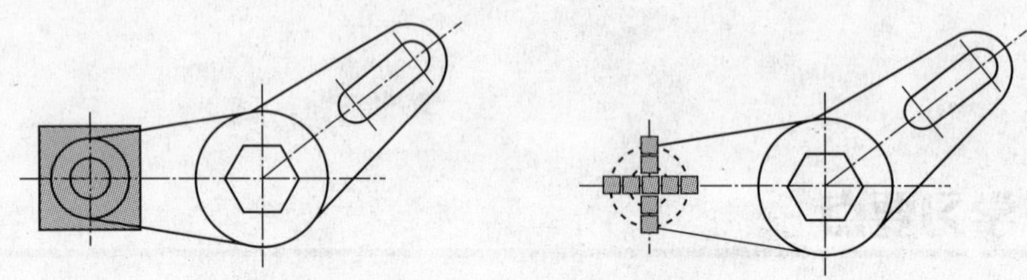

图 4-1 使用“窗口”方式选择对象

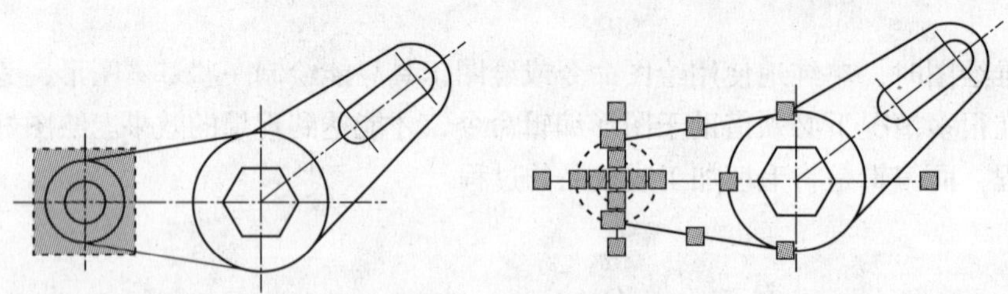

图 4-2 使用“窗交”方式选择对象

2. 不规则窗口选择

当提示“选择对象：”后，在命令行输入“WP”，就可以在绘图窗口构造一个任意形状的多边形区域，多边形区域内的对象都被选中，这种方式称为圈围选择，如图 4-3 所示。

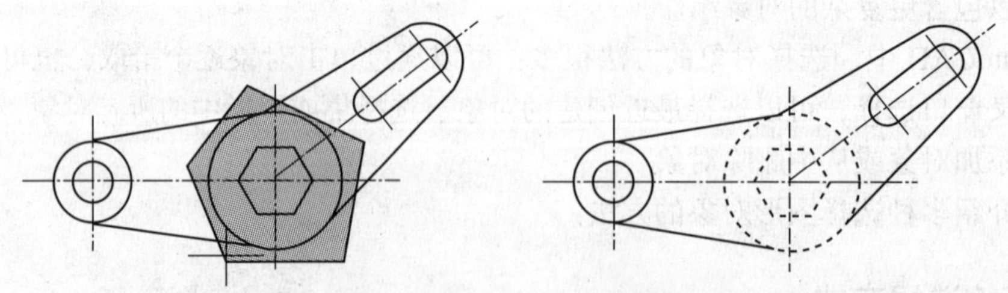

图 4-3 使用“圈围”方式选择对象

当提示“选择对象：”后，在命令行输入“CP”，同样可以在绘图窗口构造一个任意形状的多边形区域，多边形内的图形对象和多边形相交的图形对象都被选中，这种方式称为圈交选择，如图 4-4 所示。

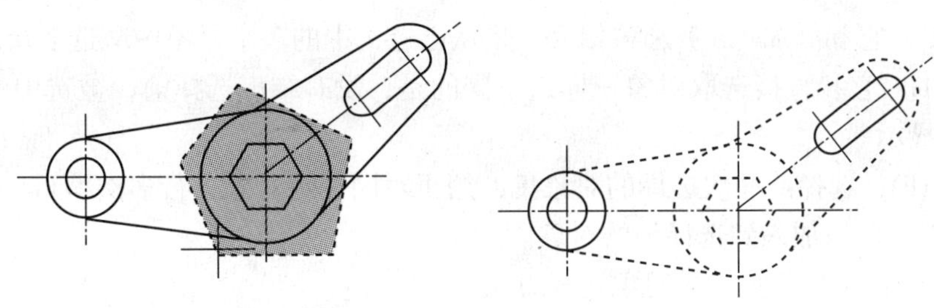

图 4-4 使用“圈交”方式选择对象

这两种选择方法和窗口选择方法类似。

4.1.3 其他选择方法

前面介绍的是比较常用的几种选择对象方式。如果用户不熟悉各种选择对象方式，当提示“选择对象：”后，在命令行输入“？”并按下 Enter 键，命令行将会提示各种选择对象的方法，具体含义如下：

选择对象：？

* 无效选择 *

需要点或窗口 (W)/ 上一个 (L)/ 窗交 (C)/ 框 (BOX)/ 全部 (ALL)/ 栏选 (F)/ 圈围 (WP)/ 圈交 (CP)/ 编组 (G)/ 添加 (A)/ 删除 (R)/ 多个 (M)/ 前一个 (P)/ 放弃 (U)/ 自动 (AU)/ 单个 (SI)/ 子对象 (SU)/ 对象 (O)

其中窗口、窗交、圈围、圈交前面已经介绍，其他各选项含义如下：

上一个（L）：选择这个选项，系统会先取最后绘制的一个对象。

框（BOX）：相当于窗口或窗交。

全部 (ALL)：选取图形中没有被锁定、关闭或冻结层上的所有对象。

栏选 (F)：在绘图窗口构造成一条任意形状的多线段，凡是和该多段相交的图形对象都被选中，如图 4-5 所示。

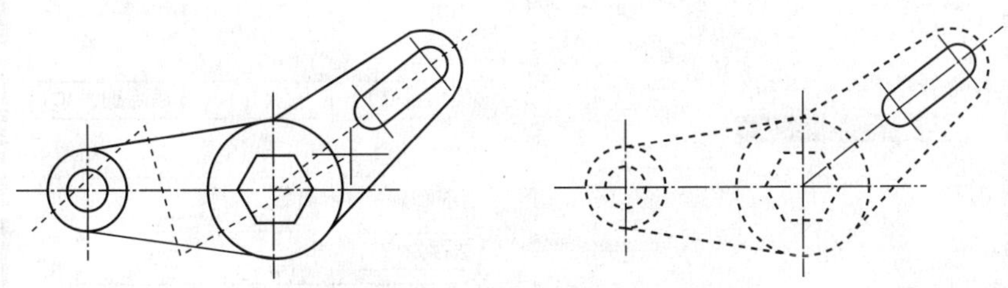

图 4-5 使用“栏选”方式选择对象

编组（G）：用于选择预先定义好的对象组作为选择集。用户必须预先定义好对象组并定义组名，才能使用编组选择功能。

添加 (A)：继续添加选择对象。如用户用窗交选择多个对象后，还有一个窗口外对象没有选中时，就可以选 A，继续选择未选对象。添加还可以通过设置 PICKADD 系统变量把对象加入到选择集中。如果 PICKADD 设为 1(默认)，则后面所选择的对象均被加入到选择集中。如果 PICKADD 设为 0，则最近所选择的对象均被加入到选择集中。

删除 (R)：它和添加（A）选项相反，是从已经选中的多个对象中减选多余的对象。

多个 (M)：它和直接选取对象一样，不同的是，没有结束选择前，被选中的对象并不能变成虚线显示。

前一个 (P)：选择前一次选择的对象集，用于对同一组对象进行多次编辑。

放弃 (U)：取消加入到选择集的对象。

自动 (AU)：选择任意一种对象选择方法。

单个 (SI)：选择一个对象后就退出选择状态。

子对象 (SU)：选择一个整体对象中的子对象。如多边形中的一个边，多段线中的一段线等的操作。

对象 (O)：选择一个整体对象。

注意：在“选项”对话框中，若在“选择”选项卡的“选择模式”选项区域中选中“隐含窗口”复选框，则“自动”模式始终有效。

4.1.4 过滤选择

过滤选择是用户以对象的类型 (如直线、圆及圆弧等)、图层、颜色、线型或线宽等特性作为条件，来过滤选择符合设定条件的对象。使用时必须考虑图形中对象的这些特性是否设置为随层。过滤选择提供了相同实体对象快速选择的方法。

启动过滤选择命令的方法如下：

命令行：FILTER

执行命令后，系统弹出“对象选择过滤器”对话框，如图 4-6 所示。

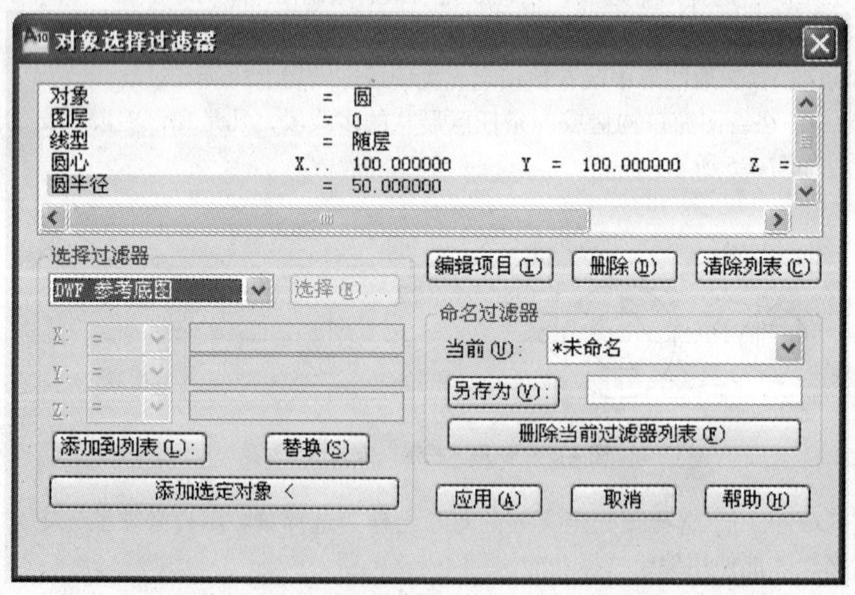

图 4-6 “对象选择过滤器”对话框

在“对象选择过滤器”对话框中各选项的功能如下：

（1）“选择过滤器”选项区域：用于设置选择过滤器，包括以下选项：

1）“选择过滤器”下拉列表框：用于选择过滤器类型，如直线、圆、圆弧、图层、颜色、线型及线宽等对象特性以及关系语句。

2）X、Y、Z下拉列表框：可以设置与选择调节对应的关系运算符。关系运算符包括 =、|、<、<=、>、> = 和 *。例如，当建立“块位置”过滤器时，在对应的文本框中可以设置对象的位置坐标。

3）“添加到列表”按钮：单击该按钮，可以将选择的过滤器及附加条件添加到过滤器列表中。

4）“替换”按钮：单击该按钮，可用当前“选择过滤器”选项区域中的设置代替列表中选定的过滤器。

5）“添加选定对象”按钮：单击该按钮，将切换到绘图窗口中，然后选择一个对象，这时将会把选中的对象特性添加到过滤器列表框中。

（2）“编辑项目”按钮：单击该按钮，可编辑过滤器列表框中选中的项目。

（3）“删除”按钮：单击该按钮，可删除过滤器列表框中选中的项目。

（4）“清除列表”按钮：单击该按钮，可删除过滤器列表框中选中的所有项目。

（5）“命名过滤器”选项区域：用于选择已命名的过滤器，包括以下选项：

1）“当前”下拉列表框：在该下拉列表框中列举了可用的已命名过滤器。

2）“另存为”按钮：单击该按钮，并在其后的文本框中输入名称，也可以保存当前设置的过滤器集。

3）“删除当前过滤器列表”按钮：单击该按钮，可从 FILTER.NFL 文件中删除当前的过滤器集。

【例 4-1】 选择图 4-7 中的所有半径为 2 和 4 的圆形。

（1）在命令提示下输入 FILTER 命令，并按 Enter 键，打开“对象选择过滤器”对话框。

（2）在“选择过滤器”选项区域的下拉列表框中，选择“** 开始 OR”选项，并单击“添加到列表”按钮，将其添加至 1 过滤器列表框中，它表示以下各项目为逻辑“或”关系。

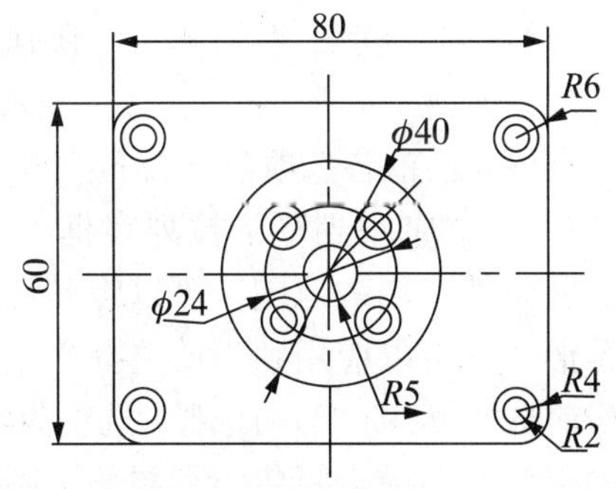

图 4-7 原始图形图

（3）在“选择过滤器”选项区域的下拉列表框中，选择“圆半径”选项，并在 X 后面下拉列表框中选择“=”，在对应的文本框中输入 2，表示将圆的半径设置为 2。

（4）单击“添加至列表”按钮，将设置的圆半径过滤器添加到过滤器列表框中，这时将显示“对象 = 圆”和“圆半径 =2”的选项。

（5）使用同样方法，在“选择过滤器”选项区域的下拉列表框中选择“圆半径”并在 X 后面的下拉列表框中选择“=”，在对应的文本框中输入 4，然后将其添加到过滤器列表框中。

（6）为了确保只选择半径为 2 和 4 的圆，因此需要删除过滤器中的“对象＝圆”，这时可在过滤器列表框中选择“对象＝圆”，然后单击“删除”按钮。

（7）在过滤器列表框中单击“圆半径= 4”下面的空白区，并在“选择过滤器”选项区域的下拉列表框中选择“** 结束 OR”，选项，然后单击“添加至列表”按钮，将其添加到过滤器列表框中，表示结束逻辑“或”关系。至此，对象选择过滤器已设置完毕，在过滤器列表框中显示的完整内容如下。

** 开始 OR

圆半径 =2

圆半径 =4

** 结束 OR

（8）单击“应用”按钮，并在绘图窗口中用窗口选择法框选所有图形，然后按 Enter 键，这时系统将过滤出满足条件的对象并将其选中，结果如图 4-8 所示。

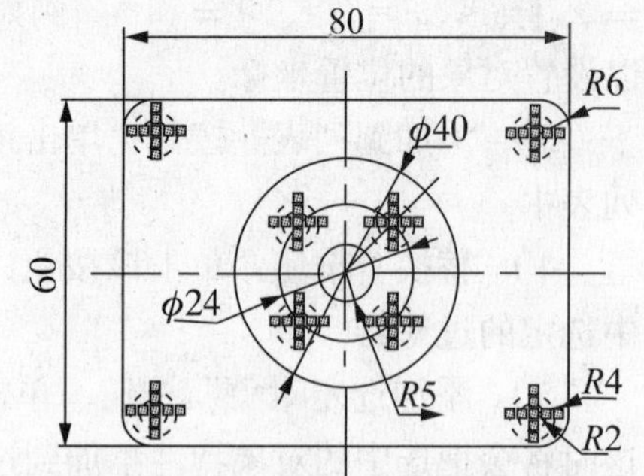

图 4-8　选择符合过滤调节的图形

4.1.5　快速选择

快速选择用于选择具有共同属性的对象集（批量选择）。例如，选择图形上所有线型为“点画线”的对象，选择图形上所有的圆等。如果这些具有共同属性的对象数量很多且彼此分布在复杂图形的不同区域，此时使用前面介绍的方式来选择比较费力，而使用快速选择就能有效地解决这个问题。

启动快速选择命令的方法如下：

（1）菜单：“工具（T）”→“快速选择 ...”图标。

（2）命令行：QSELECT。

执行命令后，系统弹出“快速选择”对话框，如图 4-9 所示。

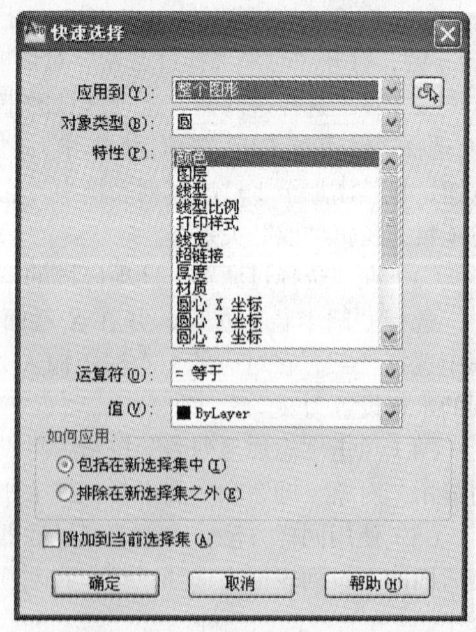

图 4-9　“快速选择”对话框

该对话框各选项含义如下：

（1）“应用到”下拉列表框：用于选择过滤条件应用的范围，可以将其应用于整个图形，也可以应用到当前选择集中。如果有当前选择集,则“当前选择”选项为默认选项;如果没有当前选择集，则“整个图形”选项为默认选项。

（2）“选择对象”按钮：单击该按钮，切换到绘图窗口中，用户可以根据当前所指定的过滤条件来选择对象。选择完毕后，按 Enter 键结束选择并回到“快速选择”对话框中，同时，AutoCAD 将“应用到”下拉列表框中的选项自动设置为“当前选择”。

（3）“对象类型”下拉列表框：用于指定要过滤的对象类型，如果当前没有选择集，在该下拉列表框中包含 AutoCAD 所有可用的对象类型；如果已有一个选择集，则包含所选对象的对象类型。

（4）“特性”列表框：用于指定作为过滤条件的对象特性。

（5）“运算符”下拉列表框：用于控制过滤的范围。运算符包括：=、<>、>、<、*、全部选择等。其中“>”和“<”操作符对某些对象特性是不可以使用的；而“*”操作符仅对可编辑的文本起作用。

（6）“值”文本框：用于输入过滤的特性的值。

（7）“如何应用”选项区域：包含两个单选按钮，其中，选择“包括在新选择集中”单选按钮，表示所选对象是由满足过滤条件的对象构成的选择集；选择“排除在新选择集之外”单选按钮，表示所选对象是由不满足过滤条件的对象构成的选择集。

（8）“附加到当前选择集”复选框：用于指定由 QSELECT(快速选择) 命令所创建的选择集是追加到当前选择集中，还是替代当前选择集。

【例 4-2】 使用快速选择法，选择图 4-7 中所有半径为 4 的圆。

（1）选择“工具”→“快速选择”命令。

（2）在“应用到”下拉列表框中，选择“整个图形”选项；在“对象类型”下拉列表框中，选择“圆”选项。

（3）在“特性”列表框中选择“半径”选项，在“运算符”下拉列表框中选择“= 等于”选项，在“值”文本框中输入数值 4，表示选择图形中的所有半径为 4 的圆弧。

（4）在“如何应用”选项区域中，选择“包括在新选择集中”单选按钮，按设定条件创建新的选择集。

（5）单击“确定”按钮，这时将选中图中所有符合要求的图形，如图 4-10 所示。

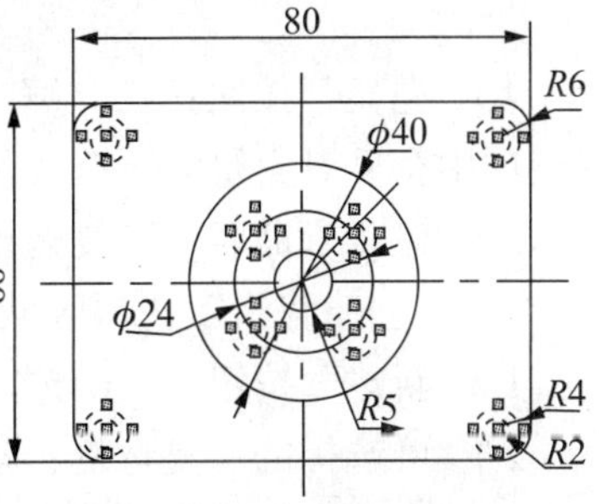

图 4-10 显示选择结果

4.1.6 编组选择

编组是针对保存的对象集，可以根据需要同时选择和编辑对象，也可以分别进行。编组提供了以组为单位操作图形元素的简单方法。

1. 创建对象编组

编组是针对已命名的对象选择集，它随图形一起保存。一个对象可以成为多个编组的成员。

启动编组选择命令的方法如下：

命令行：GROUP

执行命令后，系统将弹出“对象编组”对话框，如图 4-11 所示，各个选项的含义如下：

（1）“编组名”列表框：显示了当前图形中已存在的对象组名称。其中“可选择的”列表示对象组是否可选。如果一个对象组是可选择的，当选择该对象组的一个成员对象时，所有成员都将被选中 (除了处于锁定层上的对象外)；如果对象组是不可选择的，则只有选择的对象组成员被选中。

（2）“编组标识”选项区域：用于设置编组的名称及说明等，包括以下选项：

1）“编组名”文本框：用于输入或显示选中的对象组的名称，组名最长可有 31 个字符，包括字母、数字以及特殊符号 *、| 等。

2）“说明”文本框：用于显示选中的对象组的说明信息。

3）“查找名称”按钮：单击该按钮，将切换到绘图窗口，拾取要查找的对象后，该对象所属的组名即显示在“编组成员列表”对话框中，如图 4-12 所示。

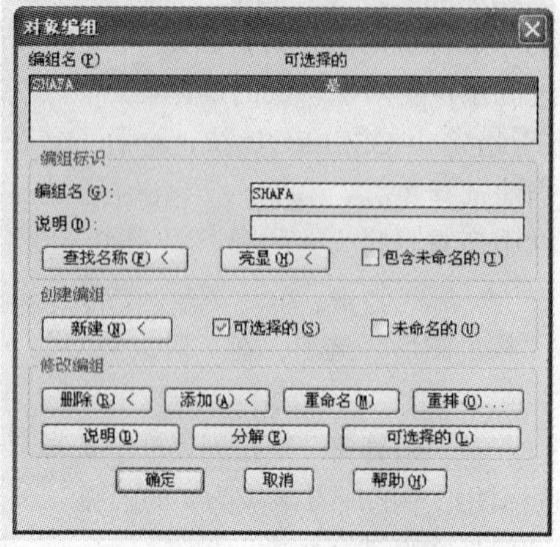

图 4-11　“对象编组”对话框

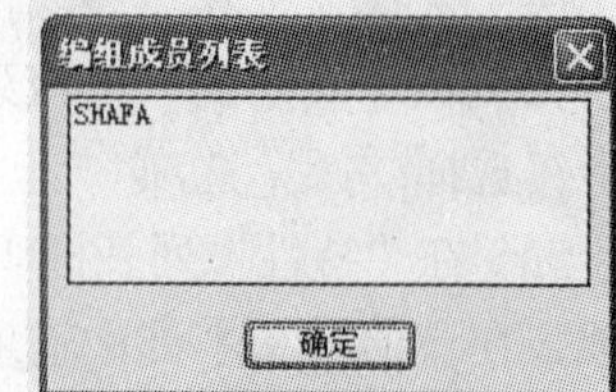

图 4-12　“编组成员列表”对话框

4）“亮显”按钮：在“编组名”列表框中选择一个对象编组，单击该按钮，可以在绘图窗口中亮显对象组的所有成员对象。

5）“包含未命名的”复选框：控制是否在“编组名”列表框中列出未命名的编组。

（3）“创建编组”选项区域：用于创建一个有名或无名的新组，包括以下选项：

1）“新建”按钮：单击该按钮，可以切换到绘图区，并可选择要创建编组的图形对象。

2）“可选择的”复选框：选中该复选框，当用户选择对象组中的一个成员对象时，该对象组的所有成员都将被选中。

（4）“未命名的”复选框：用于确定是否要创建未命名对象组。

【例 4-3】　将图 4-7 中的所有圆创建为一个对象编组 Circle。

（1）在命令标提示下输入 GROUP 命令，按 Enter 键，打开“对象编组”对话框。

（2）在“编组标识”选项区域的“编组名”文本框中输入编组名为 Circle。

（3）单击“新建”按钮，切换到绘图窗口，选择图 4-7 所示图形中的所有的圆。

（4）按 Enter 键结束对象选择并返回到“对象编组”对话框，单击“确定”按钮，完成对象编组。此时，如果单击编组中的任一对象，其他对象也同时被选中，如图 4-13 所示。

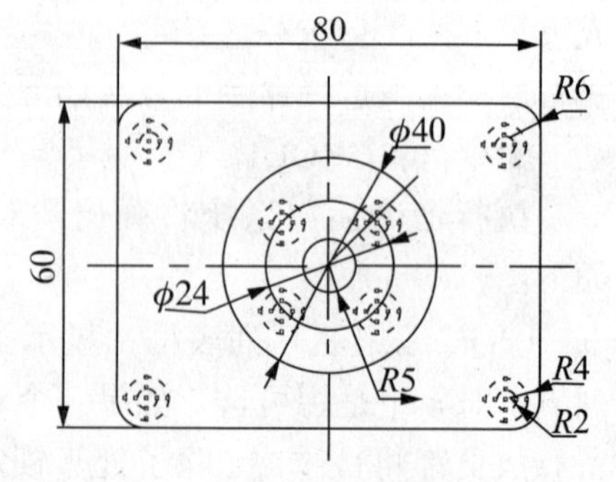

图 4-13　选择对象

2. 修改编组

在图 4-11 所示的“对象编组”对话框中，使用“修改编组”选项区域可以修改对象组中的单个成员或者对象组本身。只有在“编组名”列表框中选择了一个对象编组时，该选项区域中的按钮才可用。“修改编组”选项区域中包含以下选项：

（1）“删除”按钮：单击该按钮，将切换到绘图窗口，可以选择要从对象组中删除的对象，最后按 Enter 键或 Space（空格）键完成选择。

（2）“添加”按钮：单击该按钮将切换到绘图窗口，可以选择要加入到对象组中的对象。

（3）“重命名”按钮：单击该按钮可在“编组标识”选项区域中的“编组名称”文本框中输入新的编组名。

（4）“说明”按钮：单击该按钮可以在“编组标识”选项区域中的“说明”文本框修改所选对象组的说明描述。

（5）“分解”按钮：单击该按钮可以删去所选的对象组，但不删除图形对象。

（6）“可选择的”按钮：单击该按钮可以控制对象组的可选择性。

（7）“重排”按钮：单击该按钮可以打开“编组排序”对话框，如图 4-14 所示，在该对话框中可以重排编组中的对象顺序。各选项的含义如下：

1）“编组名”列表框：显示当前图形中定义的所有对象组名称，而对象组中的成员从 0 开始按照顺序编号。

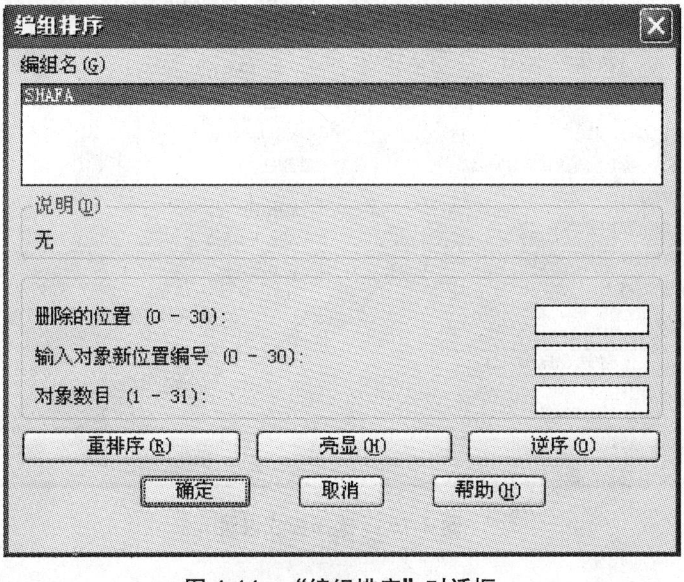

图 4-14 “编组排序”对话框

2）“删除的位置”文本框：该文本框用以输入要删除的对象位置。

3）“输入对象新位置编号”文本框：该文本框用以输入对象的新位置。

4）“对象数目”文本框：该文本框用以输入对象重新排序的序号。

5）“重排序”和“逆序”按钮：单击这些按钮可以按指定数字改变对象的次序或按相反的顺序排序。

6）“亮显”按钮：单击该按钮可以使所选对象组中的成员在绘图区中加亮显示。

4.1.7　选择模式设置

选择模式的设置用来调整对象选择拾取框的大小。选择模式可以通过执行：“工具（T）”→“选项（N）”命令，在弹出的“选项”对话框的“选择集”选项卡中设定，如图4-15 所示。

（1）当选择“先选择后执行（N）”复选框时，允许先选择对象再执行编辑命令。

执行编辑命令时，可以先启动命令，再选择对象，也可以先选择对象，再启动编辑命令。如果是先启动命令，再选择对象，那么选择对象完毕后，必须按 Enter 键确认对象选择完毕，再继续执行命令。

（2）当选中“按住并拖动（D）”时，则利用窗口方式选择对象，在拖动光标的过程中必须按住鼠标左键。

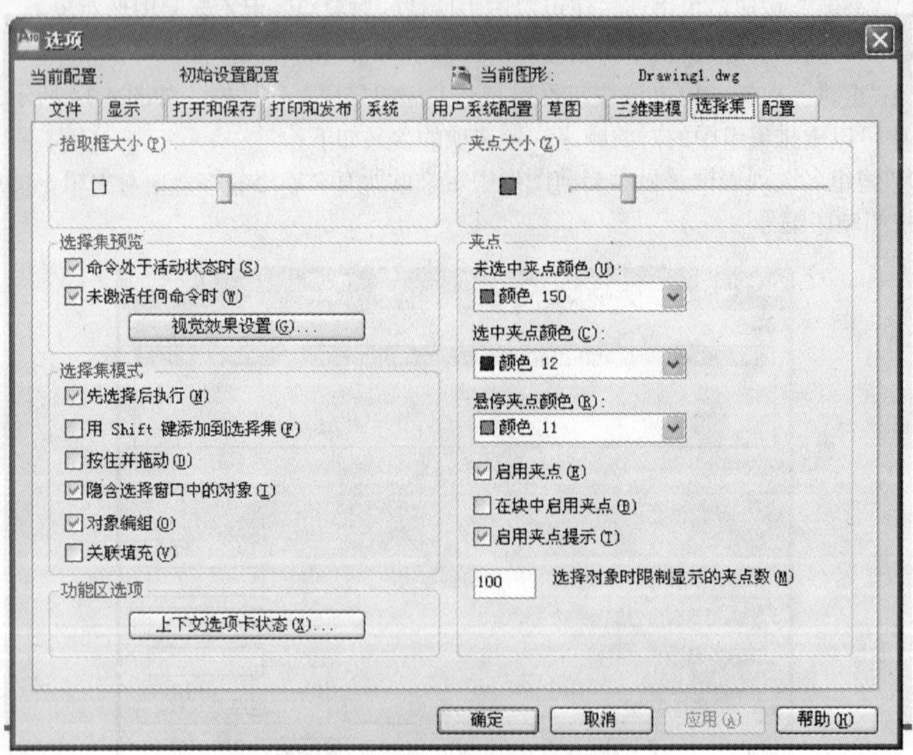

图 4-15　选择模式设置

4.2　使用夹点编辑图形

夹点就是对象上的控制点。选择对象时，在对象上将显示出若干个小方框，这些小方框用来标记被选中对象的夹点，如图 4-16 所示。

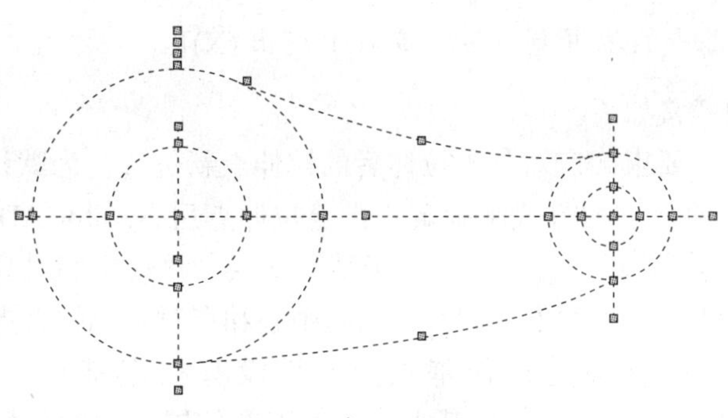

图 4-16　显示对象夹点

4.2.1　控制夹点显示

默认情况下，夹点始终是打开的。用户可以通过“选项”对话框的“选择集”选项卡设置夹点的显示和大小。对不同的对象来说，用来控制其特征的夹点的位置和数量也不相同。

4.2.2　使用夹点编辑对象

使用夹点编辑对象的步骤如下：将靶框光标“+”移至要进行编辑的对象上并单击，显示该对象上的夹点，然后拾取其中的一个夹点作为操作点（此时该夹点会以高亮度显示，如图 4-17 所示矩形左上方的点），接下来在命令行输入相应命令，或在右键快捷菜单中选择相应命令来编辑对象。

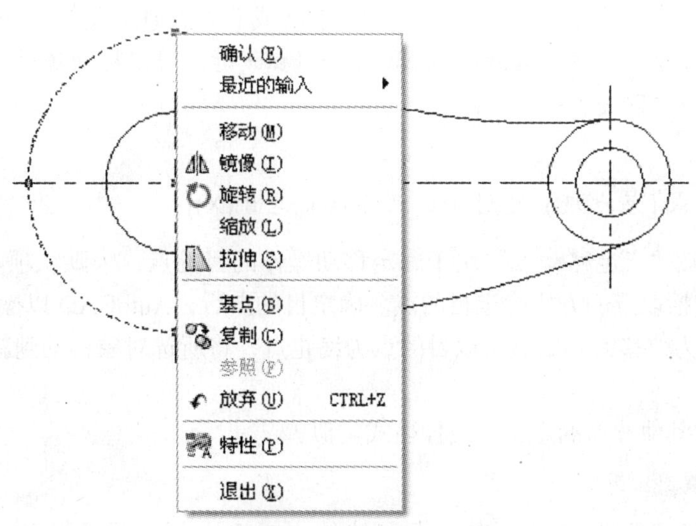

图 4-17　确定操作点

1. 拉伸对象

拉伸或移动对象，其作用与 STRETCH 命令相同。选择操作点后，AutoCAD 提示：

** 拉伸 **

指定拉伸点或 [基点 (B)/ 复制 (C)/ 放弃 (U)/ 退出 (X)]:

该提示中各选项意义如下:

(1)指定拉伸点:要求确定对象被拉伸后的拉伸点新位置,为默认项。用户可以通过输入点的坐标或直接拾取点的方式来确定。指定拉伸点后,AutoCAD 把选择的对象拉伸或移动 (取决于操作点) 到新位置。因为对于某些夹点,移动它们时只能移动对象而不能拉伸对象,如文字、块、直线中点、圆心、椭圆中心和点对象上的夹点。

(2)基点(B):重新确定拉伸基点。如果没有指定基点,执行拉伸操作时,AutoCAD 将操作点作为拉伸点,并按基点与拉伸点新位置之间的位移矢量拉伸图形。如果指定了基点,则将基点作为创建点,并按操作点与拉伸点新位置之间的位移矢量拉伸图形。执行该选项后,AutoCAD 提示:

指定基点:

在此提示下确定新点,就可以将该点作为基点进行拉伸操作。

(3)复制(C):允许用户进行多次拉伸操作。执行该选项后,AutoCAD 提示:

** 拉伸(多重)**
指定拉伸点或 [基点 (B)/ 复制 (C)/ 放弃 (U)/ 退出 (X)]:

此时用户可确定一系列的拉伸点新位置,以实现多次拉伸。

(4)放弃(U):取消上一次操作。

(5)退出(X):退出当前的操作。

2. 移动对象

在对象上确定操作点后,在"指定拉伸点或 [基点 (B)/ 复制 (C)/ 放弃 (U)/ 退出 (X)]:"提示下直接按 Enter 键或输入 MO 后按 Enter 键,可以把对象从当前位置移到新位置。此时 AutoCAD 提示:

** 移动 **
指定移动点或 [基点 (B)/ 复制 (C)// 放弃 (U)/ 退出 (X)]:

在该提示中,"指定移动点"用于确定移动操作的目的点,为默认项。用户可以通过输入点的坐标或拾取点的方式确定目的点。确定目的点后,AutoCAD 以操作点或基点 (如果指定了基点) 为位移的起始点,以目的点为终止点,将所选对象移动到新的位置。

注释:

该提示中的其他选项的意义与拉伸模式类似。

3. 旋转对象

在对象上确定操作点后,在"指定拉伸点或 [基点 (B)/ 复制 (C)/ 放弃 (U)/ 退出 (X)]:"提示下连续按两次 Enter 键或直接输入 RO 后按 Enter 键,可以把对象绕操作点或基点旋转。此时 AutoCAD 提示:

** 旋转 **
指定旋转角度或 [基点 (B)/ 复制 (C)/ 放弃 (U)/ 参照 (R)/ 退出 (X)]:

该提示中“指定旋转角度”和“参照 (R)”选项的意义如下：

指定旋转角度: 确定旋转的角度,为默认项。用户可以直接输入角度值,也可以采用“拖动”方式确定旋转角度。确定角度后，AutoCAD 把选取的对象绕操作点或基点 (如果指定了基点) 旋转指定的角度。

参照（R）: 以参考方式旋转对象，与执行 ROTATE 命令后的“参照 (R)”选项的功能相同。

4. 缩放对象

在对象上确定操作点后，在“指定拉伸点或 [基点 (B)/ 复制 (C)/ 放弃 (U)/ 退出 (X)]：”提示下连续按 3 次 Enter 键或输入 SC 后按 Enter 键，可以把对象相对于操作点或基点进行缩放。此时 AutoCAD 提示：

```
** 比例缩放 **
指定比例因子或 [ 基点 (B)/ 复制 (C)/ 放弃 (U)/ 参照 (R)/ 退出 (X)]:
```

该提示中“指定比例因子”和“参照 (R)”选项的意义如下：

指定比例因子：确定缩放的比例因子，为默认项。指定比例因子后，AutoCAD 将按照比例因子，并相对于操作点或基点 (如果指定了基点) 缩放对象。且当比例因子 >1 时放大对象；0< 比例因子 <1 时缩小对象。

参照（R）: 以参考方式对所选对象进行缩放，与执行 SCALE 命令后的“参照（R）”选项的功能相同。

5. 镜像对象

该功能与“MIRRO”命令的功能类似，即把对象按指定的镜像线作镜像变换，且镜像变换后删除原对象。

在对象上确定操作点后，在“指定拉伸点或 [基点 (B)/ 复制 (C)/ 放弃 (U)/ 退出 (X)]：”提示下连续按 4 次 Enter 键或输入 MI 后按 Enter 键，可以镜像对象。此时 AutoCAD 提示：

```
** 镜像 **
指定第二点或 [ 基点 (B)/ 复制 (C)/ 放弃 (U)/ 退出 (X)]:
```

该提示中的“指定第二点”选项用于确定镜像线上的第二个点，为默认项。指定第二点后，AutoCAD 把操作点或基点 (如果指定了基点) 作为镜像线上的第一点，并由这两点确定的镜像线将对象镜像。

4.3 复制对象的命令

各类编辑图形的命令都在功能区常用修改面板中或在菜单→修改（M）下拉列表中，也可能通过命令行输入命令来完成。

复制类命令包括复制、镜像、偏移和阵列。这些命令在原有的图形对象基础上产生新的图形对象。

4.3.1 复制

复制命令用于创建和原图形一样的新图形。

启动复制命令的方法如下：

（1）功能区："常用"→"修改"→ 按钮。

（2）菜单："修改（M）"→" 复制（Y）"图标。

（3）命令行：COPY。

执行命令后，命令行提示信息如下：

命令：COPY

选择对象：（选择要复制的对象，选择完毕按 Enter 键继续执行命令。）

选择对象：找到 1 个

指定基点或 [位移 (D)/ 模式 (O)] < 位移 >：（指定一个点作为基点；输入字母 D 为指定复制图形相对于原图形的位移；输入字母 O，复制模式选项 [单个 (S)/ 多个 (M)] < 多个 >：S 为单个复制，M 为多个复制。）

指定第二个点或 < 使用第一个点作为位移 >：（指定一个点，被复制对象基点与该点重合。）

指定第二个点或 [退出 (E)/ 放弃 (U)] < 退出 >：（指定新的"第二个点"继续复制对象）

4.3.2 镜像

镜像命令按指定的对称轴复制出对称的对象。

启动镜像命令的方法如下：

（1）功能区："常用"→"修改"→ 按钮。

（2）菜单："修改（M）"→" 镜像（I）"图标。

（3）命令行：MIRROR。

执行命令后，命令行提示信息如下：

命令：MIRROR

选择对象：（选择要镜像的对象）

指定镜像线的第一点：（指定镜像的第一点）

指定镜像线的第二点：（指定镜像的第二点）

要删除源对象吗？ [是 (Y)/ 否 (N)] <N>：（选择 Y，原对象被删除；选择 N，保留原对象。）

当文字属于镜像范围时，有两种镜像结果：一种为文字完全镜像（如图 4-18 右图所示）；另一种是文字可读镜像（如图 4-18 左图所示）。文字镜像状态由系统变量 MIRRTEXT 控制。MIRRTEXT 值为 1 时，文字作完全镜像；为 0 时，文字按可读方式镜像。

系统变量 MIRRTEXT 的初始值是 0。

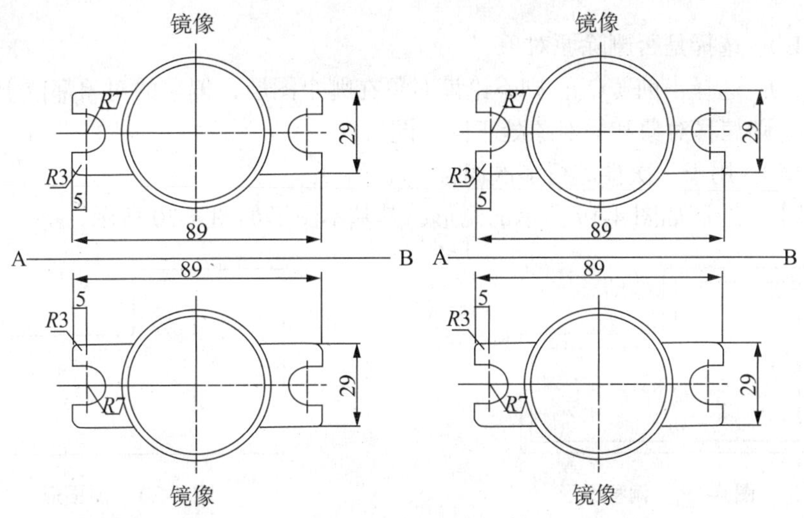

图 4-18　使用 MIRRTEXT 变量控制镜像文字方向

提示：镜像线不必是实际存在的直线，用户可以通过输入两个点坐标来指定一条假想线作为对称轴。

4.3.3　偏移

偏移命令用于平行复制图形对象，为直线、曲线、构造线等复制平行线；对于圆、圆弧、椭圆、多段线构成的图形等将进行放大或缩小的同心图形复制。

启动偏移命令的方法如下：

（1）功能区："常用" → "修改" → 按钮。

（2）菜单："修改（M）" → " 偏移（S）" 图标。

（3）命令行：OFFSET。

执行命令后，命令行提示信息如下：

命令行：OFFSET

当前设置：删除源 = 否　图层 = 源　OFFSETGAPTYPE=0

指定偏移距离或 [通过 (T)/ 删除 (E)/ 图层 (L)] <20.0000>：（指定新对象偏移原对象的距离）

选择要偏移的对象，或 [退出 (E)/ 放弃 (U)] < 退出 >：（选择要偏移的对象）

指定要偏移的那一侧上的点，或 [退出 (E)/ 多个 (M)/ 放弃 (U)] < 退出 >：（选择原对象的某一侧，偏移对象在该侧创建。）

选择要偏移的对象，或 [退出 (E)/ 放弃 (U)] < 退出 >：（继续选择对象进行偏移，按 <Enter> 键结束偏移命令。）

上述各选项的含义如下：

通过（T）：指定新对象通过的点，这种方式下，偏移的距离由点的位置和原对象的距离确定。

删除（E）：选择是否删除原对象。

图层（L）：选择当前（C），则不论该对象在哪个图层，偏移的对象都位于当前图层；选择源（S），则偏移对象和原对象处于同一图层。

多个（M）：用于一次性进行多次偏移。

【例 4-4】　绘制如图 4-19 所示的图形，其基本图形如图 4-20 所示。

图 4-19　偏移图形　　　　图 4-20　原图形

绘图步骤：

执行绘图（D）→ 多段线（P），绘制如图 4-19 所示的图形。

然后执行“偏移”命令，偏移图形，具体操作如下：

命令：OFFSET

当前设置：删除源 = 否　图层 = 源　OFFSETGAPTYPE=0

指定偏移距离或 [通过 (T)/ 删除 (E)/ 图层 (L)] <40.0000>：20

选择要偏移的对象，或 [退出 (E)/ 放弃 (U)] <退出>：（选择图 4-20 所示的图形外框线）

指定要偏移的那一侧上的点，或 [退出 (E)/ 多个 (M)/ 放弃 (U)] <退出>：（选定对象的内侧）

选择要偏移的对象，或 [退出 (E)/ 放弃 (U)] <退出>：

4.3.4　阵列

阵列是指将选中的对象按矩形或环形方式进行多个复制。复制一次只能产生一个新对象，阵列一次可以产生多个新对象。

启动对象阵列命令的方法如下：

（1）功能区：“常用”→“修改”→ 按钮。

（2）菜单：“修改（M）”→“阵列 ...”图标。

（3）命令行：ARRAY。

执行命令后，系统将弹出“阵列”对话框，如图 4-21 所示。

1. 矩形阵列

默认情况下，如图 4-21 所示，为矩形阵列设置模式，该对话框各选项含义如下：

（1）“行数（W）”文本框：指定矩形阵列的行数。

（2）“列数（O）”文本框：指定矩形阵列的列数。

（3）“偏移距离和方向”选项区。

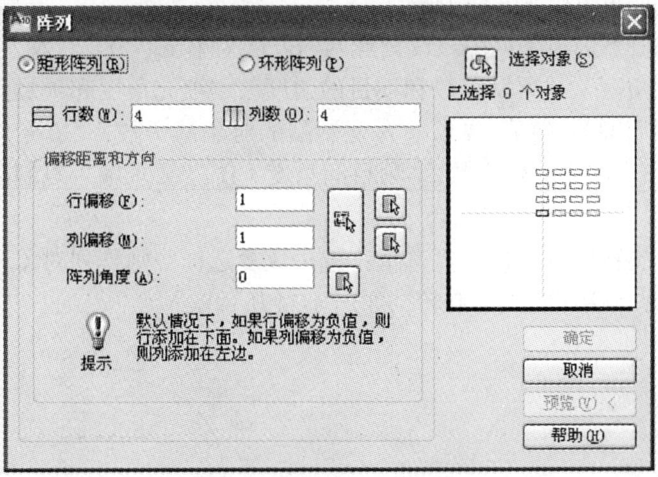

图 4-21 “阵列”对话框的“矩形阵列”选项

“行偏移（F）”文本框：指定矩形阵列的行间距。

“列偏移（M）”文本框：指定矩形阵列的列间距。

“阵列角度（A）”文本框：指定矩形阵列的角度。

单击各文本框右边相应的 按钮，将切换到绘图窗口指定间距和角度。如果“行偏移（F）”为正值，阵列后的“行”添加在原对象的上方，反之则添加在下方；如果“列偏移（M）”为正值，阵列后的“列”添加在原对象的右边，反之则在左边。

（4）“预览（V）<”按钮：设置好矩形阵列后，用户可以通过“预览（V）<”按钮来预览阵列效果。

2. 环形阵列

当选中“环形阵列（P）”复选框时，会将“阵列”对话框切换到环形阵列设置模式，如图 4-22 所示。该对话框各选项含义如下：

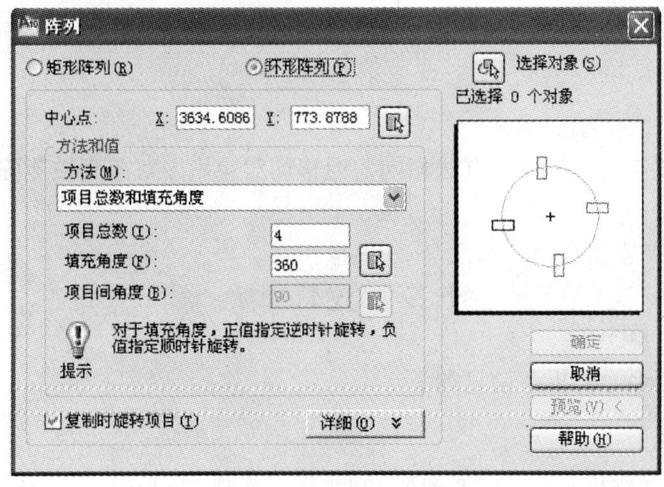

图 4-22 “阵列”对话框的“环形阵列”选项

（1）“中心点”文本框：确定环形阵列的中心点。用户可以直接在文本框中输入坐标值，也可以通过 按钮拾取阵列中心点。

（2）“方法和值”选项区：用户设置阵列的方法为单击“方法（M）”下拉列表框选择“项目总数和填充角度”、“项目总数和项目的角度”、“填充角度和项目间的角度”三种阵列模式之一。“项目总数（I）”要求输入复制品的对象的个数，“填充角度（F）”要求输入生成复制品分布占圆周的角度数，“项目间角度（B）”要求输入复制品相互之间的相对角度。

（3）“复制时旋转项目（T）”复选框：选中该复选框，则阵列对象以中心为对称点旋转，如图 4-23 所示。否则对象不旋转，如图 4-24 所示。

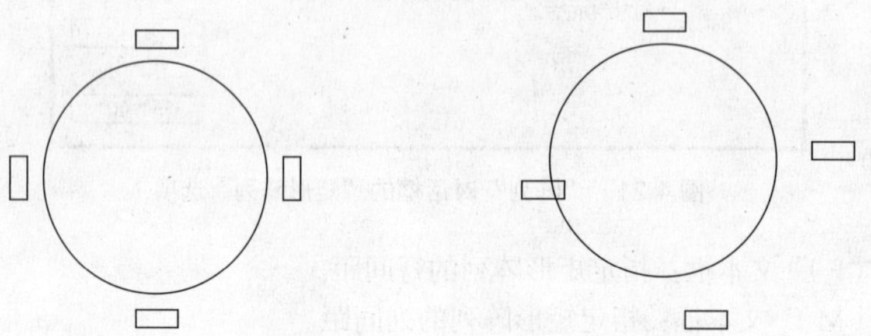

图 4-23　阵列复制时旋转项目图　　图 4-24　阵列复制时不旋转项目

（4）“详细（O）”伸缩按钮：单击该按钮，系统将弹出“对象基点”选项区，它用于选择阵列对象旋转的基点。

4.4　改变图形位置和大小的命令

改变图形位置的命令有移动、旋转和缩放。这些命令仅仅改变图形的位置和大小，并不改变图形的形状特征。

4.4.1　移动

移动命令和复制命令的使用方法相同，但移动对象后原对象则被删除。

启动移动命令的方法如下：

（1）功能区：“常用”→“修改”→ 按钮。

（2）菜单：“修改（M）”→“ 移动（V）”图标。

（3）命令行：MOVE。

执行命令后，命令行提示信息如下：

命令：MOVE

选择对象：（选择对象，选择完毕按 Enter 键结束选择。）

指定基点或 [位移 (D)] < 位移 >：（指定一个点作为基点，输入 D 则直接指定移动距离方向。）

指定第二个点或 < 使用第一个点作为位移 >：（指定一个点，将原对象基点移动到指定点。）

4.4.2 旋转

旋转命令用于按指定基点旋转图形对象。

启动旋转命令的方法如下：

（1）功能区："常用" → "修改" → 按钮。

（2）菜单："修改（M）" → "旋转（R）" 图标。

（3）命令行：ROTATE。

执行命令后，命令行提示信息如下：

命令：ROTATE
UCS 当前的正角方向：ANGDIR= 逆时针 ANGBASE ＝ 0
选择对象：（选择对象，选择完毕按 Enter 键结束选择。）
指定基点：（指定旋转的基点，将以该点为基点旋转对象。）
指定旋转角度，或 [复制 (C)/ 参照 (R)] <0>：（输入旋转的角度）

上述各项的含义如下：

复制（C）：保留旋转前的原对象。

参照（R）：设定一个角度为参照角，对象旋转角度 = 输入角度—参照角度。

【例 4-5】 绘制如图 4-25 所示的图形。

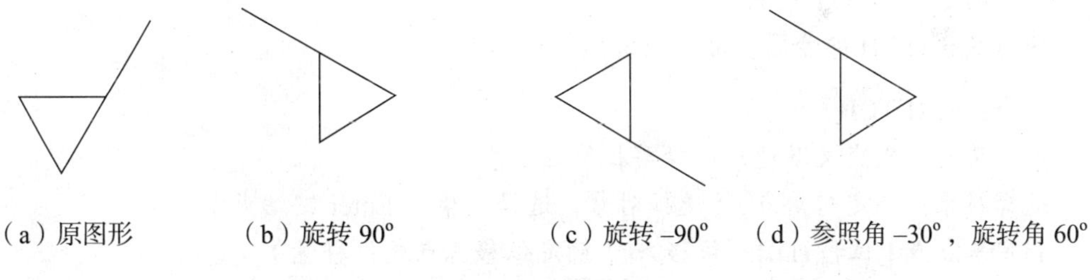

（a）原图形 （b）旋转 90° （c）旋转 –90° （d）参照角 –30°，旋转角 60°

图 4-25 旋转图形

除此之外，用户还可以用拖动的方式确定旋转角度。具体方法为：在"指定旋转角度或 [参照 (R)]："提示下拖动鼠标，AutoCAD 会从基点向光标处引出一条直线。该直线方向与零角度方向的夹角即为要转动的角度，同时所选对象会按此角度动态地转动。通过拖动鼠标使对象转到所需位置后，按空格键或 Enter 键即可完成旋转，并结束命令。

4.4.3 缩放

缩放命令用于将图形对象本身按统一比例放大或缩小，此操作改变了实体的尺寸大小。

启动缩放命令的方法如下：

（1）功能区："常用"→"修改"→ 按钮。

（2）菜单："修改（M）"→" 缩放（L）"图标。

（3）命令行：SCALE。

执行SCALE命令后，命令行提示信息如下：

命令：SCALE

选择对象：（选择对象，选择完毕按Enter键结束命令）

指定基点：（指定缩放的基点，对象大小发生改变时位置保持不变的点）

指定比例因子或[复制(C)/参照(R)] <1.00>：（输入比例因子数值）

上述各选项含义如下：

复制（C）：保留缩放前的对象。

参照（R）：指定一个参照长度，系统根据参照长度确定比例因子，即比例因子＝参照长度/实体长度。

注意：SCALE命令和ZOOM命令是两个不同命令，ZOOM命令是改变图形显示的大小，SCALE命令是改变图形对象本身尺寸的大小。

4.4.4 拉伸

拉伸命令用于将图形对象部分移动，如移动图形与其他图形有连接的元素有可能受到拉伸或压缩。

启动拉伸命令的方法如下：

（1）功能区："常用"→"修改"→ 按钮。

（2）菜单："修改（M）"→" 拉伸（H）"图标。

（3）命令行：SIRETCH。

执行SIRETCH命令后，命令行提示信息如下：

命令：SIRETCH

以交叉窗口或交叉多边形选择要拉伸的对象…

选择对象：指定对角点：（选择对象，选择完毕按Enter键结束命令）

指定基点或[位移(D)]＜位移＞：（确定位移基点或位移量）

指定第二个点或＜使用第一个点作为位移＞：（确定位移的第二点或直接按Enter键）

按提示执行操作后，AutoCAD将位于选择窗口之内的对象移动，将与窗口边界相交的对象按规则拉伸（或压缩）或移动。

在"选择对象："提示下选择对象时，对于由直线、圆弧、三维填充（SOLID）命令和多段线等命令绘制的直线或圆弧，若其整个对象均在选择窗口内，执行的结果是对它们进行移动。若其一端在选择窗口内，另一端在选择窗口外，即对象与选择窗口的边界相交，则遵循以下拉伸规则：

（1）直线：位于窗口外的端点不动，而位于窗口内的端点移动，直线由此而改变。

（2）圆弧：与直线类似，但在圆弧改变的过程中，圆弧的弦高保持不变，同时以此来调整圆心的位置和圆弧包角值。

（3）区域填充：位于窗口外的端点不动，位于窗口内的端点移动，以此来改变图形。

（4）多段线：与直线或圆弧相似，但多段线两端的宽度、切线方向以及曲线拟合信息不改变。

（5）其他对象：如果其定义点位于选择窗口内，则对象发生移动，否则不发生移动。其中，圆对象的定义点为圆心，图形和块对象的定义点为插入点，文字和属性定义的定义点为字符串基线的左端点。

4.4.5 拉长

拉长命令用于将线段、圆弧等实体对象拉长或缩短。

启动拉长命令的方法如下：

（1）功能区："常用"→"修改"→ 按钮。

（2）菜单："修改（M）"→" 拉长（G）"图标。

（3）命令行：LENGTHEN。

执行 LENGTHEN 命令后，命令行提示信息如下：

命令：LENGTHEN
选择对象或 [增量 (DE)/ 百分数 (P)/ 全部 (T)/ 动态 (DY)]：（选择其中某一拉长方式）
选择要修改的对象或 [放弃 (U)]：（选择要修改的对象）

上述各项中含义如下：

选择对象：选择线段或圆弧，系统会显示所选对象的当前长度和包含角度。

增量（DE）：通过设定长度或角度增量来改变对象的长度。

百分数（P）：输入新长度是原长度的百分之多少的百分数，可使直线或圆弧按此百分数改变长度。

全部（T）：输入直线或圆弧的新长度或圆弧的新包角改变直线或圆弧的长度。

动态（DY）：确定线段或圆弧的新端点，动态地改变其长度。

4.5 改变图形特征的命令

改变图形特征的命令有删除、修剪、延伸、打断、合并、倒角、圆角及编辑多段线。这些命令主要用于草图修补和快速编辑。

4.5.1 删除

删除命令用于删除图形对象。

启动删除命令的方法如下：

（1）功能区："常用"→"修改"→ 按钮。

（2）菜单："修改（M）"→" 删除（E）"图标。

（3）命令行：ERASE。

这个命令操作非常简单，先执行命令，再选择对象，选择完毕按 Enter 键就删除了选中的对象。用户也可以先选择对象再执行删除命令。

注意：按键盘上的 Delete 键可以快速删除选中的对象。

4.5.2 修剪

修剪命令用于剪掉多余图形对象，从而整理图形对象，是 AutoCAD 最重要的命令之一。利用修剪命令，可以把若干个基本图形对象编辑为复杂的图形对象。

启动修剪命令的方法如下：

（1）功能区："常用" → "修改" → 按钮。

（2）菜单："修改（<u>M</u>）" → " 修剪（<u>T</u>）" 图标。

（3）命令行：TRIM。

执行命令后，命令行提示信息如下：

命令：TRIM

当前设置：投影 =UCS，边 = 无

选择剪切边…

选择对象或 < 全部选择 >:（选择剪切边界）

选择要修剪的对象，或按住 Shift 键选择要延伸的对象，或 [栏选 (F)/ 窗交 (C)/ 投影 (P)/ 边 (E)/ 删除 (R)/ 放弃 (U)]:（选择要剪掉的对象，被选中对象的剪切边界内的图形将被剪掉。）

上述各选项的含义如下：

投影（P）：设置投影模式，在平面图形中，默认在 XOY 形成的平面上修剪。

边（E）：设置修剪边是否延伸，如果设置为延伸模式，则对修剪边进行无限延伸，和修剪边延伸相交的对象都将被修剪。

删除（R）：被选中的对象将被删除。

【例 4-6】 将如图 4-26（a）所示的图形进行修剪后，得到如图 4-26（b）所示的图形。

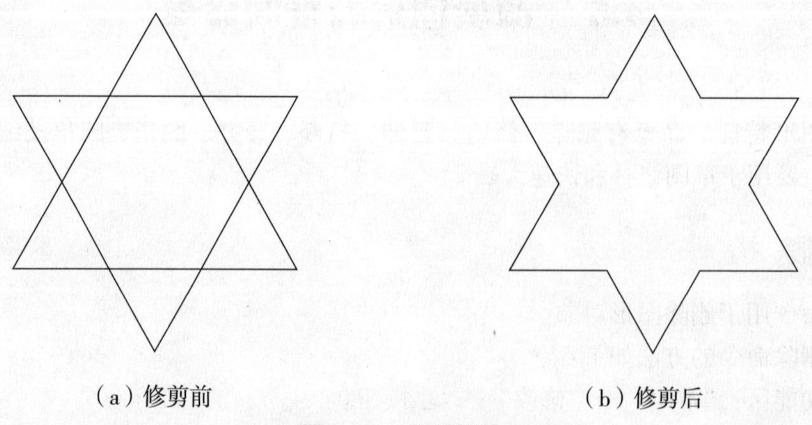

（a）修剪前　　（b）修剪后

图 4-26　图形修剪

注意：在选择修剪边和被修剪边时用户容易混淆。因此，在选取被剪切对象时可以选择全部相关的图形（包括修剪边和被修剪边），然后按 Enter 键，此时可以连续剪切任意被选中的边。这样可以大大提高编辑图形的速度。另外，在执行修剪命令后，鼠标指针在绘图区时，单击右键，可以用拾取框剪切任意选中的图形对象。

4.5.3 延伸

延伸命令用于将对象延长至指定位置。

启动延伸命令的方法如下：

（1）功能区："常用" → "修改" → --/ 按钮。

（2）菜单："修改（M）" → "--/ 延伸（D）" 图标。

（3）命令行：EXTEND。

执行命令后，命令行提示信息如下：

命令：EXTEND

当前设置：投影 =UCS，边 = 无

选择边界的边…

选择对象或 <全部选择>：（选择延伸边界）

选择要延伸的对象，或按住 Shift 键选择要修剪的对象，或 [栏选 (F)/ 窗交 (C)/ 投影 (P)/ 边 (E)/ 放弃 (U)]：（选择延伸的对象；其他各选项含义和修剪一样。）

注意：执行修剪或延伸命令，按住 Shift 键可以快速切换修剪 / 延伸命令；用窗口方法选择全部对象，可以延伸任何被选中的对象；执行修剪或延伸命令时，在绘图区，单击鼠标右键，之后可以延长任何对象。

【例 4-7】 延伸如图 4-27 所示的直线 L_2、L_3，使其与直线 L_1 相交。

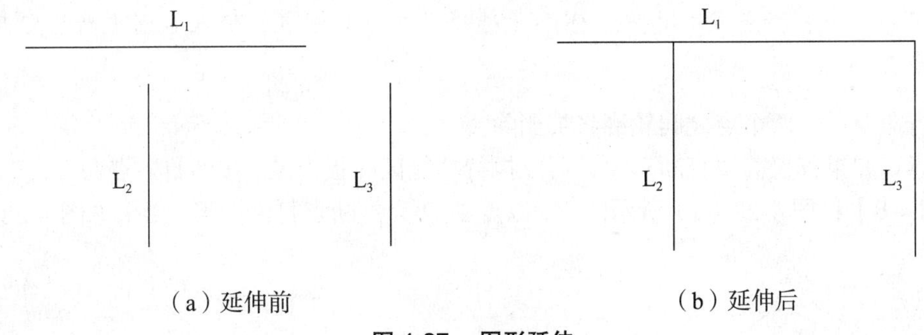

（a）延伸前 （b）延伸后

图 4-27 图形延伸

命令：EXTEND

当前设置：投影 =UCS，边 = 延伸

选择边界的边…

选择对象或 <全部选择>：指定对角点：（找到 3 个）

选择对象：

选择要延伸的对象，或按住 Shift 键选择要修剪的对象，或 [栏选 (F)/ 窗交 (C)/ 投影 (P)/ 边 (E)/ 放弃 (U)]：选择对象 L_2

选择要延伸的对象，或按住 Shift 键选择要修剪的对象，或 [栏选 (F)/ 窗交 (C)/ 投影 (P)/ 边 (E)/ 放弃 (U)]：E

输入隐含边延伸模式 [延伸 (E)/ 不延伸 (N)] < 延伸 >：E

选择要延伸的对象，或按住 Shift 键选择要修剪的对象，或 [栏选 (F)/ 窗交 (C)/ 投影 (P)/ 边 (E)/ 放弃 (U)]：选择对象 L_1

选择要延伸的对象，或按住 Shift 键选择要修剪的对象，或 [栏选 (F)/ 窗交 (C)/ 投影 (P)/ 边 (E)/ 放弃 (U)]：选择对象 L_3

选择要延伸的对象，或按住 Shift 键选择要修剪的对象，或 [栏选 (F)/ 窗交 (C)/ 投影 (P)/ 边 (E)/ 放弃 (U)]：* 取消 *

注意：中文版 AutoCAD 允许用线、圆弧、圆、椭圆、椭圆弧、多段线、样条曲线、构造线、射线以及文字等对象作为边界。

4.5.4 打断

打断命令用于在对象上创建一个间隙。

启动打断命令的方法如下：

（1）功能区："常用" → "修改" → 按钮。

（2）菜单："修改（M）" → " 打断（K）" 图标。

（3）命令行：BREAK。

执行命令后，命令行提示信息如下：

命令：BREAK

选择对象：（选择对象，并且以拾取点作为第一个打断点。）

指定第二个打断点或 [第一点 (F)]：（选择第二个打断点，输入 F 则重新指定两个点作为打断点。）

执行命令后，两个点之间轮廓将被删除。

注意：如果仅仅需要打断对象，可以执行功能区面板上 按钮打断点命令。

【例 4-8】将图 4-28（a）所示图形，以点 1、2 为打断点打断图形，结果如图 4-28（b）、（c）所示。

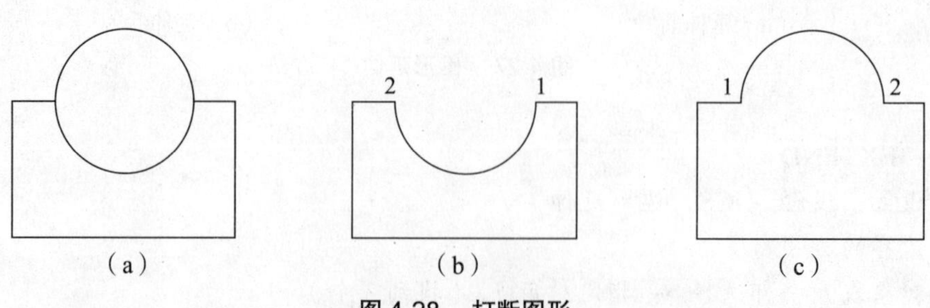

图 4-28　打断图形

具体操作过程如下：

命令：BREAK
选择对象：（选择图形上的 1 点）
指定第二个打断点 或 [第一点 (F)]：（输入 F # 指定打断点 #）
指定第一个打断点：（选择点 1）
指定第二个打断点：（选择点 2）

注意：在选择两个打断点时，有先后顺序，打断第 1 点至第 2 点之间的逆时针方向的圆弧。

4.5.5 合并

合并命令用于将同类实体合并为一个对象。
启动合并命令的方法如下：
（1）功能区：“常用” → “修改” → 按钮。
（2）菜单：“修改（M）” → “ 合并（J）” 图标。
（3）命令行：JOIN。
执行命令后，命令行提示信息如下：

命令：JOIN
选择源对象：（选择源对象）
选择要合并到源的直线：（选择要合并的直线）
选择要合并到源的直线：（继续选择合并的直线，按 Enter 键结束命令。）

【例 4-9】 合并如图 4-29（a）所示的直线 L_1 和 L_2，结果如图 4-29（b）所示。

L_1 L_2 L_1 L_2

（a）直线 L_1 和 L_2 （b）合并后的实体

图 4-29 合并同类实体对象

具体操作如下：

命令：JOIN
选择源对象：（选择 L_1）
选择要合并到源对象的直线：（选择 L_2）
选择要合并到源对象的直线：按 Enter 键

注意：一个对象必须在另一个对象的延长线上，并且是同类对象才可以合并。

4.5.6 倒角

倒角命令用于在两条相交直线间绘制一个倾斜角。
启动倒角命令的方法如下：

（1）功能区：“常用”→“修改”→ 按钮。

（2）菜单：“修改（M）”→“ 倒角（C）”图标。

（3）命令行：CHAMFER。

执行命令后，命令行提示信息如下：

命令：CHAMFER

（“修剪”模式）当前倒角距离 1 = 0.0000，距离 2 = 0.0000

选择第一条直线或 [放弃 (U)/ 多段线 (P)/ 距离 (D)/ 角度 (A)/ 修剪 (T)/ 方式 (E)/ 多个 (M)]:（选择一条直线作为倒角边）

选择第二条直线，或按住 Shift 键选择要应用角点的直线:（选择第二条直线）

上述各项的含义如下：

多段线（P）：对多段线的各个顶点同时进行倒角处理。

距离（D）：设置第一和第二个倒角至角顶点的距离。

角度（A）：根据一个角度和一段距离来设置倒角距离，如图 4-30 所示。

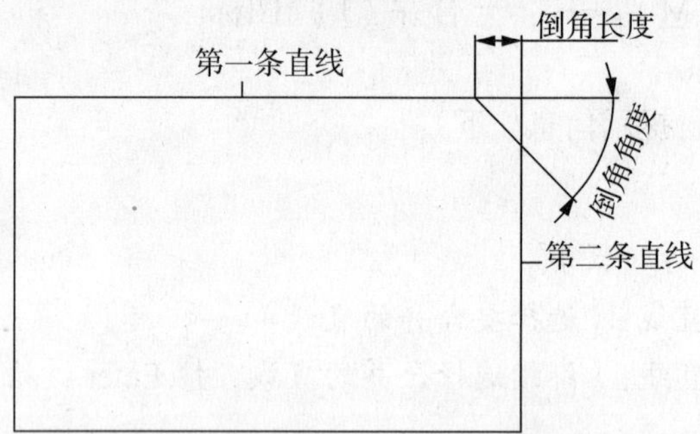

图 4-30　倒角长度与倒角角度示意图

修剪（T）：设置生成倒角后是否修剪倒角边。

方式（E）：选择距离（D）或角度（A）方式进行倒角。

多个（M）：一次性进行多个倒角操作。

【例 4-10】　绘制如图 4-31 所示的倒角效果图。

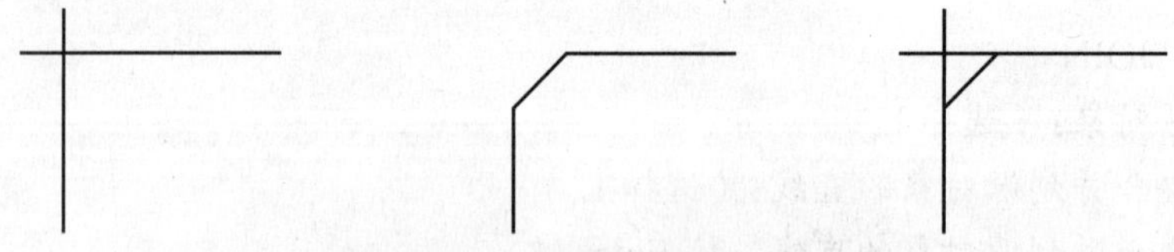

图 4-31　倒角后的修剪和不修剪效果图

注意：倒角时，若设置的倒角距离太大或倒角角度无效；如果因两条直线平行、发散等原因不能倒角；对相交边倒角，且倒角后修剪倒角边时，AutoCAD 总是保留所选取的那部分对象；当两个倒角距离均为零时，CHAMFER 命令延伸两条直线使之相交，不产生倒角。

4.5.7 圆角

圆角命令使用与对象相切并且具有指定半径的圆弧连接两个对象。

启动圆角命令的方法如下：

（1）功能区："常用"→"修改"→ 按钮。

（2）菜单："修改（M）"→" 圆角（F）"图标。

（3）命令行：FILLET。

执行命令后，命令行提示信息如下：

命令：FILLET

当前设置：模式 = 修剪，半径 = 0.0000

选择第一个对象或 [放弃 (U)/ 多段线 (P)/ 半径 (R)/ 修剪 (T)/ 多个 (M)]：（选择要进行圆角操作的对象）

选择第二个对象，或按住 Shift 键选择要应用角点的对象：（选择第二个对象）

上述选项中半径（R）：用于设定圆角的半径。除了该选项，其他各项含义和倒角一样。

4.5.8 编辑多段线

编辑多段线命令用于编辑创建的多段线或将多条直线、曲线转换成的多段线。

启动编辑多段线命令的方法如下：

（1）功能区："常用"→"修改"→ 按钮。

（2）命令行：PEDIT。

执行命令后，命令行提示信息如下：

命令行：PEDIT

选择多段线或 [多条 (M)]：（选择要编辑的多段线或选择其他类型线段，将其转换成多段线。）

输入选项 [闭合 (C)/ 合并 (J)/ 宽度 (W)/ 编辑顶点 (E)/ 拟合 (F)/ 样条曲线 (S)/ 非曲线化 (D)/ 线型生成 (L)/ 反转 (R)/ 放弃 (U)]：

上述各项的含义如下：

闭合（C）：将没有闭合的多段线闭合；

合并（J）：将多条多段线或其他类型线段转换为一条多段线，各线段必须相邻；

宽度（W）：赋予多段线一定的线宽；

编辑顶点（E）：对多段线各顶点进行编辑；

拟合（F）：将多段线拟合成曲线；

样条曲线（S）：将多段线转换成样条线；

非曲线化（D）：多段线转成拟合的曲线或样条后，重新生成多段线的直线段；

线型生成（L）：多段线线型生成选项 [开 (ON)/ 关 (OFF)] < 关 >：

反转（R）：多段线各编辑点的反项选择。

4.5.9 编辑样条线

编辑样条线是将样条线进行重新修正或转换为多段线的操作。

（1）功能区：“常用”→“修改”→ 按钮。

（2）命令行：SPLINEDIT。

执行命令后，命令行提示信息如下：

命令：SPLINEDIT

选择样条曲线：（选择要编辑的样条线）

输入选项 [拟合数据 (F)/ 闭合 (C)/ 移动顶点 (M)/ 优化 (R)/ 反转 (E)/ 转换为多段线 (P)/ 放弃 (U)]:

以上各项的含义如下：

输入拟合数据选项：对样条线重新编辑，如添加 (A)/ 闭合 (C)/ 删除 (D)/ 移动 (M)/ 清理 (P)/ 相切 (T)/ 公差 (L)/ 退出 (X) 的操作。

闭合（C）：将开式样条线转换为闭合状态。

移动顶点（M）：对光标进行移动，从而完成对相应顶点的编辑。

优化（R）：对样条线重新添加控制点 (A)/ 提高阶数 (E)/ 权值 (W)/ 退出 (X) 的操作。

反转（E）：对样条线上拾取点进行反向选择。

转换为多段线（P）：可将样条线转换成多段线。

4.5.10 分解对象

对于整体对象，如矩形、块等，是由多个对象组成的组合体，用户有时需要对单个成员进行编辑，就需要先将它分解开。

启动编辑多段线命令的方法如下：

（1）功能区：“常用”→“修改”→ 按钮。

（2）菜单：“修改（M）”→“ 分解（X）”图标。

（3）命令行：EXPLODE。

执行命令后，命令行提示信息如下：

命令：EXPLODE

选择对象：（选择要分解的对象）

选择对象：（选择完成后，按 Enter 键。）

即可完成分解。

思考与操作

一、填空题

1. 使用延伸操作时应指定 ________ 与 ________ 对象。
2. 利用夹点可以执行 ________、________、________、________ 与 ________ 操作。
3. 在夹点“缩放”模式下，用户可通过 ________ 或 ________ 来缩放图形。

二、问答题

1. 在编辑对象时，可通过哪些方式选择对象？
2. 在中文版 AutoCAD 2010 中，如何对图形对象进行编组？
3. 在中文版 AutoCAD 2010 中，可对对象执行哪些编辑操作？
4. 移动对象时，可通过哪两种方式指定对象位移的距离及方向？
5. 如果想在旋转对象的同时复制对象，应如何操作？
6. 延伸、拉长、拉伸命令有些类似，但有区别，请简述之。
7. 夹点包括哪两种状态，这些状态的含义是什么？

三、操作题

1. 使用阵列命令绘制如图 4-32 所示的图形。
2. 使用等数等分、绘制圆命令及修剪命令绘制如图 4-33 所示的图形。

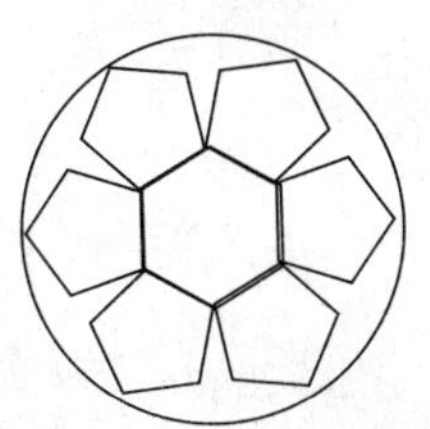

图 4-32

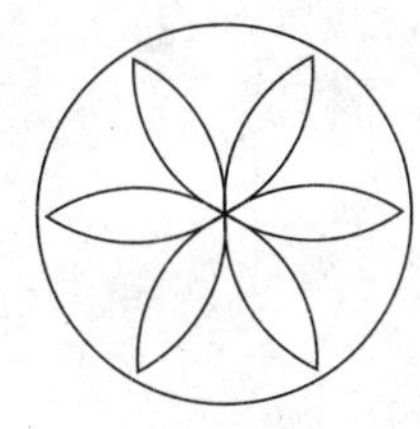
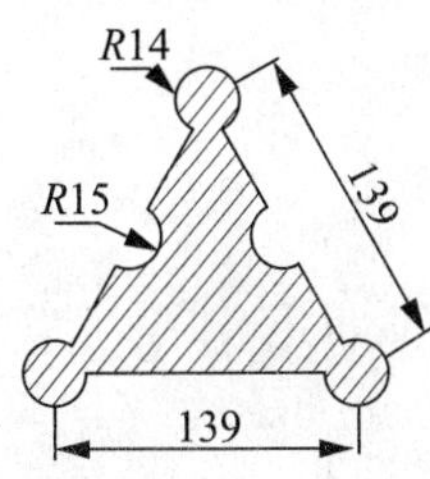

图 4-33

3. 使用正多边形、偏移、剪切、圆角等命令绘制如图 4-34 所示的图形。
4. 使用旋转、镜像、偏移等命令绘制如图 4-35 所示的图形。

图 4-34

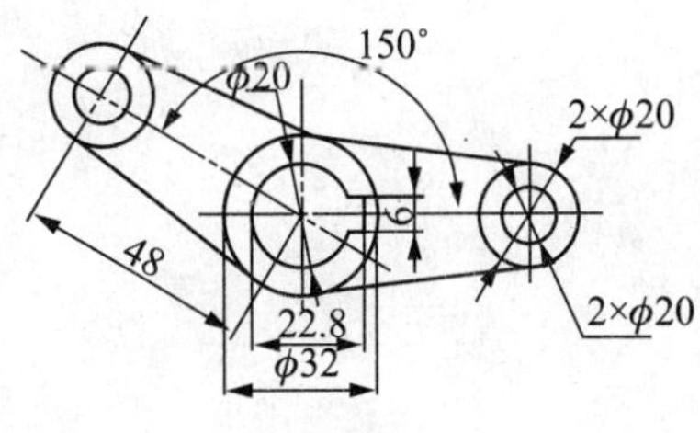

图 4-35

5. 使用偏移、倒角等命令绘制如图 4-36 所示的图形。

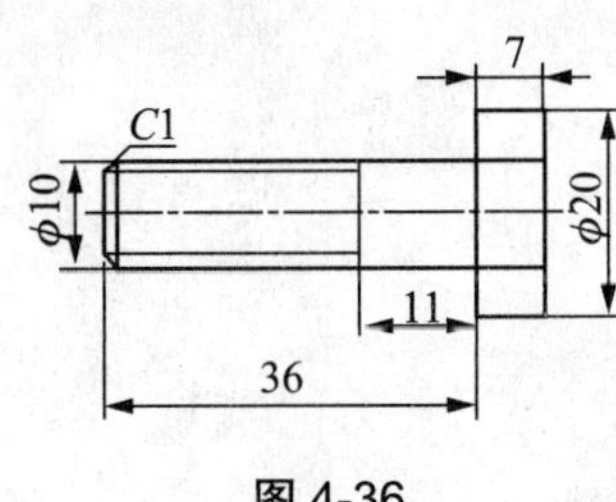

图 4-36

6. 使用修剪、阵列等命令绘制如图 4-37 所示的图形。

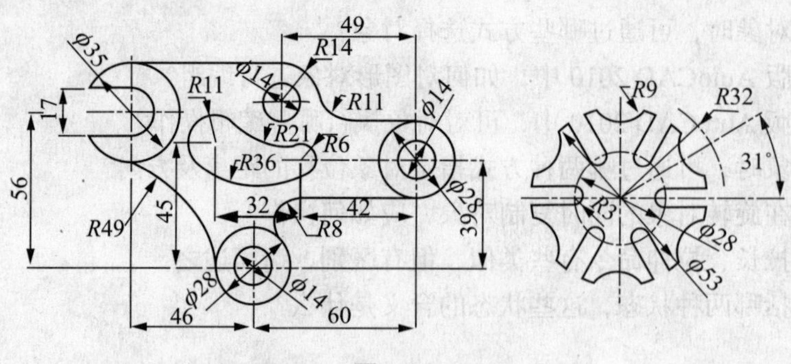

图 4-37

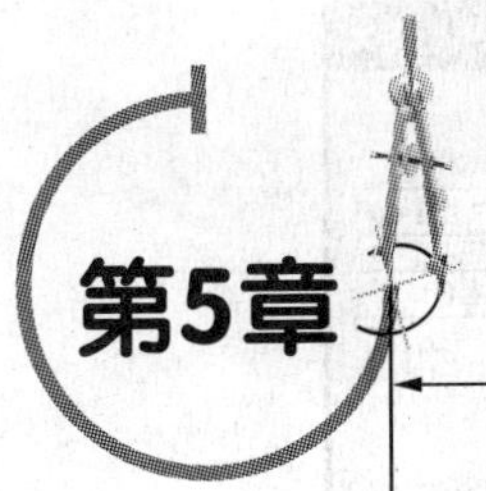

第5章 文字与表格

学习要点

- 文字样式设置
- 输入及编辑单行、多行文字
- 创建及插入表格

文字注释，用于标注图样中的一些非图形信息，例如机械图样中的技术要求、装配说明、材料说明，工程图样中施工要求等。另外，用户可以使用创建表格命令自动生成数据表格。

5.1 文字样式

文字样式包括字体和文字效果。AutoCAD 中预置了新式名为 Annotative、Standard 的文字样式，用户可以根据需要设置其他文字样式。

启动文字样式设置命令的方法如下：

（1）功能区："注释"→"文字"→ 按钮。

（2）菜单："修改（M）"→"文字样式（S）..."图标。

（3）命令行：STYLE。

执行命令后，系统弹出"文字样式"对话框，如图 5-1 所示。

该对话框中各项的含义如下：

5.1.1 "样式（S）"选项区

它显示图形中的样式列表。列表包括已定义的样式名称，默认显示选择的当前样式。要更改当前样式，请从列表中选择另一种或选择"新建"以创建新样式。样式名前的图标指示样式是注释性的。

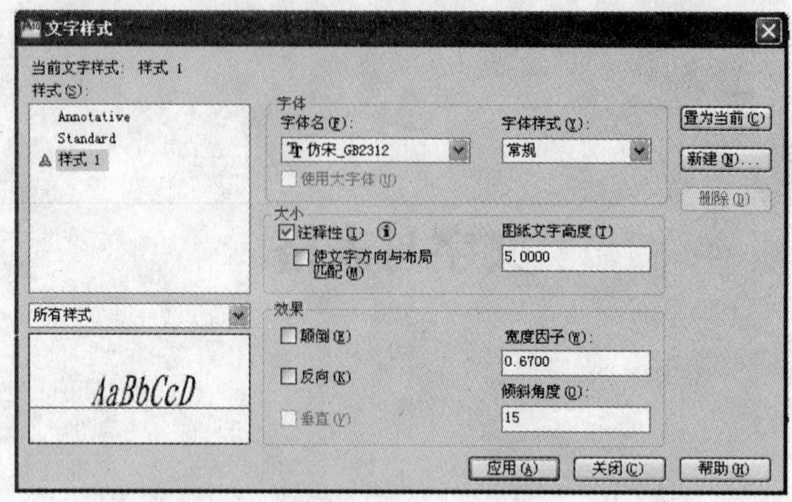

图 5-1 “文字样式”对话框

5.1.2 “字体”选项区

首先需要选去掉“☑ 使用大字体（U）”复选框。

（1）“字体名（F）”下拉列表框：用户可以在该列表框中选择所需要的字体类型。中文字体有黑体、宋体、楷体等多种字体类型供选择。

（2）“字体样式（Y）”下拉列表框：当选用 SHX 字体时，用于设置其字体风格。

（3）“使用大字体（U）”选中该复选框，则字体类型被选定为 SHX 字体。

注意：“字体名（F）”下拉列表框中选择“T 字体”，表示文字横向排列；选择“T@ 字体”，表示竖向排列。

5.1.3 “大小”选项区

（1）“注释性（I）”：用于指定文字是否为注释性。

（2）“使文字方向与布局匹配（M）”：用于指定图纸空间视口中的文字方向与布局方向匹配。如果清除“注释性”选项，则该选项不可用。

（3）“图纸文字高度（T）”：根据输入的值设置文字高度，输入大于 0.0 的高度将自动为此样式设置文字高度。如果输入 0.0，则文字高度将默认为上次使用的文字高度，或使用存储在图形样板文件中的值。

5.1.4 “效果”选项区

它用于设置文字的显示效果。

（1）“颠倒（E）”：字体颠倒显示。

（2）“反向（K）”：文字反向显示。

（3）“垂直（V）”：文字垂直显示，该复选框只有在 SHX 字体下才可用。

（4）“宽度因子（W）”：用于设置字符宽度与高度之比。输入数值 =1，则为方块字；输入数值 >1，文字宽度变大，为胖体字；输入数值 <1，文字宽度变小，为瘦体字，一般

长仿宋体字取 0.67 左右，比较美观。

（5）“倾斜角度（O）”：用于指定文字的倾斜角度。角度为 0 时不倾斜，角度为正时文字向右倾斜，角度为负时向左倾斜。

（6）“置为当前”：将左边“样式（S）”：选项区选中的样式作为当前使用的文字样式。

（7）“新建（N）”：用于创建新的文字样式，单击该按钮，系统弹出如图 5-2 所示的“新建文字样式”对话框，在该对话框中输入新样式名，就创建了一种新的文字样式。

（8）“删除（D）”：删除当前未使用的文字样式。

如图 5-3 所示，为文字的各种效果。

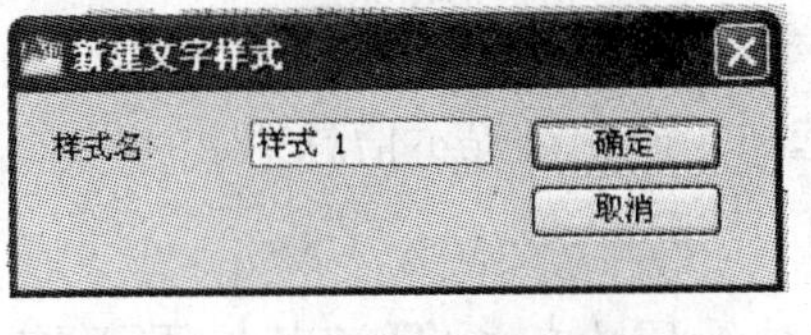

图 5-2 “新建文字样式”对话框

图 5-3 文字的各种效果

注意：AutoCAD 2010 支持 TrueType 字体，即文字样式可以由 TrueType 字体定义。此时，使用系统变量 TEXTFILL 和 TEXTQLTY，可以设置所标注的文字是否填充和文字的光滑程度。其中，当 TEXTFILL 为 0（默认值）时不填充，为 1 时则进行填充。TEXTQLTY 的取值范围是 0 ～ 100，默认值为 50。TEXTQLTY 的值越大，文字越光滑，图形输出时的时间也越长。

5.2 创建和编辑单行文字

文字标注用于对图形作进一步的解释说明，它可能只是简短的几个字，也可能需要复杂的说明。当标注的文字不多时，可以创建单行文字 TEXT；当标注文字内容多且复杂时，可以创建多行文字 MTEXT，下面首选来介绍单行文字。

启动单行文字命令的方法如下：

（1）功能区：“注释”→“文字”→“AI 单行文字”按钮。

（2）菜单：“绘图（X）”→“文字”→“AI 单行文字（S）”图标。

（3）命令行：TEXT。

执行命令后，命令行提示信息如下：

命令：TEXT

当前文字样式：“Standard” 文字高度： 5 注释性： 否

指定文字的起点或 [对正 (J)/ 样式 (S)]:

上述各选项的含义如下：

（1）指定文字的起点。确定文字行基线的始点位置，为默认项。AutoCAD 为文字行定义了顶线、中线、基线和底线 4 条线，用于确定文字行的位置。这 4 条线与文字串的关系如图 5-4 所示。

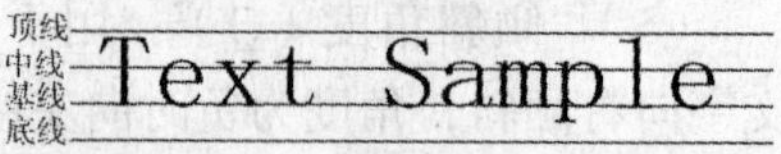

顶线
中线
基线
底线
Text Sample

图 5-4　文字标注参考线定义

在确定文字的起点位置后，AutoCAD 依次提示：

指定高度：（输入文字的字高）

指定文字的旋转角度〈O〉：（输入文字行的旋转角度）

输入文字：（输入要标注的文字）

按 Enter 键，则完成标注文字的输入。

（2）样式（S）。用于选择文字样式，一般默认为 Standard，也可选取用户新建的文字样式。

（3）对正（J）。用于确定文字的对齐方式，选择该选项，命令行提示信息如下：

指定文字的起点或 [对正 (J)/ 样式 (S)]：J

输入选项 [对齐 (A)/ 布满 (F)/ 居中 (C)/ 中间 (M)/ 右对齐 (R)/ 左上 (TL)/ 中上 (TC)/ 右上 (TR)/ 左中 (ML)/ 正中 (MC)/ 右中 (MR)/ 左下 (BL)/ 中下 (BC)/ 右下 (BR)]：（选择文字对正方式。）

上述各选项的含义如下：

“对齐（A）”：指定文字的两个基线端点，标注文字将均匀地分布在两端点之间，自动调整文字高度，宽度比不变，但字数越多，字号就越小。文字“对齐（A）”标注效果如图 5-5 所示。

“布满（F）”：指定文字的两个基线端点，标注文字将均匀地在两端点之间充满，文字宽度发生变化，但文字高度不变。选择这种方式，一定要设置合适的端点距离，否则将很难识别文字。文字“布满（F）”标注效果如图 5-6 所示。

数字少字号大　　数字越多字号越小且自动调整大小

图 5-5　文字“对齐（A）”

数字布满　　数字布满高度不变

图 5-6　文字“布满（F）”

“居中（C）”：指定文字基线中心，输入文字时，该点始终是一行文字的中点。

“中间（M）”：此选项要求确定一点，AutoCAD 把该点作为所标注文字行的中间点，即以该点作为文字行在水平、垂直方向上的中点。

“右（R）”：此选项要求确定一点，AutoCAD 把该点作为文字行基线的右端点。

在与“对正（J）”选项对应的其他提示中，“左上（TL）”、“中上（TC）”和“右上（TR）”选项，分别表示将以所确定点作为文字行顶线的始点、中点和终点；“左中（ML）”、“正中（MC）”和“右中（MC）”选项，分别表示将以所确定点作为文字行中线的始点、中点和终点；从“左下（BL）”、“中下（BC）”和“右下（BR）”选项，分别表示将以所确定点作为文字行底线的始点、中点和终点。图 5-7 显示了上述文字对正示例。

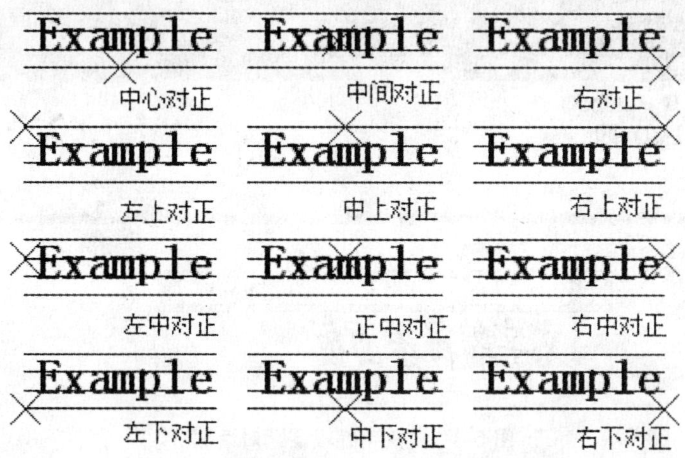

图 5-7 文字对正示例

注意：（1）倾斜角度和旋转角度是不同的。倾斜角度是字体本身的倾斜角度；旋转角度是整行文字的基线倾角。

（2）单行文字命令“dtext”可以在一次命令中输入多行文字，但是每行文字被单独看成一个对象。按 Enter 键将换行输入另一行文字。输入文字结束，要按 Enter 键两次。

5.3 创建和编辑多行文字

利用创建多行文字命令创建的多行文字整体被当成一个对象。

启动多行文字命令的方法如下：

（1）功能区：“注释”→“文字”→“A 多行文字”按钮。

（2）菜单：“绘图（X）”→“文字”→“A 多行文字（M）”图标。

（3）命令行：MTEXT。

执行命令后，命令行提示信息如下：

命令：MTEXT 当前文字样式：“样式 1”文字高度： 5 注释性： 否

指定第一角点：

指定对角点或 [高度 (H)/ 对正 (J)/ 行距 (L)/ 旋转 (R)/ 样式 (S)/ 宽度 (W)/ 栏 (C)]:

根据两对角点确定一个矩形作为文字输入框，默认矩形的宽度即为文字行宽度。

矩形内有光标提示用户输入文字，同时弹出“文字编辑器”对话框，如图 5-8 所示。

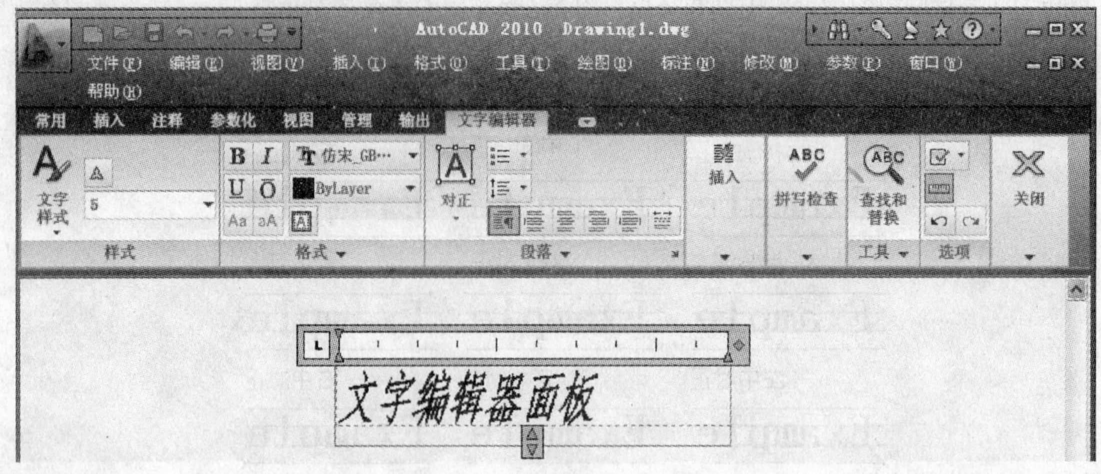

图 5-8 “文字编辑器”对话框

在该面板中，用户不仅可以设置文字样式，还可以设置整篇文字的格式、段落、插入、拼写检查、查找和替换等。现分别介绍各选项区选项的功能。

5.3.1 “样式”选项区

在“样式”选项区中，各选项的含义如下：

（1）“文字样式”下拉列表框。用于选择用户设置的文字样式。

（2）“文字高度”下拉列表框。用于按图形单位设置新文字的字符高度或更改选定文字的高度。

5.3.2 “格式”选项区

在“格式”选项区中，各选项的含义如下：

（1）“文字字体”下拉列表框。用于为新输入的文字指定字体或改变选定文字的字体。

（2）“■文字颜色”下拉列表框。用于为新输入文字指定颜色或修改选定文字的颜色。可以为文字指定与所在图层关联的颜色（BYLAYER）或与所在块关联的颜色（BYBLOCK），也可以从颜色列表中选择一种颜色。

（3）“**B** 加粗”、“*I* 倾斜”、“U 下画线”和“O 上画线”按钮。单击它们，可以为新输入文字或选定文字设置加粗、倾斜、加下画线或加上画线效果。

（4）“改变大小写”命令。该命令包括“Aa 大写”和“aA 小写”两个子命令，使用它们可以改变文字中字符的大小写。

（5）“背景遮罩”。选择该命令，将打开“背景遮罩”对话框，可以设置是否使用背景遮罩、边界偏移因子（1～5），以及背景遮罩的填充颜色，如图 5-9 所示。

（6）“功能区旋转式控制”。在“格式”下拉列表框的 0/ 倾斜角度、a·b 追踪、宽度因子下拉列表中输入相应的参数，即可完成对文字的调整。

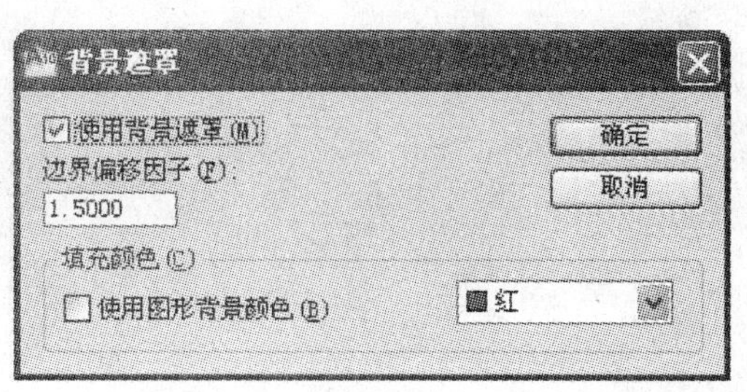

图 5-9　“背景遮罩”对话框

（7）“堆叠 / 非堆叠文字”。堆叠文字是一种垂直对齐的文字或分数。在使用时，需要分别输入分子和分母，其间以“x/y、x^y 或 x#y”形式输入字符，然后选择这一部分文字，最后按 Enter 键，或选中被堆叠对象，单击鼠标右键，出现多行文字下拉式快捷菜单，如图 5-10 所示。选择“堆叠”命令，则可出现如图 5-11 所示“自动堆叠特性”对话框。选择“启用自动堆叠（E）”及“转换为水平分数形式（H）”选项，单击“确定”按钮，则输入的字符便为分式形式。如图 5-12 所示，左图为分式、中间为公差形式、右图为斜线形式。

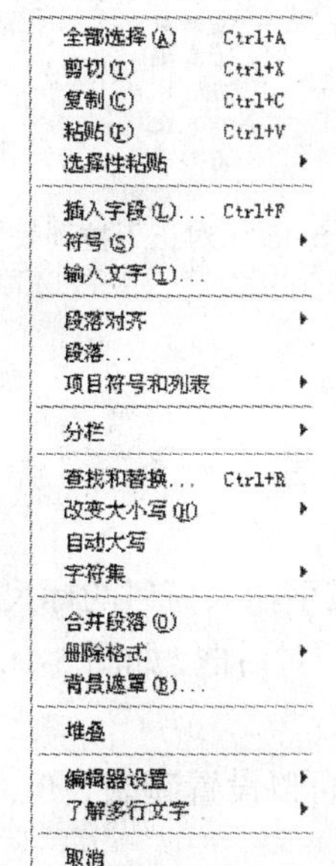

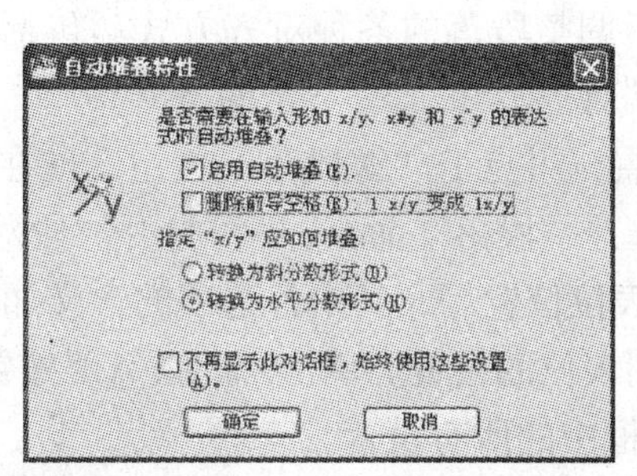

+0.03 / -0.04　　+0.03 -0.04　　+0.03/-0.04

图 5-10　多行文字菜单　　图 5-11　“自动堆叠特性”对话框　　图 5-12　“自动堆叠”效果

用户还可以选中堆叠后的对象，点击鼠标右键，出现多行文字菜单，如图 5-13 所示。点击“堆叠”特性图标，则出现图 5-14 所示“堆叠特性”对话框，利用此对话框各选项可以对已标记的分式进行编辑和修改。

5.3.3　“段落”选项区

在“段落”面板选项区，各选项的含义如下：

（1）“A 对正”按钮。其下拉列表如图 5-15 所示，各选项分别用于设置标尺在文本框中的位置。

全部选择(A) Ctrl+A
剪切(T) Ctrl+X
复制(C) Ctrl+C
粘贴(P) Ctrl+V
选择性粘贴 ▸

插入字段(L)... Ctrl+F
符号(S) ▸
输入文字(I)...

段落对齐 ▸
段落...
项目符号和列表 ▸

分栏 ▸

查找和替换... Ctrl+R
改变大小写(H) ▸
自动大写
字符集 ▸

合并段落(O)
删除格式 ▸
背景遮罩(B)...

非堆叠
堆叠特性

编辑器设置 ▸
了解多行文字 ▸

取消

图 5-13 多行文字菜单

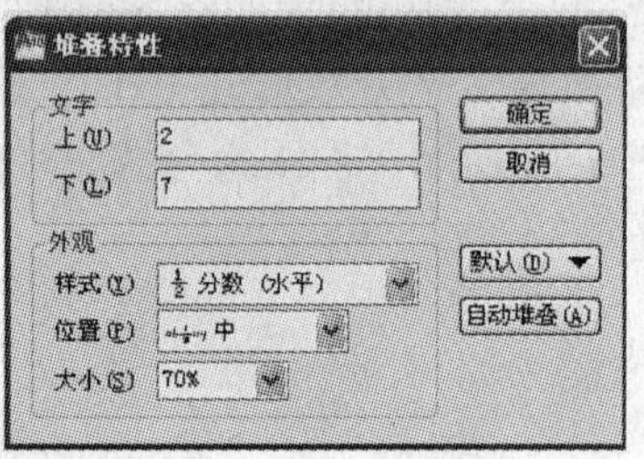

图 5-14 “堆叠特性”对话框

✔ 左上 TL
中上 TC
右上 TR
左中 ML
正中 MC
右中 MR
左下 BL
中下 BC
右下 BR

图 5-15 对正下拉列表

（2）“☰ · 项目符号和编号”按钮。给多行文本加注项目符号或编号。

（3）“行距”按钮。用于行距或更多的调整及清除行间距。

（4）“段落对齐”选项区。用于调整段落的各种对齐方式：包括“左对齐”、“中间对齐”、“右对齐”、“两端对齐”和“分散对齐”。

如果对“段落”作进一步的设置，可点击“段落”按钮，或在文字输入窗口的标尺上右击，从弹出的标尺快捷菜单中选择“段落”命令，即可打开“段落”对话框，如图 5-16 所示。用户可以从中设置缩进和制表位位置等，其中各选项的含义如下：

（1）“制表位”选项区域。设置制表位的位置。单击“添加(A)”按钮可以设置新制表位。单击“删除（O）”按钮，删除列表框中的所有设置。

（2）“左缩进”选项区域。“第一行（F）”文本框和“悬挂”文本框中可以设置首行和段落的左缩进位置。

（3）“右缩进”选项区域。可以设置段落的右缩进位置。

（4）“段落间距（N）”。选择该命令，同时给出段前间距或段后间距，单击“确定”即可完成其设置。

（5）“段落行距（G）”。设置当前段落或选择段落中各行之间的间距。执行该命令，先选定“行距（S）”类型：精确、至少、多行后，再在“设置值（T）”下拉列表中给出值，单击“确定”即可完成其设置。

在标尺快捷菜单中，选择“设置多行文字宽度”命令，可打开“设置多行文字宽度”对话框，在“宽度”文本框中可以设置多行文字的宽度，如图 5-17 所示。

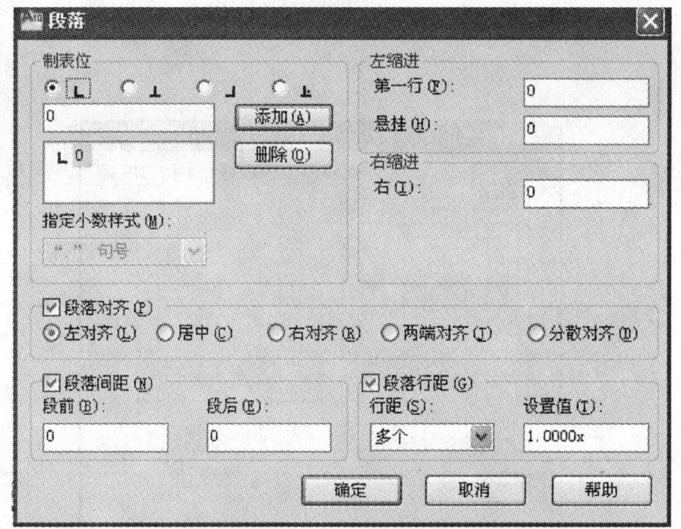

图 5-16 “段落”对话框

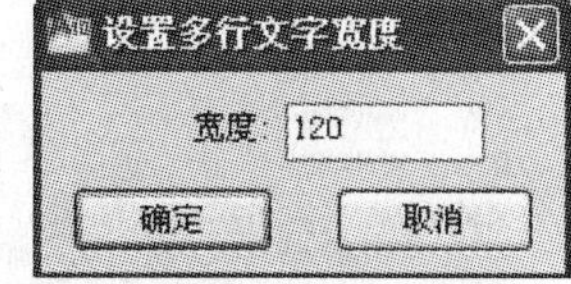

图 5-17 “设置多行文字宽度”对话框

5.3.4 “插入”选项区

在“插入”选项区面板中，各选项的含义如下：

（1）“分栏”选项。点击按钮，在其下拉列表中完成“动态栏”及“静态栏”的设置。也可以点击“分栏设置…”图标，打开“分栏”设置对话框，如图 5-18 所示，利用此对话框可以完成分栏等类型的设置。

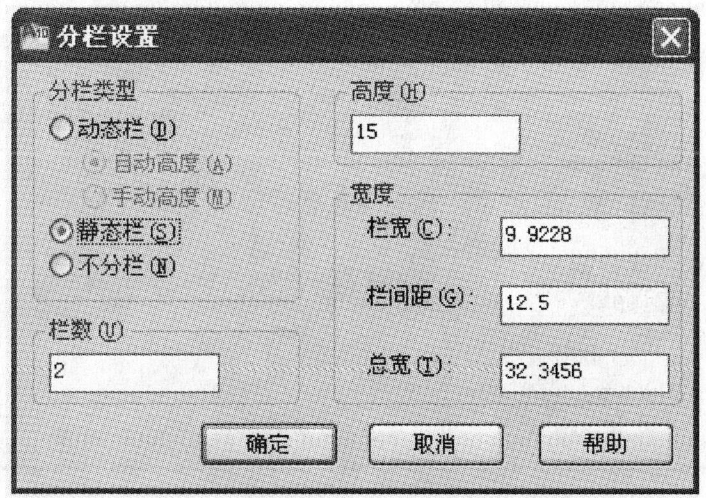

图 5-18 “分栏”设置对话框

（2）“@ 符号”选项。点击 @ 按钮，即可打开特殊符号下拉列表，如图 5-19 所示。在其列表中可以实际设计绘图中插入一些特殊的字符，如：度数、正 / 负、直径等符号。如果选择“其他”命令，将打开“字符映射表”对话框，可以插入其他特殊字符，如图 5-20 所示。

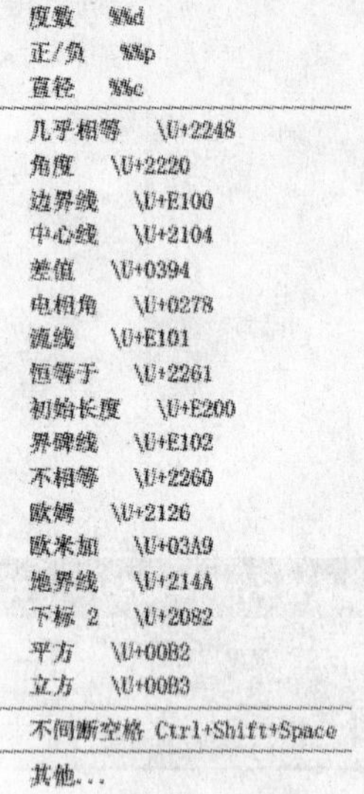

图 5-19　特殊字符

图 5-20　“字符映射表”对话框

（3）“字段”选项。点击按钮，即可打开“字段”对话框，如图 5-21 所示。从中选择需要插入的字段，即可完成相应字段的插入。

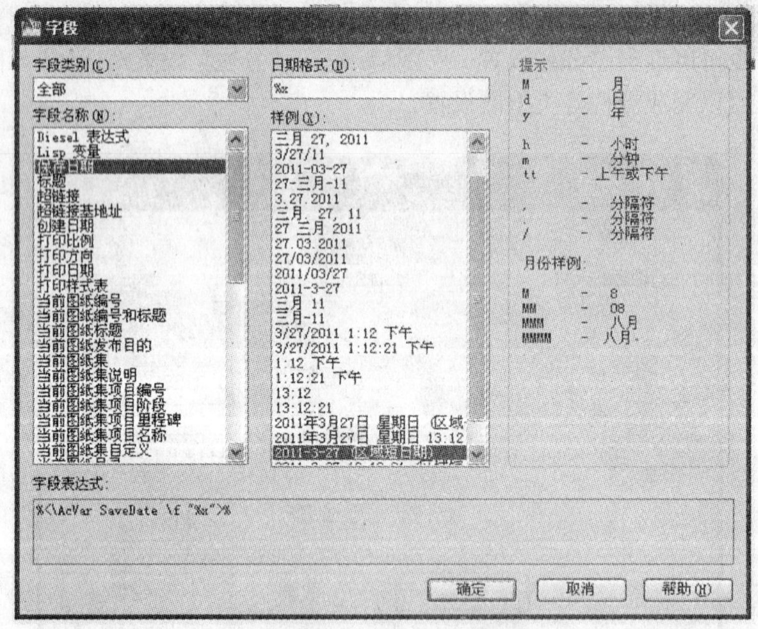

图 5-21　“字段”对话框

5.3.5　“拼写检查”选项区

拼写检查命令用于检查输入文字的拼写错误，该选项用于“编辑词典”和“拼写检查”的设置。点击编辑词典按钮，将打开“词典”对话框，如图 5-22 所示。点击拼写检查按钮，将打开“拼写检查设置”对话框，如图 5-23 所示。

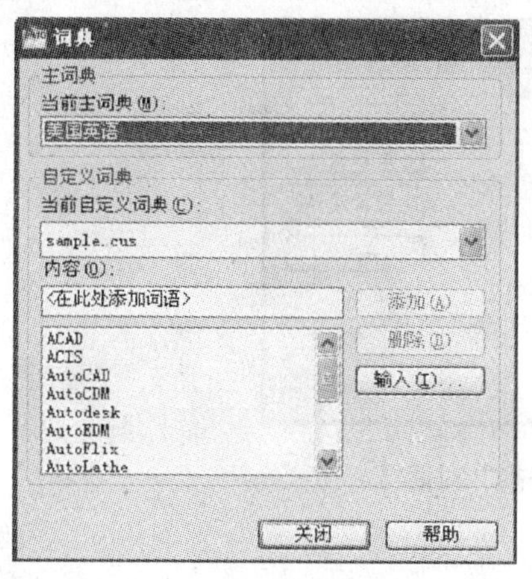

图 5-22　“编辑词典”对话框

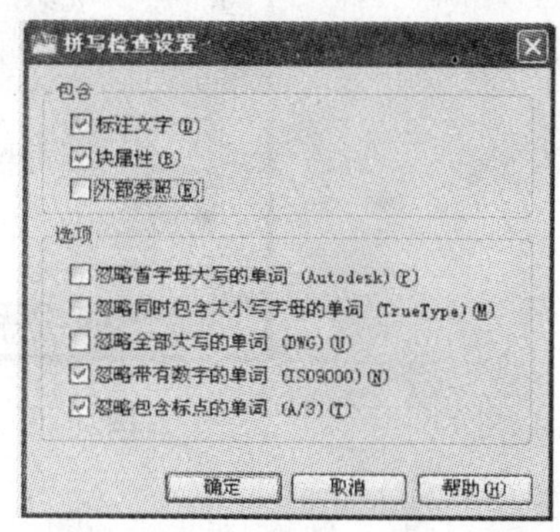

图 5-23　“拼写检查设置”对话框

启动拼写检查命令的方法如下：

（1）功能区：“注释”→“文字”→ ABC 按钮。

（2）菜单：“工具（T）”→“ABC 拼写检查（E）”图标。

（3）命令行：SPELL。

执行命令后，命令行提示选择要检查的文字对象，如果检查过程中发现错误，系统弹出“拼写检查”对话框，如图 5-24 所示。

该对话框中显示拼写错误的文字，其拼写不一定就是错误的，如果用户确认是错误的，则输入正确的拼写，单击“修改（C）”按钮，将文字拼写改正。如果用户觉得拼写正确，则单击“忽略（I）”按钮默认当前的拼写。检查完成毕后，系统弹出如图 5-25 所示的窗口。

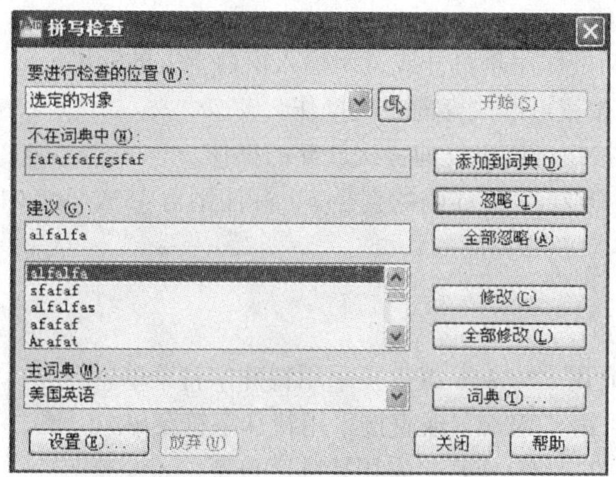

图 5-24　“拼写检查”对话框

图 5-25　拼写检查提示信息

注意：如果刚开始检查中就没有发现错误，则系统直接弹出“拼写检查完成”窗口。

5.3.6 “查找和替换”选项区

选择该命令，系统打开“查找和替换”对话框，如图 5-26 所示。用户可以从中搜索或同时替换指定的字符串，也可以设置查找的条件，如是否全字匹配、是否区分大小写等。

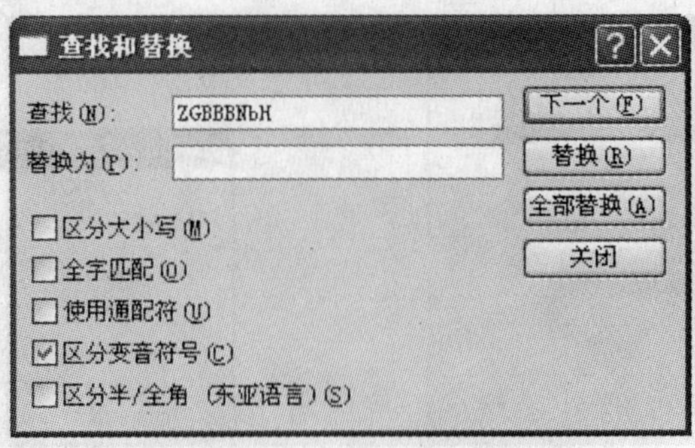

图 5-26 “查找和替换”对话框

5.3.7 “选项”选项区

在“选项”选项区中，各选项的含义如下：

（1）“☑”按钮。在该按钮的下拉菜单中，有“字符集”选择项，“删除格式”选择项，“编辑器设置”选择项。在对应的子命令中，可以选择字符集；删除段落或所有格式；始终显示为 WYSIWYG、显示工具栏、不透明背景、文字亮显颜色。如图 5-27 所示，为“文字格式”工具栏。

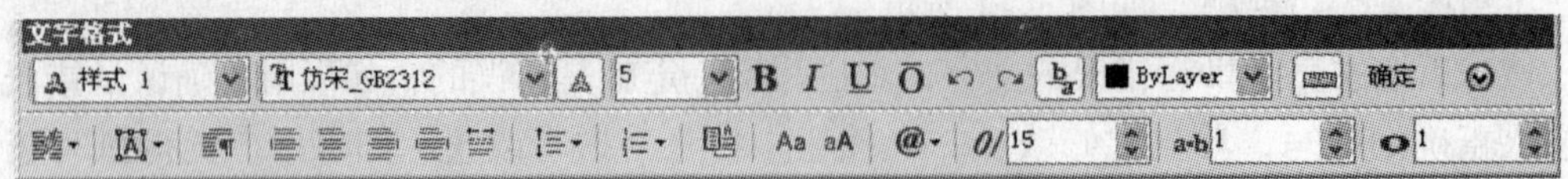

图 5-27 “文字格式”工具栏

（2）“ 标尺”按钮。该按钮的作用是打开或关闭输入窗口上方的标尺。

（3）“ 放弃”按钮。单击该按钮可以放弃前一次操作。

（4）“ 重做”按钮。单击该按钮可以重复前一次放弃的操作。

【例 5-1】 用多行文字创建下列文字：标注圆的直径 ϕ，标注倒角 45°，±0.01，$\frac{2008}{2010}$，ϕ35H11（$^{+0.16}_{\ 0}$），3/5，$^3/_5$。

操作注意：

（1）直径符号 ϕ：在文本输入时用“%%c”或直接采用特殊字符菜单。

（2）角度符号°：在文本输入时用“%%d”或直接采用特殊字符菜单。

（3）±0.01：在文本输入时用“%%d”或直接采用特殊字符菜单。

（4）$\frac{2008}{2010}$：在文本输入时输入“2008/2010”，选中“2008/2010”然后点击堆叠按钮 。

（5）ϕ35H11（$^{+0.16}_{\ 0}$）：其中括号内堆叠部分：在文本输入时输入“+0.16^ 空格 0”，然后选中它，点击堆叠按按钮 。

（6）$^3/_5$：在文本输入时输入“3#5”，选中“3#5”然后点击堆叠按钮 。

5.4 表格

表格命令改变了以往要利用直线命令来绘制表格的方式，提高了工作效率。以下介绍创建表格、插入表格及编辑表格。

5.4.1 创建表格

表格样式控制一个表格的外观。使用表格样式，可以保证标准的字体、颜色、文本、高度和行距。用户可以使用默认的表格样式或自定义样式来满足绘制的需要。

启动创建表格命令的方法如下：

（1）功能区：“注释”→“表格”→ 按钮。

（2）菜单：“格式（O）”→“表格样式（B）”图标。

（3）命令行：TABLESTYLE。

执行该命令后，打开“表格样式”对话框，如图 5-28 所示。在该对话框中，单击“新建（N）”按钮，系统打开“创建新的表格样式”对话框，如图 5-29 所示。

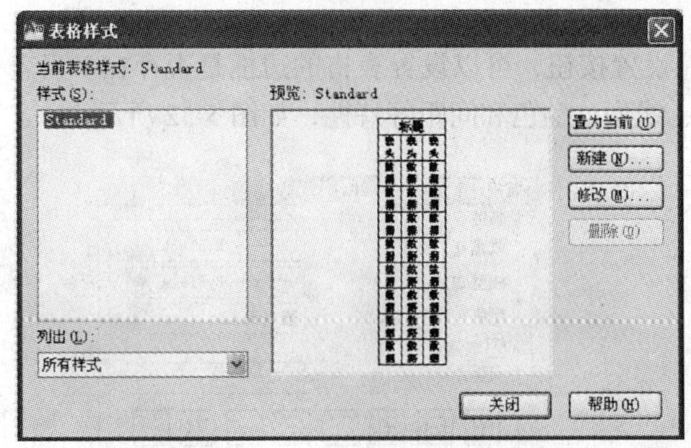

图 5-28 “表格样式”对话框

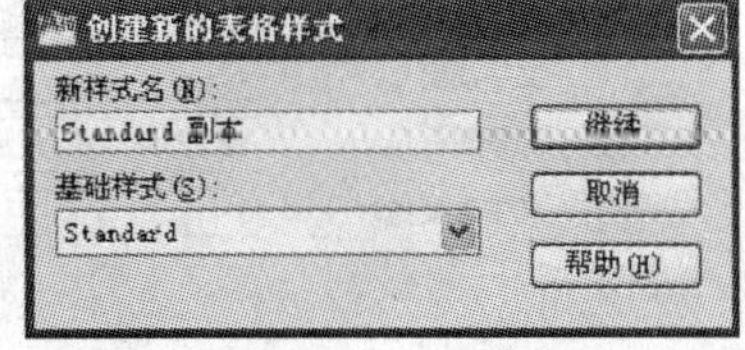

图 5-29 “创建新的表格样式”对话框

在“新样式名”文本框中输入新的表格样式名，在“基础样式”下拉列表中选择默认的表格样式、标准的或者任何已经创建的样式，新样式将在该样式的基础上进行修改，然后单击“继续”按钮，将打开“新建表格样式”对话框，用户可以通过它指定表格的单元样式、表格方向、单元样式预览等内容，如图 5-30 所示。

其中单元样式分标题、表头、数据、创建单元样式和管理单元样式，对应的三个选项卡的内容基本相同，可以分别指定单元样式的常规特性、文字特性和边界特性。

（1）“常规”选项卡。包含“特性”和“页边距”两个选项组，其中“特性”选项组用于设置表格的填充颜色、对齐方向、格式、类型等；“页边距”选项组用于设置单元边框和单元内容之间的水平和垂直间距。

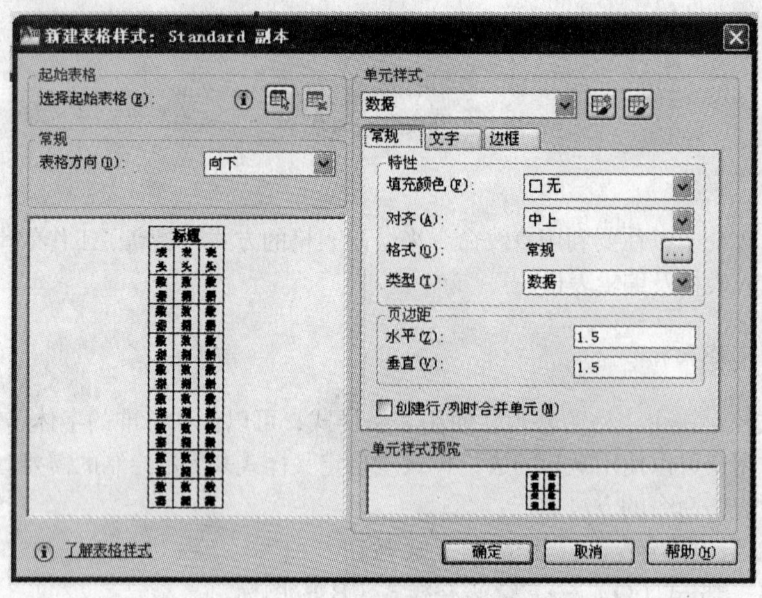

图 5-30 “新建表格样式”对话框

（2）“文字”选项卡。设置表格单元中的文字样式、高度、颜色和角度等特性。数据和表头单元样式的默认文字高度为4.5，标题单元样式的默认文字高度为6，如图5-31所示。

（3）“边框”选项卡。单击“边框”设置按钮，可以设置表格的边框是否存在。当表格具有边框时，还可以设置表格的线宽、线型、颜色和间距等特性，如图5-32所示。

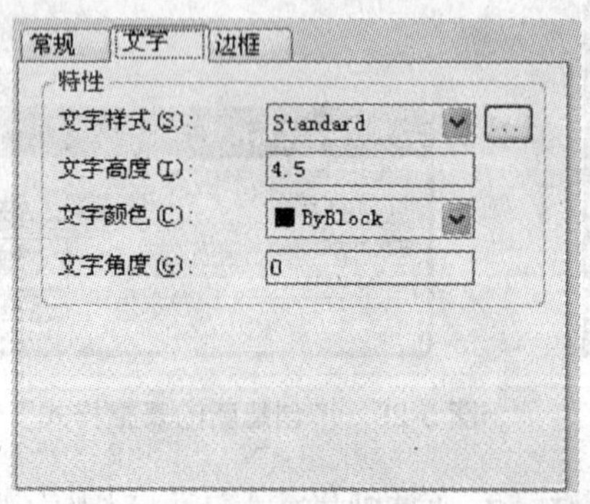

图 5-31 “文字”选项卡

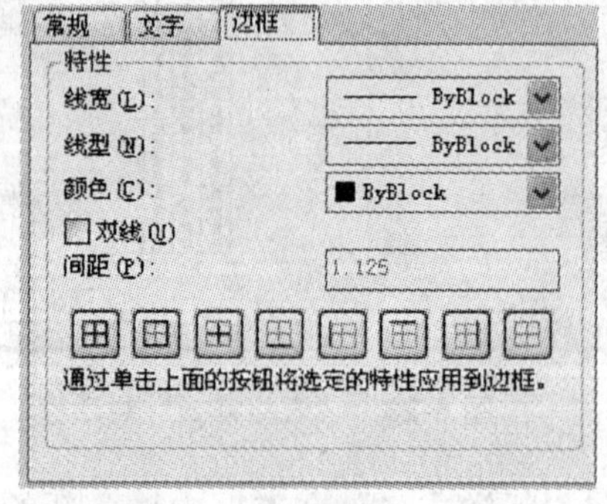

图 5-32 “边框”选项卡

5.4.2 插入表格

启动插入表格命令的方法如下：

（1）功能区：“注释”→“表格”→ ▦ 按钮。

（2）菜单：“绘图（X）”→“▦ 表格 ...”图标。

（3）命令行：TABLE。

执行命令后，系统弹出“插入表格”对话框，如图5-33所示。

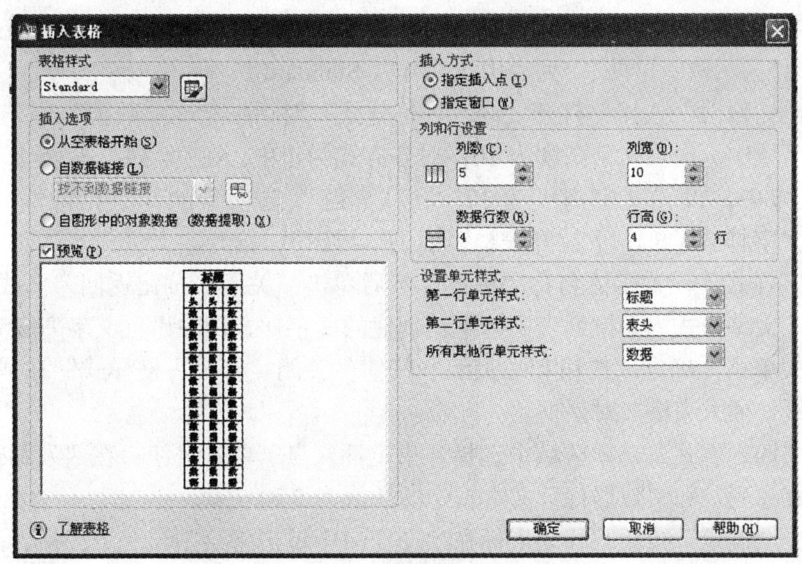

图 5-33 “插入表格”对话框

该对话框中各选项的含义如下：

（1）“表格样式”选项区。该选项区用于设置、指定表格样式。单击按钮系统弹出“表格样式”对话框，如图 5-28 所示。在该对话框中可以新建、修改表格样式。

（2）“插入方式”选项区。选中“指定插入点（I）”单选按钮，则表示表格大小已经确定，将以左上角为基点把表格插入到绘图窗口中；选中“指定窗口（W）”单选按钮，则表示列数确定，但列宽度、行数、行高都没有指定，需要在绘图窗口中指定两点形成一个矩形，表格在该矩形中创建。

（3）“插入选项”选项区。选择“从空表格开始（S）”单选按钮，可以创建一个空的表格；选择“自数据链接（L）”单选按钮，可以从外部导入数据来创建表格；选择“自图形中的对象数据（数据提取）（X）”单选按钮，可以用于从输出到表格或外部文件的图形中，提取数据来创建表格。

（4）“列和行设置”选项区。可以通过改变“列”、“列宽”、“数据行”和“行高”文本框中的数值来调整表格的外观大小。

【例 5-2】 创建如图 5-34 所示的表格内容。

（1）功能区：“注释”→“表格”→按钮，打开“插入表格”对话框。

钻模				
序号	**名称**	**数量**	**材料**	**备注**
1	底座	1	HT150	
2	钻模版	1	40	
3	钻套	3	40	
4	轴	1	40	
5	开口垫片	3	40	
6	六角螺母	3	35	

图 5-34 表格

（2）在“表格样式设置”选项区域中单击“表格样式”列表框后面的按钮，打开“表格样式”对话框，并在“样式”列表中选择样式 Standard。

（3）单击“修改”按钮，打开“修改表格样式”对话框，在“数据”选项卡的“单元特性”选项区域中，设置文字高度为 10，对齐方式为正中；在“表头”选项卡的“单元特性”选项区域中，设置文字高度为 10；在“标题”选项卡的“单元特性”选项区域中，单击“文字样式（S）”下拉列表框后面的 ... 按钮，打开“文字样式”对话框，创建一个新的文字样式，设置字体名称为黑体，然后单击“关闭”按钮返回“修改表格样式”对话框，在“文字样式”下拉列表中选中新创建的文字样式，并设置文字高度为 20。

（4）依次单击“确定”按钮和“关闭”按钮，关闭“修改表格样式”和“表格样式”对话框，返回“插入表格”对话框。

（5）在“插入方式”选项区域中选择“指定插入点”单选按钮；在“列和行设置”区域中分别设置“列”和“数据行”文本框中的数值为 5 和 6。

（6）单击“确定”按钮，移动鼠标在绘图窗口中单击将绘制出一个表格，此时表格的最上面一行处于文字编辑状态，在表单元中输入文字即可。

5.4.3 编辑表格及表格单元

在 AutoCAD 中，可以先创建表格后再插入，或在插入表格时编辑表格，用户还可以使用表格的快捷菜单来编辑表格。当选中整个表格时，其快捷菜单如图 5-35 所示，当选中表格单元时，其快捷菜单如图 5-36 所示。

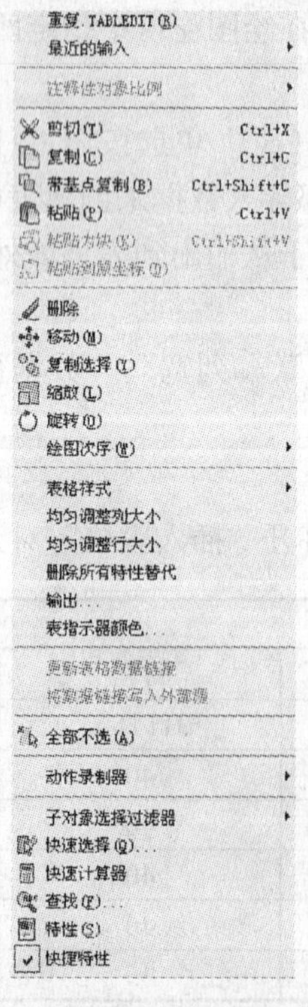

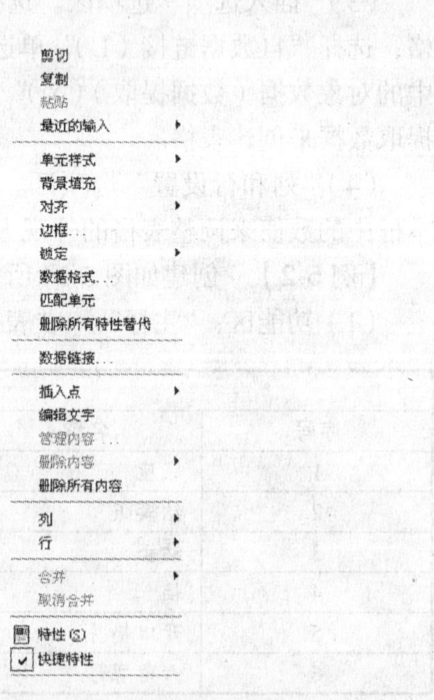

图 5-35 选中整个表格时的快捷菜单　　图 5-36 选中表格单元时的快捷菜单

1. 编辑表格

从表格的快捷菜单中可以看到，用户可以对表格进行剪切、复制、删除、移动、缩放、旋转等简单操作，还可以均匀调整表格的行、列大小。当选择“输出”命令时，还可以打开“输出数据”对话框，以（*.csv）格式输出表格中的数据。

当选中表格后，在表格的四周、标题行上将显示许多夹点，用户也可以通过拖动这些夹点来编辑表格，如图 5-37 所示。

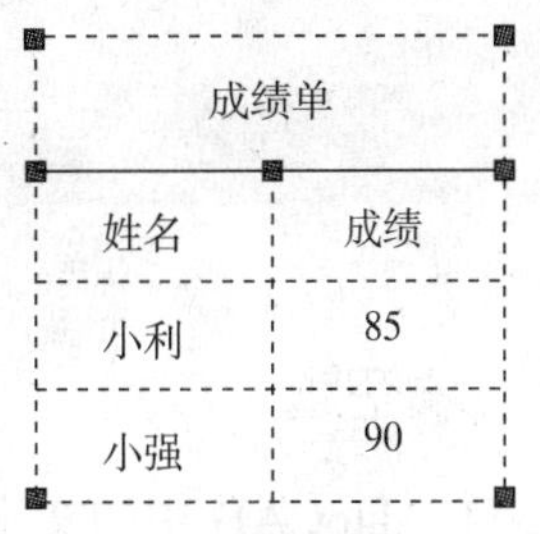

成绩单	
姓名	成绩
小利	85
小强	90

图 5-37　显示表格的夹点

2. 编辑表格单元

选中表格单元时的快捷菜单，其主要命令选项的功能说明如下：

（1）“单元对齐”命令。在该命令的子命令中可以选择表格单元对齐方式，如左上、左下等。

（2）“单元边框”命令。选择该命令将打开“单元边框特性”对话框，可以设置单元格边框的线宽、颜色等特性，如图 5-38 所示。

（3）“匹配单元”命令。用当前选中的表格单元格式（源对象）匹配其他表格单元（目标对象），此时鼠标指针变为刷子形状，单击目标对象即可进行匹配。

（4）“插入块”命令。选择该命令即可打开“在表格单元中插入块”对话框。用户可以从中选择插入到表格中的块，并设置块在表格单元中的对齐方式、比例和旋转角度等特性，如图 5-39 所示。

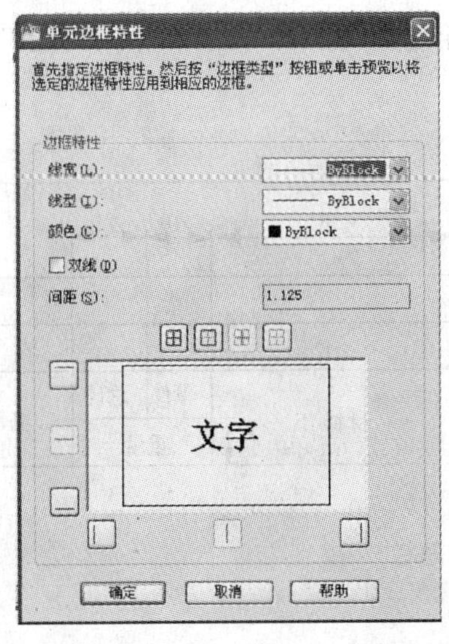

图 5-38　“单元边框特性”对话框

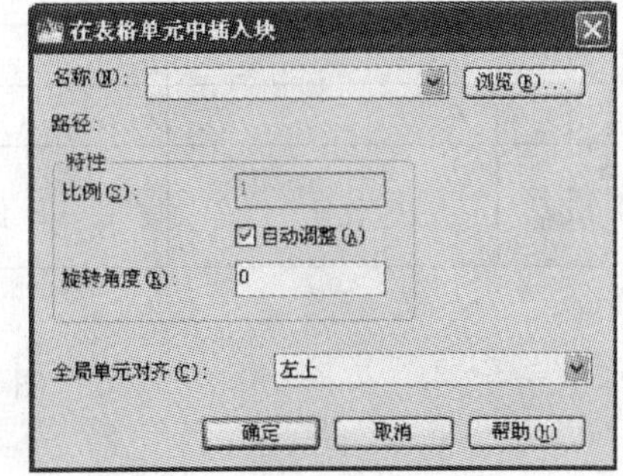

图 5-39　“在表单元中插入”对话框

（5）“合并单元”命令。当选中多个连续的表格单元格后，使用该命令的子命令，可以全部、按列或按行合并表格单元。

思考与操作

一、填空题

1. AutoCAD 中的文字包含 ________ 与 ________ 两类。

2. 创建单行文字时，要输入直径符号“ϕ”，可输入 ________ 控制代码；要输入正负号“±”，可输入 ________ 控制代码。

3. 创建多行文字时，要输入直径、正负号、度数等符号时，可以 ________。

4. 表格样式主要用于控制表格的 ________________。

二、问答题

1. 如何创建和修改文字样式？

2. 如何修改单行与多行文字？

3. 要编辑表格内容，怎么办？

4. 要合并若干相邻表单元，怎么办？

5. 如何设置若干表格内容的对齐方式？怎样设置表格的边框？

三、操作题

使用多行文字书写技术要求，并利用表格方法绘制如图 5-40（a）和（b）所示明细表和标题栏。

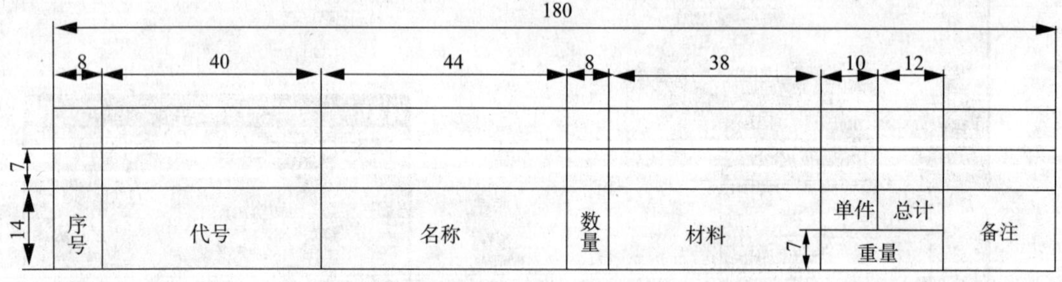

（a）

图 5-40 明细栏及标题栏

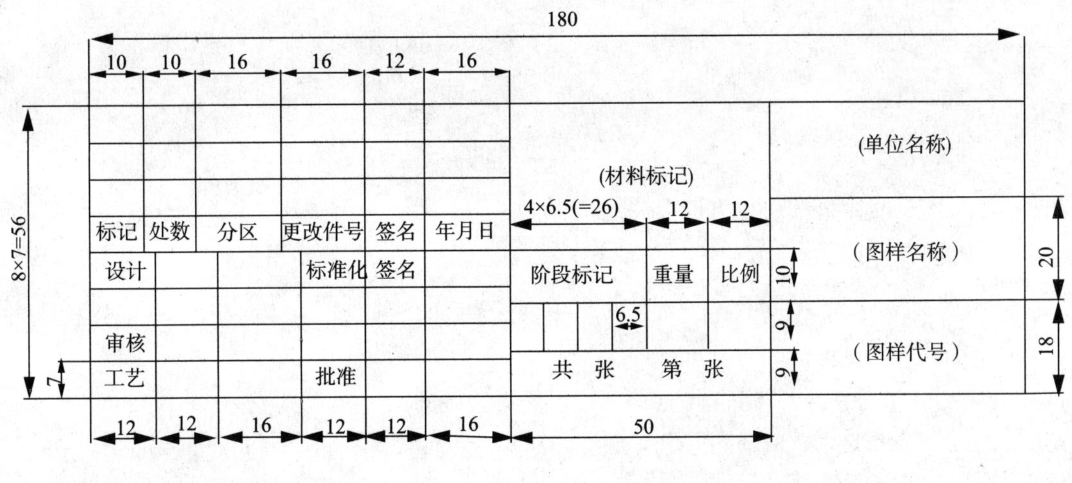

（b）

图 5-40　明细栏及标题栏（续）

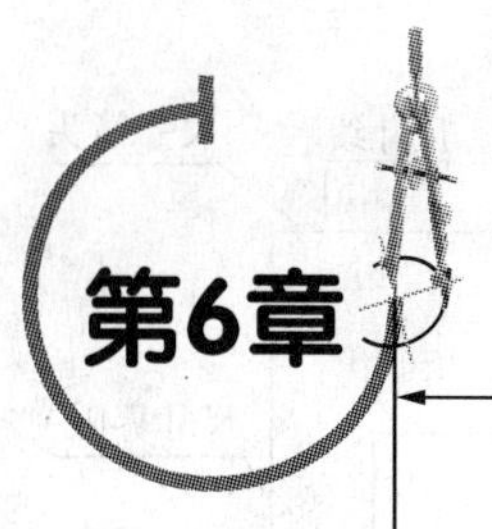

第6章 尺寸标注

学习要点

- 尺寸标注的组成
- 尺寸标注设置
- 标注尺寸

图形仅仅表征了物体的结构形状，而物体的真实大小和相对位置需要通过尺寸标注来体现，所以物体的大小以标注的尺寸为准。

6.1 尺寸标注的规则与组成

6.1.1 尺寸标注的规则

在 AutoCAD 2010 中，对绘制的图形进行尺寸标注时，应遵循以下规则：

（1）物体的真实大小应以图样上所标注的尺寸数值为依据，与图形的大小及绘图的准确度无关。

（2）图样中的尺寸以 mm 为单位时，不需要标注计量单位的代号或名称。如采用其他单位，则必须注明相应计量单位的代号或名称，如°、m 及 cm 等。

（3）图样中所标注的尺寸为该图样所表示的物体的最后完工尺寸，否则应另加说明。

（4）物体的每一尺寸，一般只标注一次，并应标注在形状和位置特征最明显的图形上。

（5）为了使图形清晰，尺寸尽量标注在图形的外侧。单方向有一系列圆时，尺寸尽量注在非圆的投影图上。

6.1.2 尺寸标注的组成

在机械图样或其他工程图样中，一个完整的尺寸应当由尺寸文本、尺寸线、尺寸界线和尺寸终端组成，如图 6-1 所示。

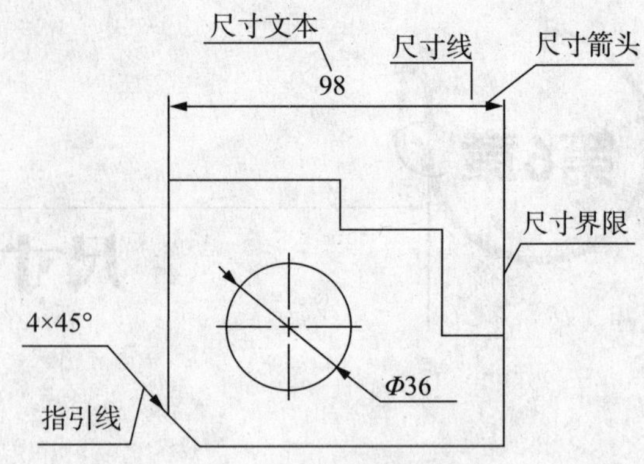

图 6-1 尺寸标注的组成

（1）尺寸文本：用于表示尺寸测量值的字符串。文字可以包含前缀、后缀和公差。

（2）尺寸线：用于表示尺寸度量的方向。尺寸线通常使用尺寸终端作为起止点。

（3）尺寸界线：用于表示尺寸度量的范围。可以从图形的轮廓线、轴线、对称中心线引出，也可以以图形轮廓作为尺寸界线。一般情况下，尺寸界线垂直于尺寸线。

（4）尺寸终端：用于表示尺寸的起止点。可以用实心箭头、45º 斜线、单边箭头及小黑点等形式来表示。

6.2 设置尺寸标注样式

尺寸标注样式是尺寸标注设置的命名集合，可以用来控制标注的外观，如箭头样式、文字位置和尺寸公差等。打开 AutoCAD 新图形时，系统默认的标注样式为 ISO-25。用户可以创建新的标注样式或在标注过程中修改标注样式。

设置尺寸标注样式的方法如下：

（1）功能区："注释" → "标注" → 按钮。

（2）菜单："标注（N）" → "标注样式（S）…" 图标。

（3）命令行：DDIM。

执行该命令后，系统弹出"标注样式管理器"对话框，如图 6-2 所示。

该对话框中各选项的含义如下：

（1）"样式（S）："文本框。列出存在的所有标注样式的名称。

（2）"当前标注样式"文本框。当前选中的标注样式的预览。

（3）"置为当前（U）"按钮。单击该按钮，将"样式"文本框选中的样式置为当前使用的标注样式。

（4）"新建（N）..."按钮。用于创建一个新的尺寸标注样式。用户单击该按钮，系统弹出如图 6-3 所示的"创建新标注样式"对话框。

"创建新标注样式"对话框各选项含义如下：

1）"新样式名（N）"：用于输入要创建的标注新样式的名称。

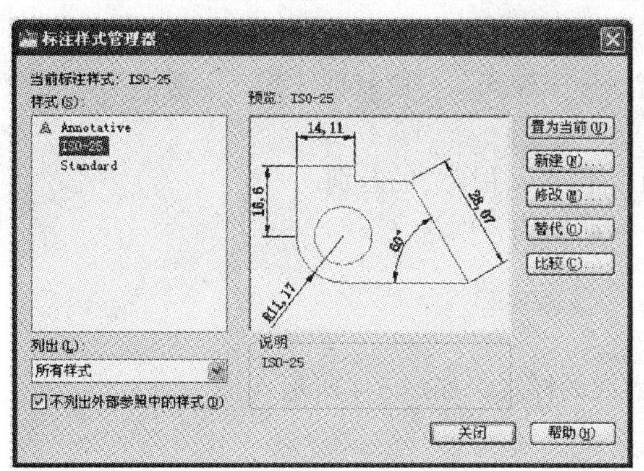

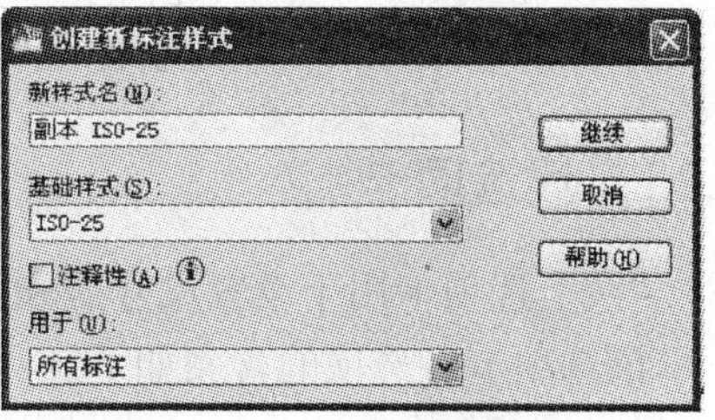

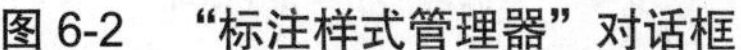
图 6-2 “标注样式管理器”对话框

图 6-3 “创建新标注样式”对话框

2）“基础样式（S）”：选择一种原有的标注样式作为新样式的基础样式，新样式可以在基础样式上修改形成。系统默认基础样式为 ISO-25。

3）“用于（U）”：指定新样式的应用范围。

设置好上述各选项后，单击“继续”按钮，弹出“新建标注样式”对话框，如图 6-4 所示。

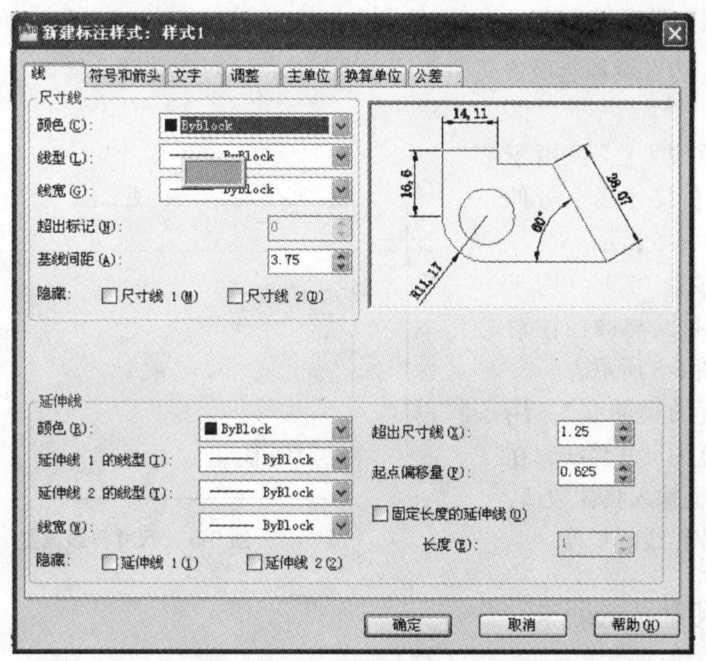

图 6-4 “新建标注样式”对话框

（5）“修改（M）...”按钮用于修改当前尺寸标注样式，已有的尺寸标注被替换为修改后的标注样式。修改后的标注样式同时应用于即将标注的尺寸，但只对当前图形文件有效，不能应用于其他图形文件。用户单击该按钮，系统将弹出内容和“新建标注样式”对话框完全一样的“修改标注样式”对话框。

（6）“替代（O）...”按钮用户可以在该对话框中设置临时的尺寸标注样式，以替代当前尺寸标注的相应设置。其内容和创建“新标注样式”、“修改标注样式”对话框是完全一样的“替代当前样式”对话框。

（7）“比较（C）...”按钮用于比较两个不同标注样式的差别。

下面将详细介绍“创建新标注样式”对话框的各项含义。

6.2.1 线选项卡

“线”选项卡用于设置尺寸线和尺寸界线的样式，如图6-4所示。

该选项卡各选项的含义如下：

1.“尺寸线”选项区

“尺寸线”：用于设置尺寸线的颜色、线型和线宽，默认为“ByBlock（随块）”选项。建议取“Bylayer（随层）”选项，便于整体改变尺寸标注的线型、颜色和线宽等。

“超出标记（N）”：当尺寸终端使用建筑标注（45°斜线）时，用于指定超出尺寸线之间的距离。

“基线间距（A）”：当使用“基线标注”命令时，设置基线标注的尺寸线之间的距离。

“隐藏”：用于设置是否隐藏一条或两条尺寸线。

2.“延伸线”选项区

该选项区左边区域各选项含义和“尺寸线”选项区对应选项一样。右边区域各项含义如下：

“超出尺寸线（X）”：用于指定尺寸界线在尺寸线上方伸出的距离，如图6-5所示。

“起点偏移量（F）”：用于指定尺寸界线起点与被标注对象的距离，如图6-5所示。

“固定长度的延伸线”：用于设置固定长度的尺寸界线，在“长度（E）”后面输入具体数值，该数值就是尺寸界线的长度。

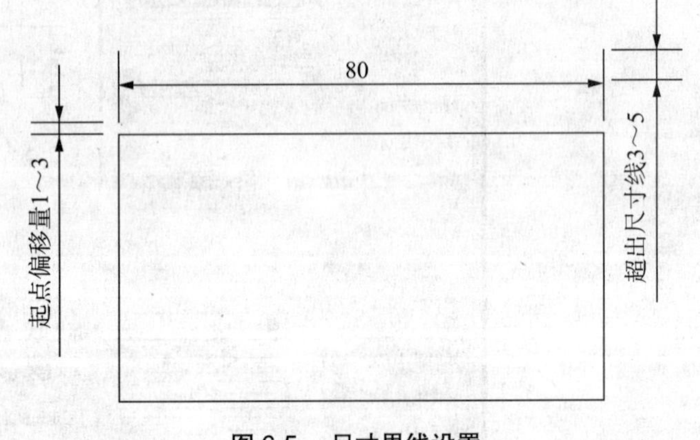

图6-5　尺寸界线设置

6.2.2 符号和箭头选项卡

“符号和箭头”选项卡用于设置圆心标记、弧长符号和箭头的样式，如图6-6所示。

该选项卡各选项的含义如下：

1.“箭头”选项区

（1）“第一个（T）”、“第二个（D）”用以选择起止位置箭头的类型。

（2）“引线（L）”用以选择引线标注的类型。

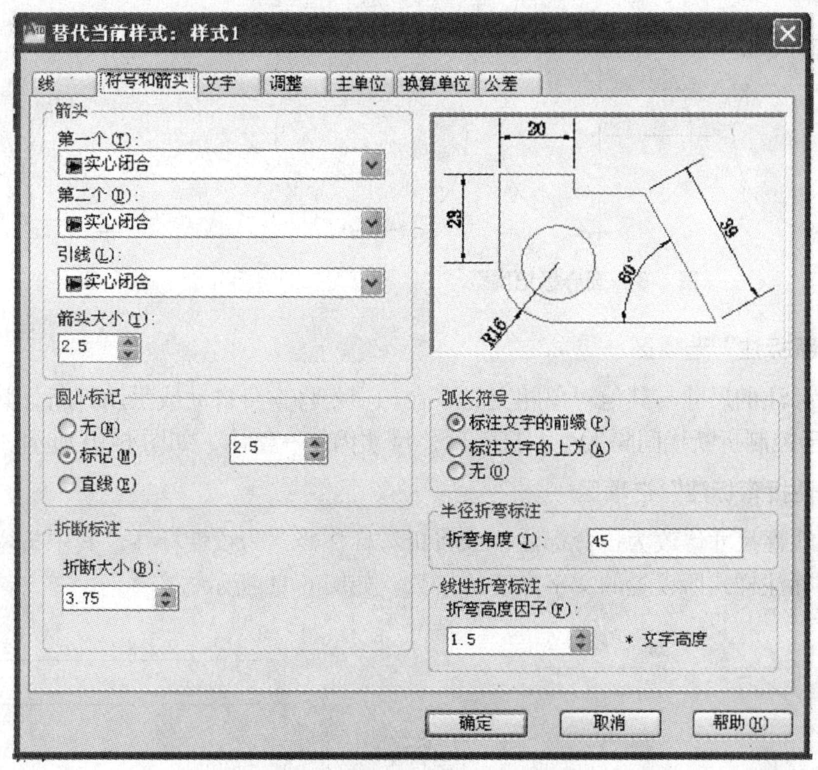

图 6-6 “符号和箭头”选项卡

（3）“箭头大小（I）”用以指定箭头的长度大小，如图6-7所示。

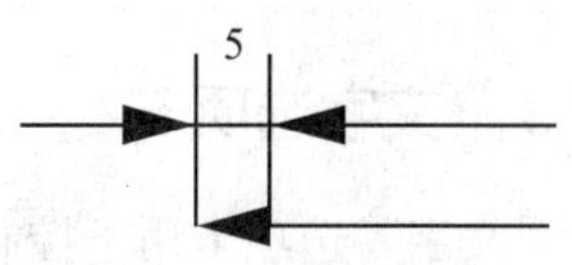

图 6-7 箭头大小

2.“圆心标记”选项区

用于控制直径标注和半径标注的圆心标记和中心线的外观。

（1）“标记（M）”选项：对圆或圆弧绘制圆标记；

（2）“直线（E）”选项：对圆或圆弧绘制中心线；

（3）“无（N）”选项：没有任何标记。

各选择项选定后，其效果如图6-8所示。当选择“标记”或“直线”单选按钮时，可以在后面的文本框中设置圆心标记的大小。

3.“弧长符号”选项区

用于控制弧长标注中圆弧符号的显示位置。可标注文字的前缀，也可标注文字的上方，或无符号标记。

4.“半径折弯标注”选项区

用于控制折弯（Z字形）半径标注的显示，折弯半径标注通常在圆或圆弧的圆心位于图形外部时创建。“折弯角度”用于确定折弯半径标注中，尺寸线横向线段的角度，如图6-9所示。

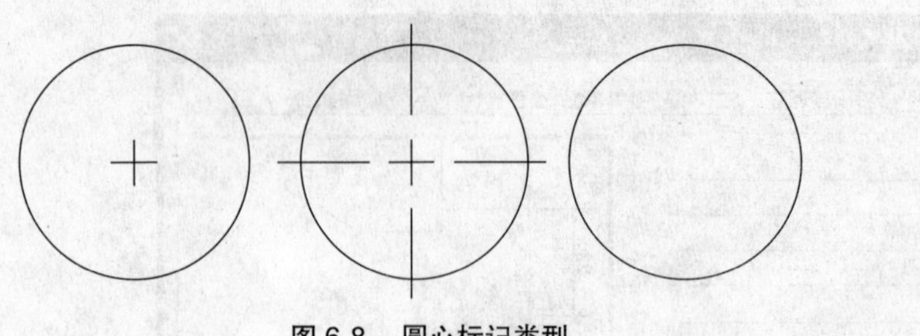

图 6-8　圆心标记类型　　　　图 6-9　折弯标注

5.“打断标注”选项区

用于所标注的尺寸与其他对象相交时，在相交处将本身自动或手动打断，其中折断大小（B）用于控制折断线间隔大小。打断后，尺寸仍是一整体，如图 6-10 所示。

6.“线性折弯标注”选项区

用于将线性尺寸修改为折弯标注，或将折弯标注修改为线性标注，其中折弯高度因子（F）为当前标注样式所设置的文字高度的倍数。如图 6-11 所示。

图 6-10　“打断”标注　　　　图 6-11　“线性折弯”标注

6.2.3　文字选项卡

“文字”选项卡用于控制标注文字的样式，可以设置标注文字的外观、位置和对齐方式，如图 6-12 所示。

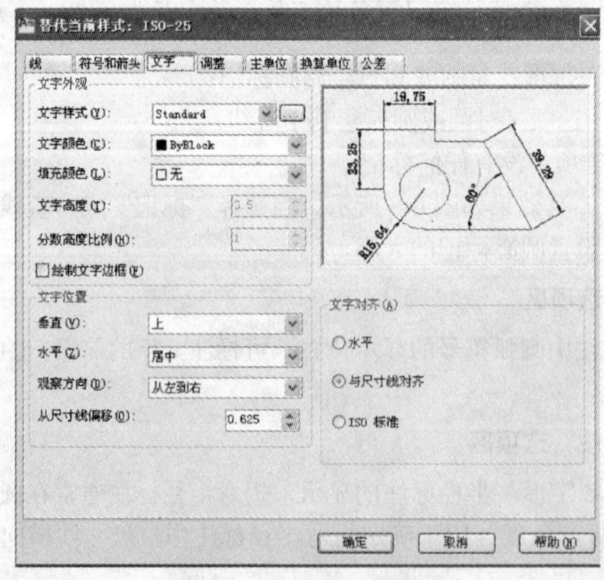

图 6-12　“文字”选项卡

1. “文字外观”选项区

用于设置文字的样式、颜色、高度和分数高度比例，以及控制是否绘制文字边框等。

各选项的含义如下：

（1）“文字样式（Y）”列表框：用于选择文字样式。也可以单击其右边的 按钮，打开如图 6-13 所示的“文字样式”对话框，选择文字样式或新建文字样式。

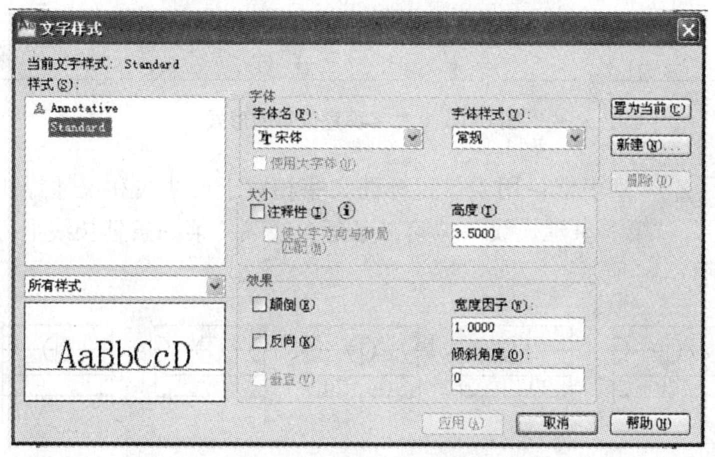

图 6-13 “文字样式”选项卡

（2）“文字颜色（C）”列表框：用于选择标注文字的笔画颜色，也可以用变量 DIMCLRT 设置。

（3）“填充颜色（L）”列表框：用于在标注文字区域涂上指定的颜色背景。

（4）“文字高度（T）”文本框：用于设置标注文字的高度，也可以用变量 DIMTXT 设置。

（5）“分数高度比例（H）”文本框：当用分数形式标注图形时，设置相对于标注文字的分数比例。只有在“主单位”选项卡上选择“分数”作为“单位格式”时，此选项才可用。在此处输入的值再乘以文字高度，可以确定标注分数相对于标注文字的高度。

（6）“绘制文字边框（F）”复选框：用于是否给文字添加边框，如图 6-14 所示。

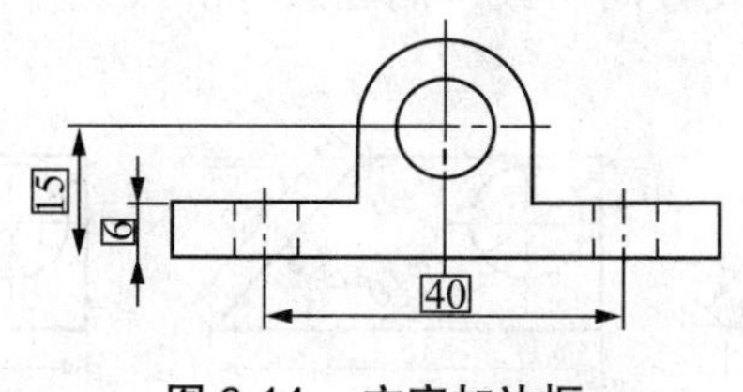

图 6-14 文字加边框

2. “文字位置”选项区

用于设置文字的垂直、水平位置以及距离尺寸线的偏移量。各选项的含义如下：

（1）“垂直（V）”列表框：用于设置标注文字相对于尺寸线在垂直方向的位置，如“置中”、“上方”、“外观”、JIS 和“下方”。其中，选择“置中”选项可以把标注文字放在尺寸线中间；选择“上方”选项，将把标注文字放在尺寸线的上方；选择“外部”选项可以把标注文字放在远离第一定义点的尺寸线一侧；选择 JIS 选项则按 JIS 规则放置标注文字；选择“下方”选项，将把标注文字放在尺寸线的下方，如图 6-15 所示。

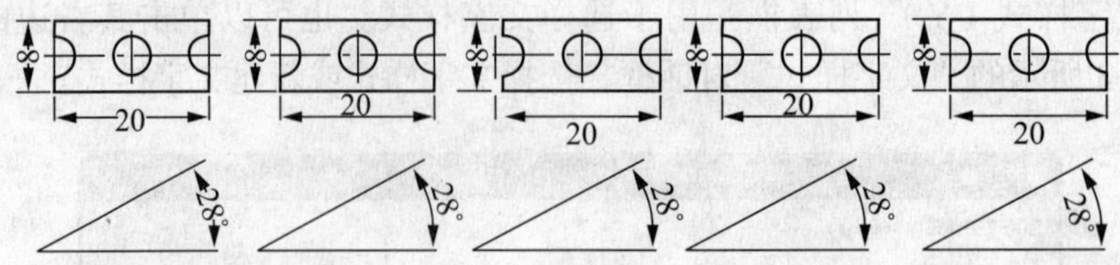

图 6-15　文字垂直位置的形式

（2）“水平（Z）”列表框：用于设置标注文字相对于尺寸线和尺寸界线在水平方向的位置，如“置中”、“第一条延长线”、“第二条延长线”、“第一条延长线上方”、“第二条延长线上方”，如图 6-16 所示。

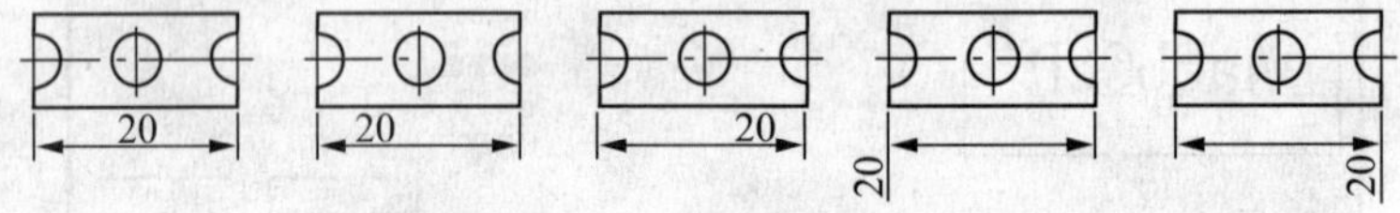

图 6-16　文字水平位置的形式

（3）“观察方向（D）”列表框：用于确定文字的识读方向，一般为从左到右。

（4）“从尺寸线偏移（O）”文本框：用于设置标注文字与尺寸线之间的距离。如果标注文字位于尺寸线的中间，则表示断开处尺寸线端点与尺寸文字的间距。若标注文字带边框可以控制文字边框与文字的距离。

3. “文字对齐（A）”选项区

用于设置文字的放置方式，其中各选项的含义如下：

（1）“水平”单选按钮：使标注的文字始终水平放置，如图 6-17（a）所示。

（2）“与尺寸线对齐”单选按钮：使标注的文字和尺寸线方向一致，如图 6-17（b）所示。

（3）“ISO 标准”单选按钮：使标注的文字按 ISO 标准放置，当标注的文字在尺寸界线之内时，它的方向与尺寸线方向一致；而在尺寸界线之外时，将水平放置。如图 6-17（c）所示。

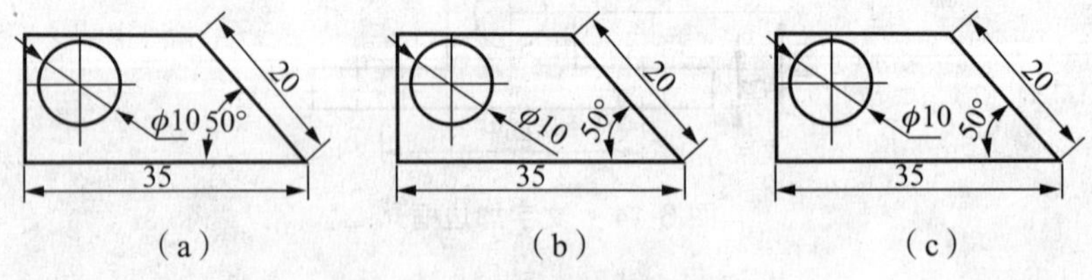

图 6-17　文字对齐方式

6.2.4　调整选项卡

“调整”选项卡用于当尺寸文本、尺寸线、尺寸界线、箭头中某项不能满足其设置时，调整它们中的相互位置关系，如图 6-18 所示。

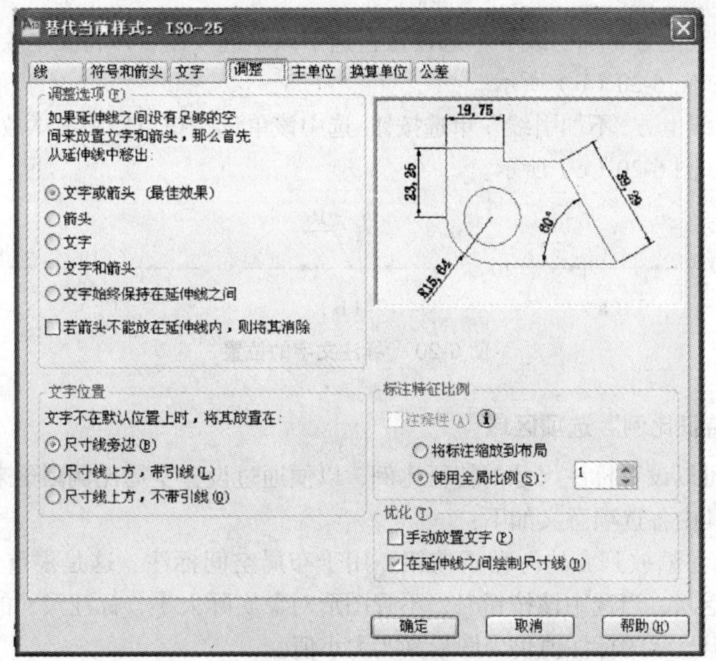

图 6-18　“调整”选项卡

1.“调整选项（F）”选项区

用于当尺寸界线空间不足时，确定箭头和文本相对尺寸界线的放置位置。该选项区域中各选项含义如下：

（1）“文字或箭头（最佳效果）”单选按钮：按最佳效果自动移出文本或箭头。

（2）“箭头”单选按钮：只将箭头移出，如图 6-19（a）所示。

（3）“文字”单选按钮：只将文字移出，如图 6-19（b）所示。

（4）“文字和箭头”单选按钮：将文字和箭头都移出，如图 6-19（c）所示。

（5）“文字始终保持在延伸线之间”单选按钮：将文本始终保持在尺寸界限之内，相关的标注变量为 DIMTIX，如图 6-19（d）所示。

（6）“若不能放在延伸线内，则消除箭头”复选框：如果选中该复选框可以抑制箭头显示，也可以使用变量 DIMSOXD 设置。

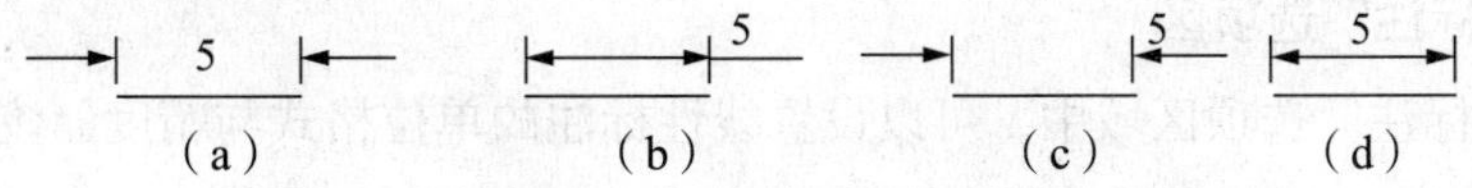

图 6-19　标注文字和箭头在尺寸界线间的放置

2.“文字位置”选项区

用于确定文本移出尺寸线后的放置方式。该选项区域中各选项含义如下：

（1）“尺寸线旁边”单选按钮：选中该单选按钮可以将文本放在尺寸线旁边，如图6-20（a）所示。

（2）“尺寸线上方，加引线”单选按钮：选中该单选按钮可以将文本放在尺寸的上方，并加上引线，如图6-20（b）所示。

（3）“尺寸线上方，不加引线”单选按钮：选中该单选按钮可以将文本放在尺寸的上方，但不加引线，如图6-20（c）所示。

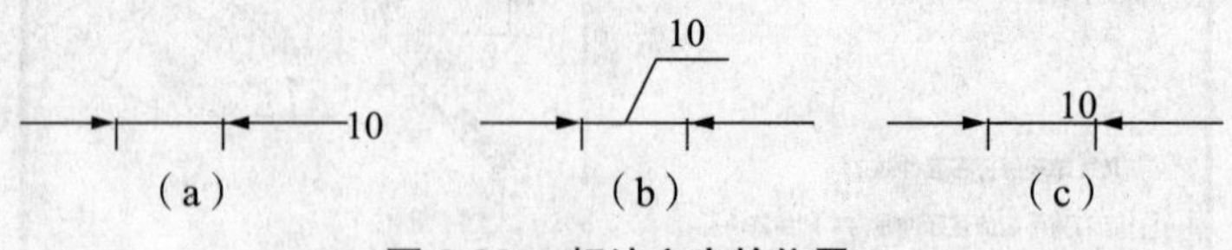

图6-20 标注文字的位置

3.“标注特征比例”选项区域

该选项区可以设置标注尺寸的特征比例，以便通过设置全局比例因子来增大或减小各标注的大小。其中各选项意义如下：

（1）“将标注缩放到布局”单选按钮：用于布局空间标注。这是很重要的一个按钮，只能用于布局空间，当选中该按钮时，不管图形对象实际大小，标注尺寸的大小与当前视图大小相关，但显示的标注值仍为图形真实大小值。

（2）“使用全局比例（S）”单选按钮：用于设置标注和被标注对象之间的比例关系，在其右边的文本框中可以输入比例系数。例如，当标注长度为1000的直线时，为了能清楚地辨认标注尺寸数值，可通过设置大于1的全局比例，利用这种方式标注，显示仍然是1000，但文字高度、箭头等尺寸组成变大了，这种情形在标注大图时经常使用。

4.“优化”选项区域

在该选项区中，可以对标注文字和尺寸线进行细微调整，该选项区域包括两个复选框，各选项的含义如下：

（1）“手动放置文字（P）”复选框：当用户标注尺寸时，可以手动调整文字的位置。

（2）“在延伸线之间绘制尺寸线（D）”复选框：用于确定当文本不在尺寸界线内时，是否显示尺寸线。

6.2.5 主单位选项卡

“主单位”选项卡用于设置尺寸数值的精度及文本标注的前、后缀，如图6-21所示。

1.“线性标注”选项区

在“线性标注”选项区域中，可以设置线性标注的单位格式与精度，该选项区域中各选项含义如下：

（1）“单位格式（U）”列表框：用于设置除角度标注之外，其余各标注类型的尺寸单位。包括“科学”、“小数”、“工程”、“建筑”、“分数”及“Windows桌面”等选项。机械图样一般采用小数。

（2）“精度（P）”列表框：用于设置除角度标注之外的其他标注的尺寸精度，精度形式随单位格式不同而不同。

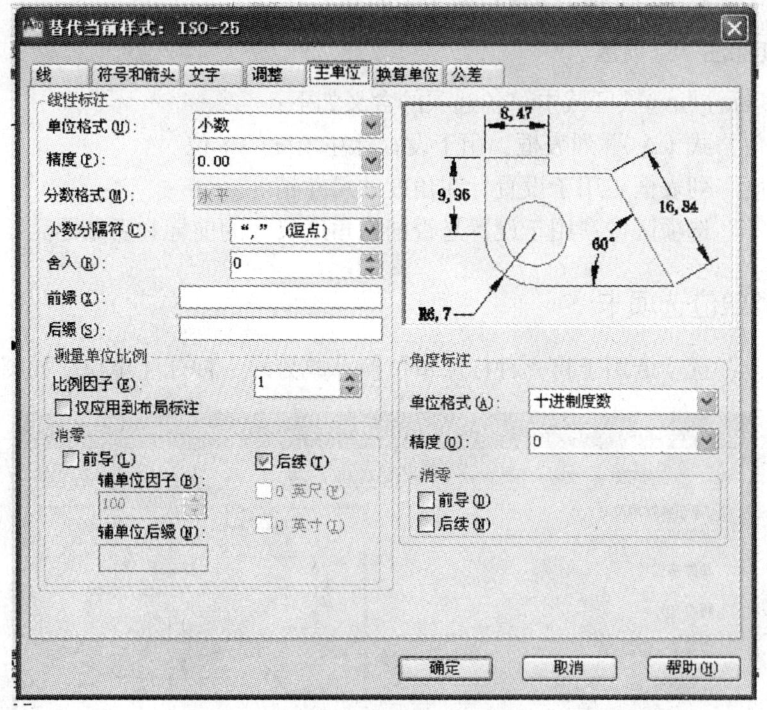

图 6-21 "主单位"选项卡

（3）"分数格式（M）"列表框：用于设置分数的显示形式。只在当"单位格式（U）"选择建筑和分数时才可以设置其显示形式，包括"水平"、"对角"和"非堆叠"三种方式。

（4）"小数分隔符（C）"下拉列表框：用于设置小数和整数分隔符的样式，也是"小数点"的样式，包括"逗点"、"句点"和"空格"3种方式。

（5）"舍入（R）"文本框：用于设置除角度标注以外的尺寸测量值的舍入值，例如，当指定该数值为5时，舍入规则就是四舍五入。

（6）"前缀（X）"和"后缀（S）"文本框：用于设置标注文本的前缀和后缀，可以输入文字或用控制代码显示特殊字符。

2. "测量单位比例"选项区

"测量单位比例"选项区各选项的含义如下：

（1）"比例因子（E）"文本框：用于指定标注数值相对于对象真实值的比例因子。例如，如果对象长度为2000、比例因子为0.5，那么尺寸标注显示的数值为1000。绘图时采用1:1绘图，如画5m长的轴，用A0号图纸出图，先用SCALE命令将其缩小为1:5，然后标注设置就用到"测量比例因子"，将其设为5，标注所测量出来的尺寸则为实体的实际尺寸。

（2）"仅应用到布局标注"复选框：可以设置该比例关系是否仅适用于布局。

3. "消零"选项区

"消零"选项区各选项的含义如下：

（1）“前导（L）”：消除整数前面的0。

（2）“后续（T）”：则消除数值后面多余的0。

4.“角度标注”选项区

在“角度标注”选项区域中，各选项的含义如下：

（1）“单位格式（A）”列表框：用于设置标注角度的单位。

（2）“精度”列表框：用于设置标注角度的尺寸精度。

（3）“消零”选项区域：用于设置是否消除角度尺寸的前导和后续零。

6.2.6　换算单位选项卡

“换算单位”选项卡用于将一种标注单位换算成另外一种标注单位，如图6-22所示。

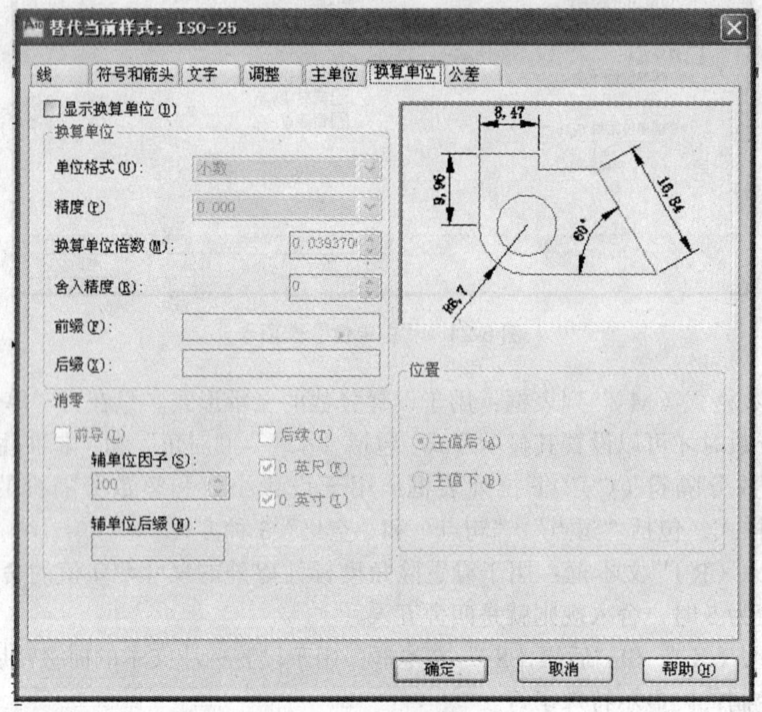

图6-22　“换算单位”选项卡

在AutoCAD中，通过换算标注单位，可以转换使用不同测量单位制的标注，通常是显示英制标注的等效公制标注，或公制标注的等效英制标注。在标注文字中，换算标注单位显示在主单位旁边的方括号［ ］中，如图6-23所示。

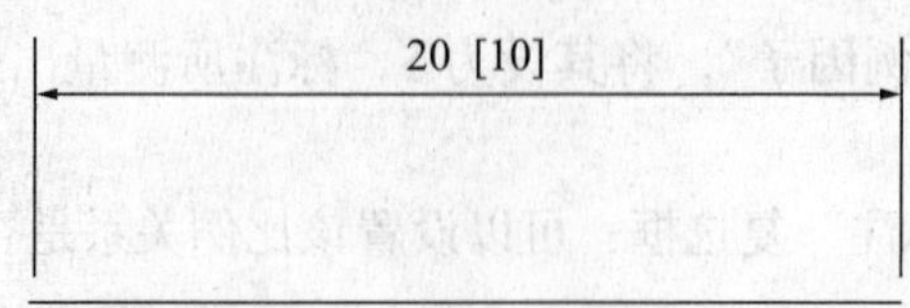

图6-23　使用换算单位

在“换算单位”选项卡中选择“显示换算单位”复选框后，用户可以在“换算单位”选项区域中设置换算单位的单位格式、精度、换算单位乘数、舍入精度、前缀及后缀等，方法与设置主单位的方法相同。

“位置”选项区域用于设置换算单位的位置，包括“主值后”和“主值下”两种方式。

6.2.7 公差选项卡

“公差选项卡”用于设置公差格式及显示形式，如图 6-24 所示。

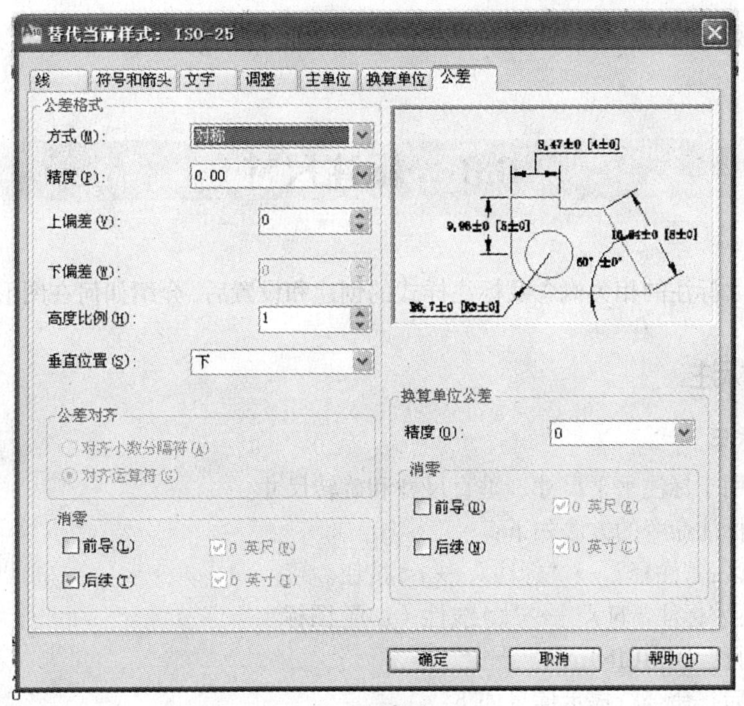

图 6-24 “公差”选项卡

1. “公差格式”选项区域中，各选项含义如下：

（1）“方式（M）”下拉列表框。确定以何种方式标注公差，包括“无”、“对称”、“极限偏差”、“极限尺寸”和“基本尺寸”选项，如图 6-25 所示。

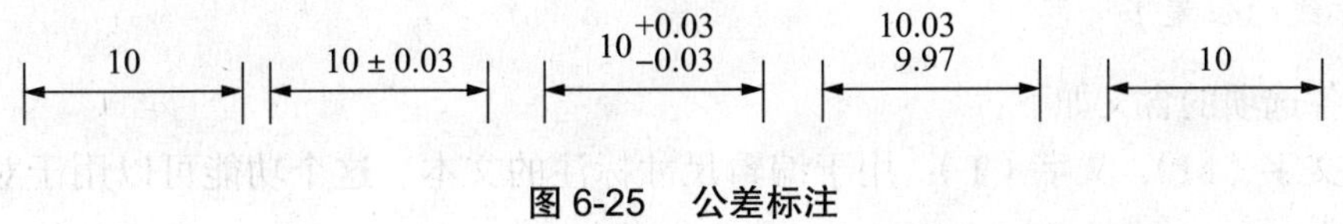

图 6-25 公差标注

（2）“精度（P）”下拉列表框。用于设置尺寸公差的精度。

（3）“上偏差（V）”、“下偏差（W）”文本框。用于设置尺寸的上偏差、下偏差。

（4）“高度比例（H）”文本框。用于确定公差文字的高度比例因子，AutoCAD 将该比例因子与尺寸文字高度之积作为公差文字的高度。

（5）“垂直位置（S）”下拉列表框。用于控制公差文字相对于尺寸文字的位置，包括“下”、“中”、“上”3种方式。

2. “公差对齐”选项

用于设置公差对齐方式，分为“对齐小数分隔符（A）”和“对齐运算符（G）”。

3. “消零”选项

用于设置是否消除公差值的前导或后续零。

4. “换算单位公差”选项

当标注换算单位时，可以设置换算单位的精度和是否消零。

6.3 标注尺寸

在了解尺寸标注的相关概念及标注样式的创建和设置后，介绍如何在图形上标注尺寸。

6.3.1 线类标注

1. 线性标注

线性标注用于标注水平尺寸、垂直尺寸和旋转尺寸。

启动线性标注命令的方法如下：

（1）功能区：“注释”→“标注”→ ⊢⊣ 按钮。

（2）菜单：“标注（N）”→“⊢⊣ 线性（L）”图标。

（3）命令行：DIMLINEAR。

执行命令后，命令行提示信息如下：

命令：DIMLINEAR

指定第一条延伸线原点或 <选择对象>：（指定一点作为尺寸界线的起点，直接按 Enter 键则提示选择要进行标注的对象。）

指定第二条延伸线原点：（指定另一条尺寸界的起始点）

指定尺寸线位置或 [多行文字 (M)/ 文字 (T)/ 角度 (A)/ 水平 (H)/ 垂直 (V)/ 旋转 (R)]：（指定尺寸线的位置）

上述各选项的含义如下：

多行文字（M）、文字（T）：用于编辑尺寸标注的文本。这个功能可以用于对标注做进一步说明。

角度（A）：指定文字的倾斜角度。

水平（H）、垂直（V）：指定标注是水平方向或者垂直方向，没有指定是系统根据光标的位置判定为水平或垂直。

旋转（R）：用于指定尺寸界线和尺寸线的旋转角度，这时测量的尺寸数值是尺寸界线间的距离。

2. 对齐标注

对齐标注用于标注两点之间的实际长度。对齐标注的尺寸线平行于两点间的连线。

启动对齐标注命令的方法如下：

（1）功能区："注释"→"标注"→ 按钮。

（2）菜单："标注（N）"→" 对齐（G）"图标。

（3）命令行：DIMALIGEND。

执行命令后，命令行提示信息如下：

命令行：DIMALIGEND

标注文字 = 自动测量的长度值

命令： DIMLINEAR

指定第一条延伸线原点或 < 选择对象 >：（指定一点作为尺寸界线的起始点）

指定第二条延伸线原点：（指定另外一条尺寸界线的起始点）

指定尺寸线位置或 [多行文字 (M)/ 文字 (T)/ 角度 (A)] ：（同线形标注的对应选项的含义）

【例 6-1】 如图 6-26 所示为线性标注和对齐标注的示例，其中 35 为水平线性尺寸，30 为垂直线性尺寸，46 为对齐线性尺寸。

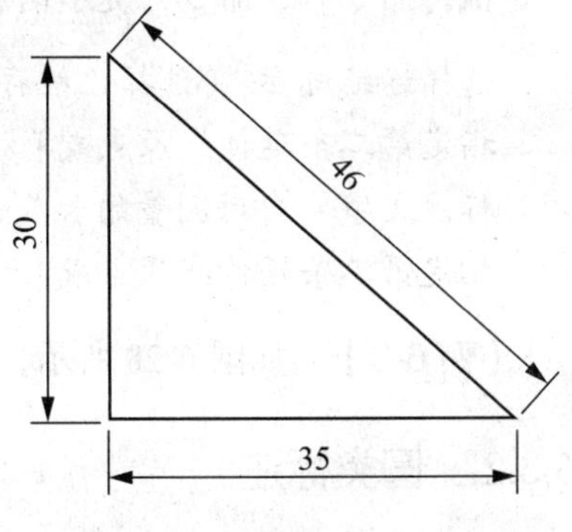

图 6-26 线性和对齐标注

3. 基线标注

基线标注是自同一基线处测量的多个标注，可在当前任务的最近创建的标注中以增量方式创建基线标注。也就是说，基线标注用于标注一系列基于同一条尺寸界线、间隔相等的尺寸线距离的线类或角度标注。使用基线标注之前，必须先创建一个线性标注、坐标或角度标注。它是从上一个尺寸标注的第一尺寸界线为第一界线开始测量的，除非指定另一点作为原点。

启动基线标注命令的方法如下：

（1）功能区："注释"→"标注"→ 按钮。

（2）菜单："标注（N）"→" 基线（B）"图标。

（3）命令行：DIMBASELINE。

执行命令后，命令行提示信息如下：

命令行：DIMBASELINE

选择基准标注：（选择已经存在的第一条尺寸界线）

指定第二条延伸线原点或 [放弃 (U)/ 选择 (S)] < 选择 >：（选择第二条尺寸界线起点）

标注文字 = 自动测量的长度值

指定第二条延伸线原点或 [放弃 (U)/ 选择 (S)] < 选择 >：（继续选择尺寸其他尺寸界线）

【例 6-2】 如图 6-27 所示为基线标注示例。

4．连续标注

连续标注是首尾相连的多个标注，每一个尺寸的第二条界线是下一个尺寸的第一条界线，如图 6-28 所示。使用连续标注之前，必须先创建一个线性标注、坐标或角度标注。

启动连续标注命令的方法如下：

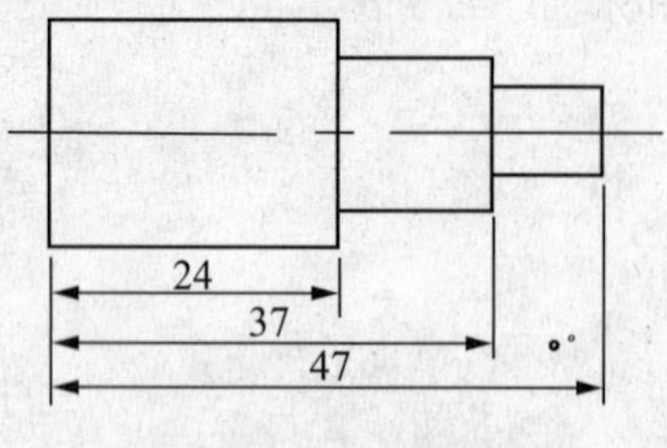

图 6-27　基线标注

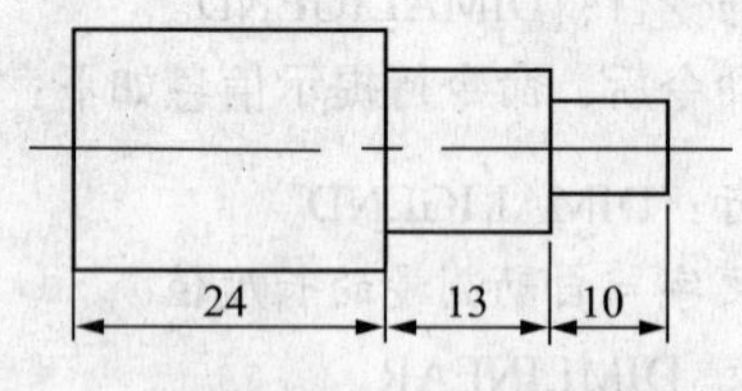

图 6-28　连续标注

（1）功能区："注释" → "标注" → 按钮。

（2）菜单："标注（N）" → " 连续（C）" 图标。

（3）命令行：DIMCONTINUE。

执行命令后，命令行提示信息如下：

选择连续标注：（选择已经存在的第一条尺寸界线）

指定第二条延伸线原点或 [放弃 (U)/ 选择 (S)] < 选择 >：（选择第二条尺寸界线原点）

标注文字 = 自动测量的长度值

指定第二条延伸线原点或 [放弃 (U)/ 选择 (S)] < 选择 >：（继续选择其他尺寸界线）

【例 6-3】 如图 6-28 所示，为连续标注示例。

6.3.2　圆类标注

1．半径

半径标注用于标注圆或圆弧的半径。

启动半径标注命令的方法如下：

（1）功能区："注释" → "标注" → 按钮。

（2）菜单："标注（N）" → " 半径（R）" 图标。

（3）命令行：DIMRADIUS。

选择圆弧或圆：（选择圆或圆弧）

标注文字 = 自动测量的半径数值

指定尺寸线位置或 [多行文字 (M)/ 文字 (T)/ 角度 (A)]：（指定尺寸线的位置）

注意：当通过 "多行文字（M）" 或 "文字（T）" 选项重新确定尺寸文字时，只有给输入的尺寸文字加前缀 "R"，才能使标出的半径尺寸有该符号，否则没有此符号。

2. 折弯

折弯是一种标注圆或圆弧半径的方法。

启动折弯标注命令的方法如下：

（1）功能区："注释"→"标注"→ 按钮。

（2）菜单："标注（N）"→" 折弯（J）"图标。

（3）命令行：DIMJOGGED。

执行命令后，命令行提示信息如下：

命令行：DIMJOGGED

选择圆弧或圆：（选择圆或圆弧）

指定图示中心位置：（指定中心位置，该位置是引线的末端。）

标注文字 = 自动测量的半径数值

指定尺寸线位置或 [多行文字 (M)/ 文字 (T)/ 角度 (A)]：（指定尺寸的位置）

指定折弯位置：（指定折弯位置）

3. 直径

直径标注用于标注圆或圆弧的直径。

启动直径标注命令的方法如下：

（1）功能区："注释"→"标注"→ 按钮。

（2）菜单："标注（N）"→" 直径（D）"图标。

（3）命令行：DIMDIAMETER。

执行命令后，命令行提示信息如下：

命令：DIMDIAMETER

选择圆弧或圆：（选择圆弧或圆）

标注文字 = 自动测量的直径数值

指定尺寸线位置或 [多行文字 (M)/ 文字 (T)/ 角度 (A)]：（指定尺寸线的位置）

4. 弧长

弧长标注用于标注圆弧的长度。

启动弧长标注命令的方法如下：

（1）功能区："注释"→"标注"→ 按钮。

（2）菜单："标注（N）"→" 弧长（H）"图标。

（3）命令行：DIMARC。

执行命令后，命令行提示信息如下：

命令：DIMARC

选择弧线段或多段线圆弧段：（根据提示选择弧）

指定弧长标注位置或 [多行文字 (M)/ 文字 (T)/ 角度 (A)/ 部分 (P)/ 引线 (L)]：（指定尺寸线的位置）

标注文字 = 自动测量的弧长数值

其中，“部分（P）”选项用于设置被测弧长的一部分上的标注；“引线（L）”选项用于设置是否显示一条从尺寸线到弧的引线。以上各种标注如图 6-29 所示。

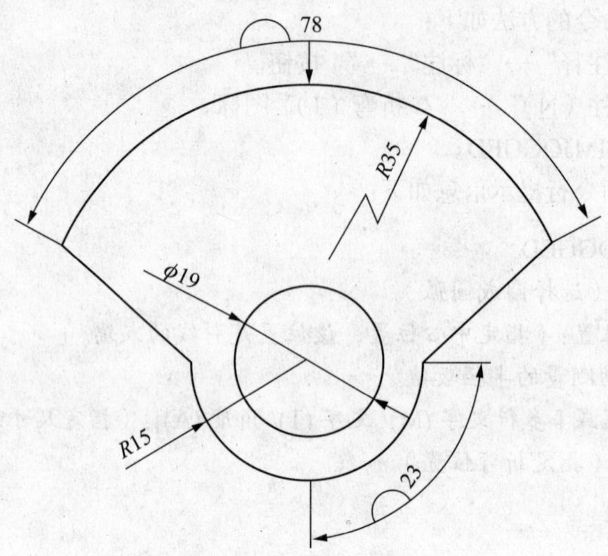

图 6-29　半径、直径、折弯、弧长标注

6.3.3　其他标注

1. 坐标

坐标标注用于标注某点的 X 轴坐标或 Y 轴坐标。

启动坐标标注命令的方法如下：

（1）功能区：“注释”→“标注”→ 按钮。

（2）菜单：“标注（N）”→“ 坐标（O）”图标。

（3）命令行：DIMORDINATE。

执行命令后，命令行提示信息如下：

命令行：DIMORDINATE

指定点坐标：（指定要标注的点）

指定引线端点或 [X 基准 (X)/Y 基准 (Y)/ 多行文字 (M)/ 文字 (T)/ 角度 (A)]：（指定引线端点的位置。其中，X 基准（X）、Y 基准（Y）用于指定标注 X 方向的值或 Y 方向的值。）

2. 角度

角度标注用于测量两条直线或三个点之间的角度。

启动角度标注命令的方法如下：

（1）功能区：“注释”→“标注”→ 按钮。

（2）菜单：“标注（N）”→“ 角度（A）”图标。

（3）命令行：DIMANGULAR。

执行命令后，命令行提示信息如下：

命令：DIMANGULAR

选择圆弧、圆、直线或 <指定顶点>：(选择圆弧、圆或直线。)

选择第二条直线：(如果是选择圆或圆板则提示“指定角的第二个端点：”)

指定标注弧线位置或 [多行文字 (M)/ 文字 (T)/ 角度 (A)/ 象限点 (Q)]：(指定弧线位置)

标注文字 = 自动测量的角度值

3. 多重引线标注

引线标注指利用旁注引线（可以是折线或样条曲线）表明图形上某些特殊部位需要的特征信息。

（1）多重引线样式管理。

该对话框和“标注样式管理器”对话框功能相似，可以设置多重引线的格式、结构和内容。

启动“多重样式管理器”命令的方法如下：

1）功能区：“注释”→“引线”→ 按钮。

2）菜单：“格式（O）”→“多重引线样式（I）”图标。

3）命令行：MLEADERSTYLE。

执行命令后，系统打开“多重引线样式管理器”对话框，如图 6-30 所示。单击“新建”按钮，打开“创建新多重引线样式”对话框，如图 6-31 所示。

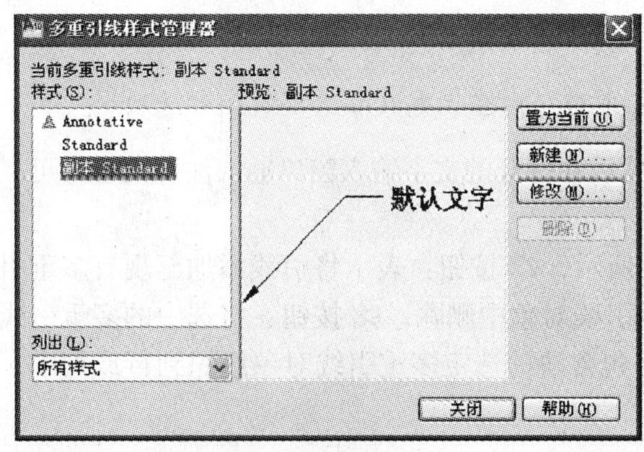

图 6-30 “多重引线样式管理器”对话框

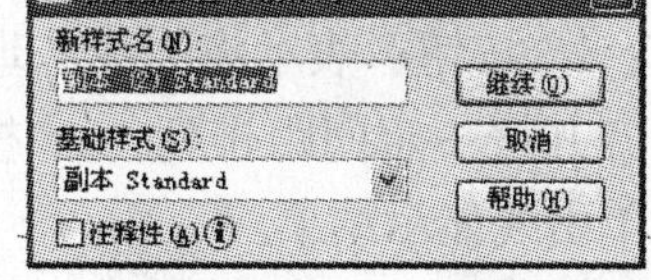

图 6-31 “创建新多重引线样式”对话框

设置了新样式的名称和基础样式后，单击该对话框中的“继续”按钮，将打开“修改多重引线样式”对话框，用户可以创建多重引线的格式、结构和内容，如图 6-32 所示。

用户自定义多重引线样式后，单击“确定”按钮，然后在“多重引线样式管理器”对话框中将新样式置为当前即可。

（2）多重引线标注。

启动多重引线标注命令的方法如下：

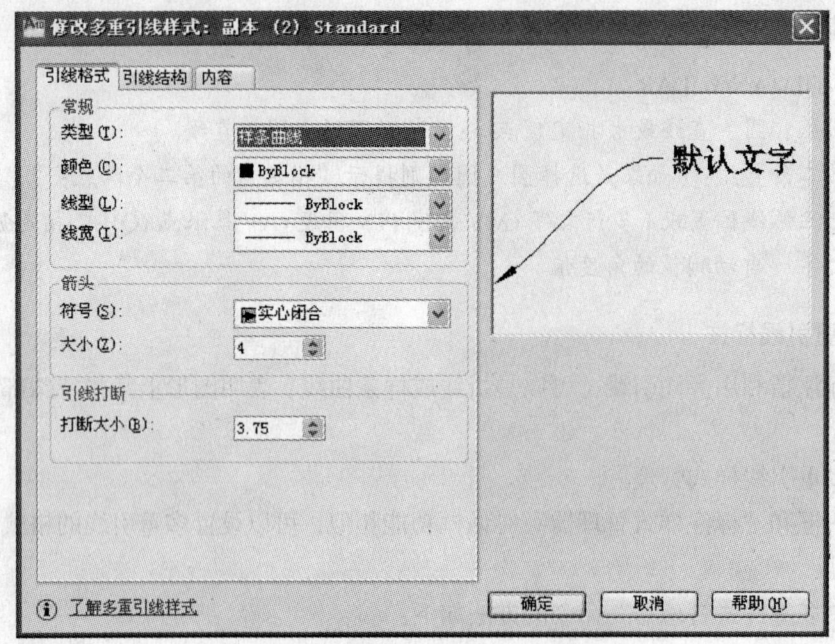

图 6-32 “修改多重引线样式”对话框

1）功能区：“注释”→“多线”→ 按钮。

2）菜单：“标注（N）”→“ 多重引线（E）”图标。

3）命令行：MLEADER。

执行命令后，命令行提示信息如下：

命令：MLEADER

指定引线箭头的位置或 [引线基线优先 (L)/ 内容优先 (C)/ 选项 (O)] < 选项 >:

图形中单击确定引线箭头的位置，然后在打开的文字输入窗口输入注释内容即可，如图 6-33 所示。

在“多重引线”面板中，如图 6-34 所示， 按钮：表示将引线添加至现有多重引线对象； 按钮：表示将引线从现有多重引线对象中删除； 按钮：将选中的多重引线对象对齐并按一定间距排列； 按钮：将包含块的选定多重引线对象组织到行或列中，并使用单引线显示结果。

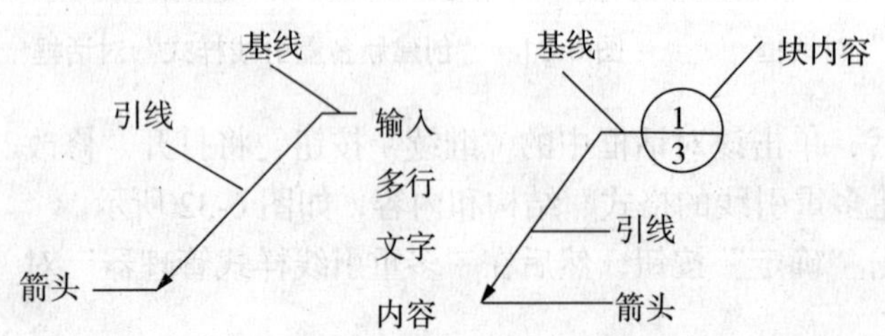

图 6-33 带有文字内容的引线和带有块内容的引线

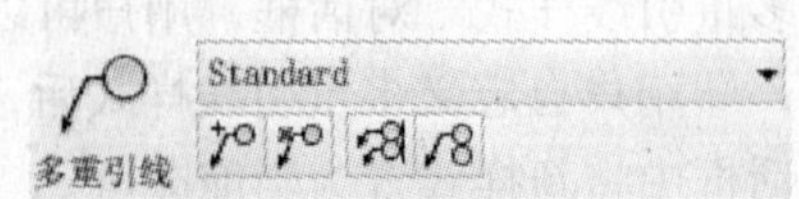

图 6-34 “多重引线”面板

4. 快速标注

启动快速标注命令的方法如下：

（1）功能区："注释"→"标注"→ 按钮。

（2）菜单："标注（N）"→" 快速标注（Q）"图标。

（3）命令行：QDIM。

执行命令后，命令行提示信息如下：

命令：QDIM

关联标注优先级 = 端点

选择要标注的几何图形：（选择需要标注尺寸的各图形对象）

指定尺寸线位置或 [连续 (C)/ 并列 (S)/ 基线 (B)/ 坐标 (O)/ 半径 (R)/ 直径 (D)/ 基准点 (P)/ 编辑 (E)/ 设置 (T)] < 连续 >:

在该提示下，通过选择相应的选项，用户可以进行"连续"、"并列"、"基线"、"坐标"、"半径"及"直径"等一系列标注。

5. 标注间距、打断和折弯标注

（1）标注间距：调整线性间距和角度间距。

启动标注间距命令的方法如下：

1）功能区："注释"→"标注"→ 按钮。

2）菜单："标注（N）"→" 标注间距（P）"图标。

3）命令行：DIMSPACE。

执行命令后，命令行提示信息如下：

命令：DIMSPACE

选择基准标注：（选择第一个标注线）

选择要产生间距的标注：（选择第二个标注线，继续可选择多个标注线。）

输入值或 [自动 (A)] < 自动 >:（输入标注线之间的间距）

按 Enter 键完成标注间距的调整，如图 6-35 所示，（a）图中三个尺寸间距为任意值，（b）图是以 30 为基准，各尺寸间间距调整为 5 的效果图。

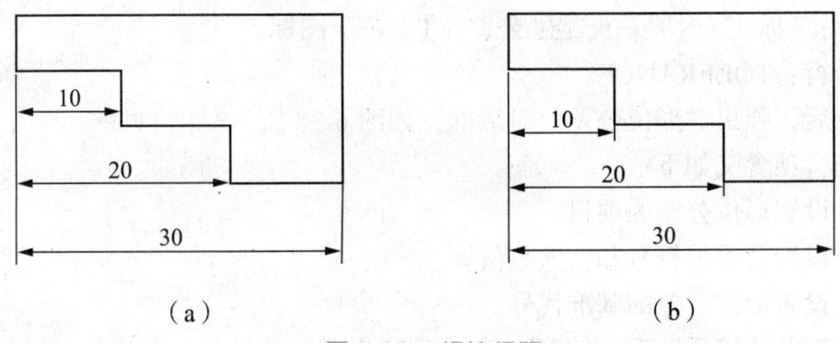

图 6-35 标注间距

（2）标注打断：该操作是将已标注的尺寸线或与轮廓线之间产生一个隔断。

启动标注打断命令的方法如下：

1）功能区："注释"→"标注"→ 按钮。

2）菜单："标注（N）"→" 标注打断（K）"图标。

3）命令行：DIMBREAK。

执行命令后，命令行提示信息如下：

命令：DIMBREAK

选择要添加 / 删除折断的标注或 [多个 (M)]：（在图形中选择需要打断的标注线）

选择要折断标注的对象或 [自动 (A)/ 手动 (M)/ 删除 (R)] < 自动 >：（选择对应的线段）

如图 6-36 所示，图（b）将图（a）中的尺寸界线的中段进行了打断。

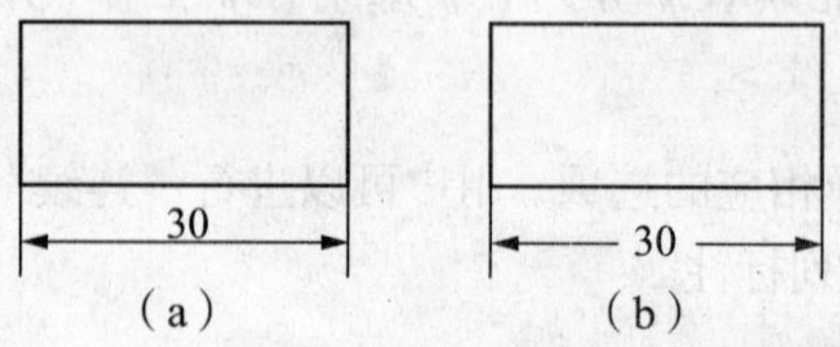

图 6-36　标注打断

（3）折弯标注：该操作是将标注的尺寸线本身改变成折弯的形式。

启动折弯标注命令的方法如下：

1）功能区："注释"→"标注"→ 按钮。

2）菜单："标注（N）"→" 折弯线性（J）"图标。

3）命令行：DIMJOGLINE。

执行命令后，命令行提示如下：

选择要添加折弯的标注或 [删除 (R)]：

指定折弯位置 (或按 ENTER 键)：

如图 6-37 所示，为折弯标注示例。

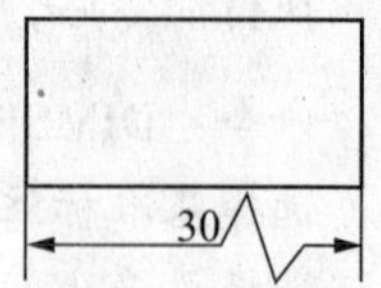

图 6-37　折弯标注

6. 形位公差

形位公差表示特征的形状、轮廓、方向、位置和跳动的允许偏差。

启动公差命令的方法如下：

（1）菜单："标注（N）"→" 公差（T）…"图标。

（2）命令行：TOLERANCE。

执行命令后，弹出"形位公差"对话框，如图 6-38 所示。

该对话框各项含义如下：

"符号"：设置形位公差的项目。

"公差"：设置公差带符号和公差数值。

"基准"：设置形位公差的基准代号。

单击对话框的"符号"下面的■方框，将弹出"特征符号"对话框，如图 6-39 所示。

图 6-40 所示，为某轴的公差标注示例。

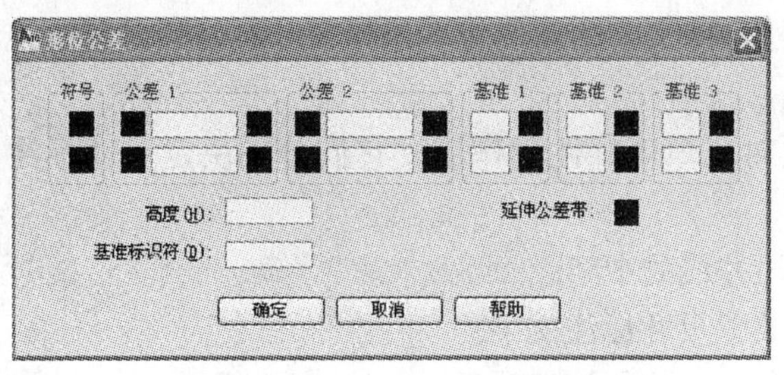

图 6-38 “形位公差”对话框

图 6-39 “形位公差特征符号”对话框

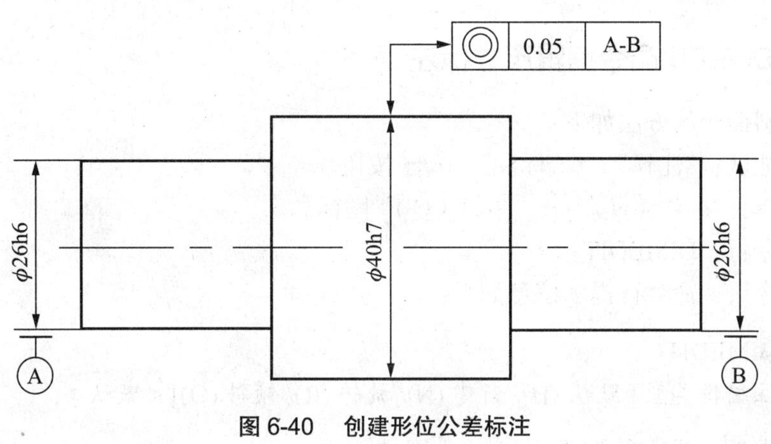

图 6-40 创建形位公差标注

6.4 尺寸标注的编辑

在 AutoCAD 中，可以对尺寸标注的文字、位置及样式等进行修改，使之符合实际需要。

6.4.1 修改尺寸标注文字的位置

启动文字角度命令的方法如下：

（1）功能区：“注释”→“标注”→按钮。

（2）菜单：“标注（N）”→“对齐文字（X）”图标。

（3）命令行：DIMEDIT。

执行命令后，命令行提示信息如下：

命令：DIMEDIT

选择标注：（选择尺寸标注对象）

为标注文字指定新位置或 [左对齐 (L)/ 右对齐 (R)/ 居中 (C)/ 默认 (H)/ 角度 (A)]:

在默认情况下，可以通过拖动光标来确定尺寸文字的新位置，也可以输入相应的选项指定标注文字新位置。

该提示中各选项的含义如下：

指定标注文字的新位置：确定尺寸标注文字的新位置。选择尺寸标注后，通过拖动光标将尺寸文字移至新位置后单击即可。

左（L）、右（R）：这 2 个选项仅对非角度标注起作用。它们分别决定尺寸标注文字是沿尺寸线左对齐还是右对齐。

中心（C）：将尺寸标注文字放在尺寸线的中间。

默认（H）：按默认的位置、方向放置尺寸标注文字。

角度（A）：使尺寸文字旋转一定角度。执行该选项后，AutoCAD 提示：

指定标注文字的角度：（输入角度值）按 Enter 键即可。

6.4.2 用 DIMEDIT 命令编辑尺寸标注

启动倾斜命令的方法如下：

（1）功能区："注释"→"标注"→ 按钮。

（2）菜单："标注（N）"→"倾斜（Q）"图标。

（3）命令行：DIMEDIT。

执行命令后，命令行提示信息如下：

命令：DIMEDIT

输入标注编辑类型 [默认 (H)/ 新建 (N)/ 旋转 (R)/ 倾斜 (O)] < 默认 >:

该提示中各选项的含义如下：

默认（H）：按默认的位置、方向放置尺寸文字。执行该选项后，AutoCAD 提示：选择对象：（选择尺寸标注对象）按 Enter 键即可。

新建（N）：重新输入尺寸标注文字。执行该选项后，AutoCAD 会弹出"文字格式"工具栏和文字输入窗口。在文字输入窗口中输入尺寸标注文字并单击"文字格式"工具栏中的"确定"按钮后，AutoCAD 提示：选择对象：（选择尺寸标注对象）按 Enter 键即可。

旋转（R）：将尺寸标注文字旋转指定的角度，执行该选项后，AutoCAD 提示：指定标注文字的角度：(输入角度值)；选择对象：(选择尺寸对象) 按 Enter 键即可。

倾斜（O）：使非角度标注的尺寸界线旋转一角度。执行该选项，AutoCAD 提示：选择对象：（选择尺寸对象）；选择对象：回车；输入倾斜角度 (按 Enter 表示无)：（输入角度值）按 Enter 键即可。若直接按 Enter 键，则可取消操作。

6.4.3 替代

启动替代命令的方法如下：

（1）功能区："注释"→"标注"→ 按钮。

（2）菜单："标注（N）"→"替代（V）"图标。

（3）命令行：DIMEDITRRIDE。

执行命令后，命令行提示信息如下：

命令：DIMEDITRRIDE

输入要替代的标注变量名或 [清除替代 (C)]:

如果在该提示下输入要修改的系统变量名，AutoCAD 依次提示：

输入标注变量的新值：（输入新值）

输入要替代的标注变量名：回车（也可以继续输入另一个系统变量名，重复上面的操作）

选择对象：（选择尺寸对象）

选择对象：回车（也可继续选择）

按提示执行操作后，指定的尺寸标注对象将按新的变量设置做更改。

当在“输入要替代的标注变量名或 [清除替代 (C)]：”提示下输入 C，即执行“清除替代”选项，则可以取消用户已做出的修改，此时 AutoCAD 会提示：

选择对象：（选择尺寸标注对象）

选择对象：回车（也可以继续选择）

选择尺寸标注对象后按 Enter 键，则 AutoCAD 将尺寸标注对象恢复成在当前系统变量设置下的标注形式。

6.4.4 标注更新

启动标注更新命令的方法如下：

（1）功能区：“注释”→“标注”→ 按钮。

（2）菜单：“标注（N）”→“更新（U）”图标。

（3）命令行：DIMSTYLE。

执行命令后，命令行提示信息如下：

输入标注样式选项

[注释性 (AN)/ 保存 (S)/ 恢复 (R)/ 状态 (ST)/ 变量 (V)/ 应用 (A)/?] < 恢复 >：

该提示中各选项含义如下：

保存（S）：将当前尺寸系统变量的设置作为一种尺寸标注样式命名保存。

恢复（R）：将用户保存的某一尺寸标注样式恢复为当前样式。

状态（ST）：查看当前各尺寸系统变量的状态。执行该选项后，AutoCAD 切换到文本窗口，并显示各尺寸系统变量及其当前设置。

变量（V）：列出指定标注样式或指定对象的全部或部分尺寸系统变量及其设置。执行该选项后，命令行中出现与执行“恢复（R）”选项相同的提示。

应用（A）：根据当前尺寸系统变量的设置更新指定的尺寸对象。

“？”选项：显示当前图形中命名的尺寸标注样式。

6.4.5 尺寸关联

尺寸关联，是指所标注尺寸与被标注对象有关联关系。启动关联关系命令的方法如下：

（1）功能区：“注释”→“标注”→ 按钮。

（2）菜单：“标注（N）”→“重新关联标注（N）”图标。

（3）命令行：DIMREASSOCIATE。

执行命令后，命令行提示信息如下：

命令：DIMREASSOCIATE

选择要重新关联的标注…

选择对象：（选择需要关联的尺寸对象）按 Enter 键。

指定第一个延伸线原点或 [选择对象 (S)]< 下一个 >：（指定被测要素第一个尺寸界线原点）

指定第二个延伸线原点 < 下一个 >：（指定第二个被测要素尺寸界线原点）即可生成新的关联尺寸。

如果标注的尺寸值是按自动测量值标注，且尺寸标注是按尺寸内关联模式标注的，那么改变被标注对象的大小后相应的标注尺寸也将发生变化，即尺寸界限、尺寸线的位置都将改变到相应的新位置，尺寸值也改变成新测量值。反之，改变尺寸界限起始点的位置，尺寸值也将发生相应的变化。如图 6-41 所示，（b）图为（a）图关联后生成的尺寸。

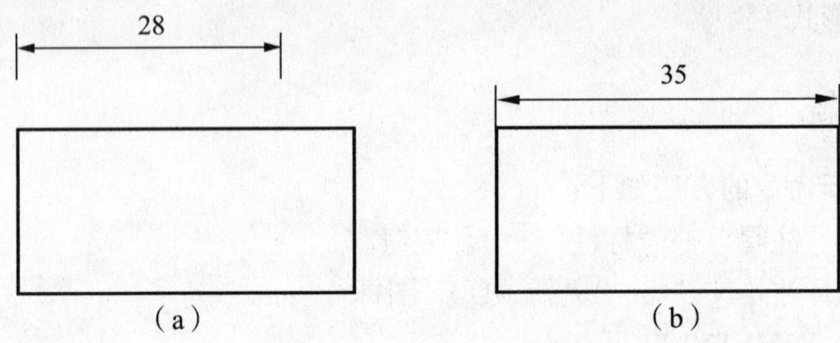

图 6-41 “关联尺寸”标注

6.4.6 夹点编辑

使用夹点编辑方式移动标注文字的位置时，用户可以先选择要编辑的尺寸标注，当激活文字中间夹点后，拖动鼠标可以将文字移动到目标位置；激活尺寸线夹点后，可以移动尺寸线的位置；激活尺寸界线的夹点后，可以将尺寸界线的第一点或第二点调整到合适位置。

若要对文字内容进行更改，可以选择需要修改的标注，单击鼠标右键，在弹出的快捷菜单中选择“特性”命令，通过“特性”选项板进行更改即可。

思考与操作

一、填空题

1. 一个完整的尺寸标注主要由 ________、________、________和 ________ 组成。

2. 要创建自己的尺寸标注样式，可以选择 ____________ 菜单。

3. 要标注一条斜线的真实长度，可使用 ________ 和 ________ 方法。

4. 要创建基线标注，必须先创建（或选择）一个 ________、________或 ________标注，作为基准标注。

5. 标注间距命令可以自动调整 ________ 和 ________、________ 之间的间距，或根据指定的间距值进行调整。

6. 多重引线通常由 ________、________ 和 ________ 组成。

7. 形位公差包括 ________ 和 ________，它反映的是零件的几何要素。

8. 要标注完整的形位公差，通常需要和 ________ 命令结合使用。

9. 使用“编辑标注文字”命令，可对标注文字执行 ________ 与 ________ 操作。

二、问答题

1. 通常情况下，为什么要为尺寸标注创建单独的图层？如果希望隐藏尺寸标注，可以怎么做？

2. 快速标注的“快”体现在什么地方？如何进行快速标注？

3. 如何对齐、合并、添加和删除多重引线？

4. 如何为图形增加公差标注？如何编辑公差标注？

5. 如果希望修改尺寸标注内容，可以使用什么方法？

6. 使用夹点编辑尺寸标注时，各夹点的用途是什么？

三、操作题

1. 建立不同的图层，完成如图 6-42 所示螺钉的投影图，再标注尺寸。

2. 建立不同的图层，完成如图 6-43 所示图形的绘制，再标注。

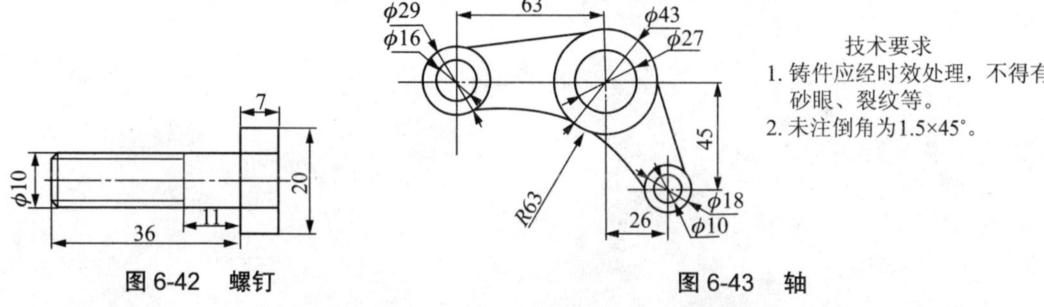

图 6-42　螺钉　　图 6-43　轴

3. 建立不同的图层，完成如图 6-44 所示图形的绘制，再标注尺寸及公差。

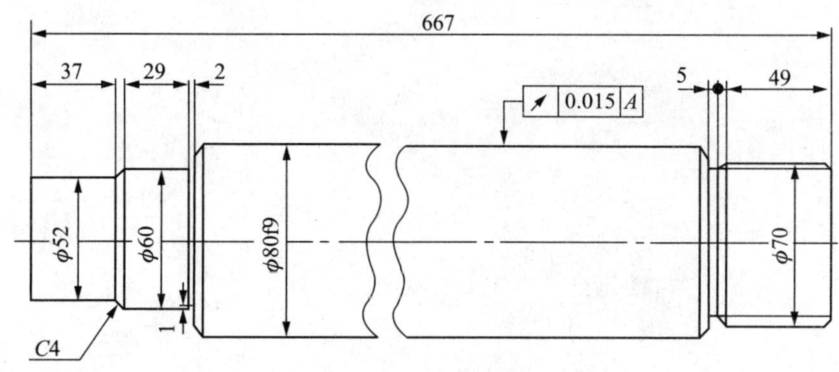

图 6-44　轴

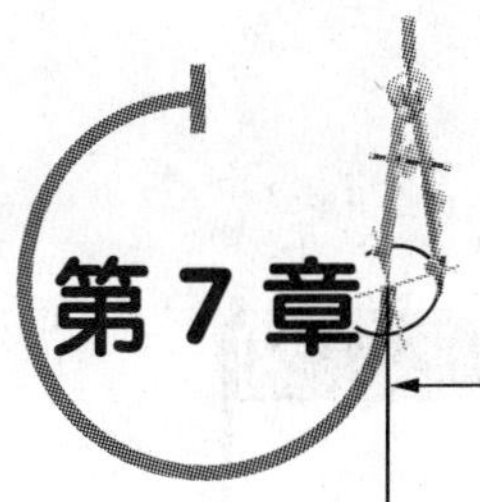

块、外部参照和图像

学习要点

- 块的创建、保存和插入
- 属性块
- 动态块
- 外部参照
- 图像

在绘图过程中，很多图形都会重复使用，如机械制图中粗糙度、公差符号，建筑图中的门、窗，房间布置平面图上的家具、电器等。为了提高绘图的速度和效率，AutoCAD 提供了图块功能。块的特点是能够快速准确地组织、生成可以修改的图形，并且在插入块时还可以随意按比例进行缩放和旋转角度。

在绘制图形时，如果一个图形需要参照其他图形或者图像来绘制，而用户又不希望占用太多的存储空间，这时就可以使用 AutoCAD 的外部参照功能。所谓外部参照是指把已有的图形文件以参照的形式插入到当前图形当中。

7.1 块操作

7.1.1 创建块

块是一个或多个对象形成的对象集合，创建块之前要把被作成块的图形画好。

启动创建块命令的方法如下：

（1）功能区："插入" → "块" →按钮。

（2）菜单："绘图（D）" → "块（K）" → "创建（M）…" 图标。

（3）命令行：BLOCK。

执行命令后，系统弹出“块定义”对话框，如图 7-1 所示。

该对话框中各选项含义如下：

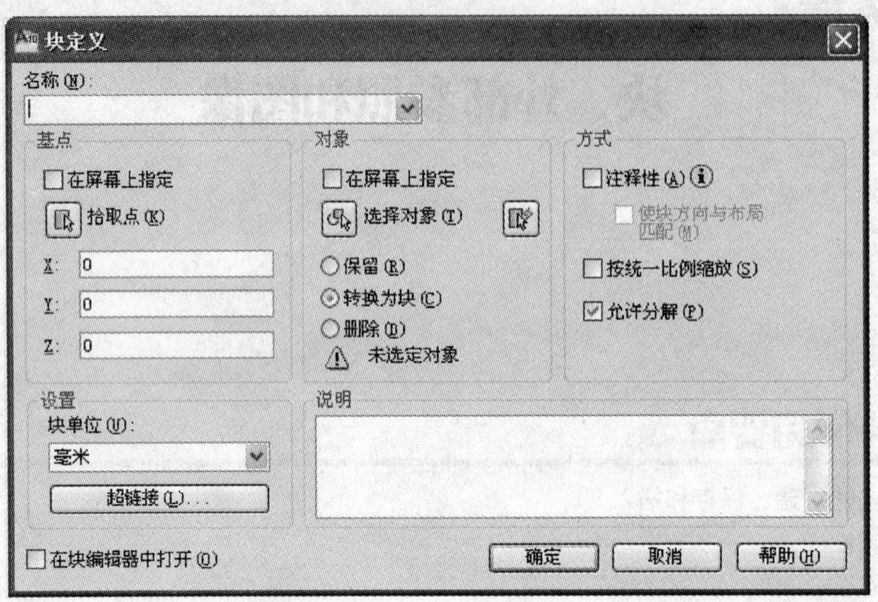

图 7-1　“块定义”对话框

（1）“名称（N）”文本框。用于给图块命名。单击对话框右侧的下拉按钮，可以列出当前绘图状态下已经创建的块的名称，在该文本框的右侧区域是预览区。

（2）“基点”选项区。用于设置块插入的基点位置，默认基点是坐标原点（0,0,0）。用户单击拾取点按钮，系统切换到绘图窗口并指定插入的基点位置。

（3）“对象”选项区。用于指定组成新块所包含的对象。单击选择对象按钮，可以在绘图窗口中选择对象，也可单击对话框右侧的“快速选择”按钮，系统弹出“快速选择”对话框，在该对话框中确定所选择对象的过滤条件。

“保留（R）”按钮：表示在图形中创建块后，定义为块的对象仍然保留在原图形中，不会被删除，并且它们仍然作为单独的对象被保存。

“转换为块（C）”按钮：表示在图形中创建块后，定义为块的对象存在于原图形中但也被转换为块。

“删除（D）”按钮：表示创建块后，定义为块的原对象将从原图形中被删除。

（4）“设置”选项区。该选项区包括“块单位”下拉列表和“超链接”按钮。

“块单位（U）”下拉列表框：用于提供用户选择块参数插入的单位，一般应以“mm”为单位。

“超链接（L）”按钮：用于打开“插入超链接”对话框，利用该对话框可以将块和其他图形文件建立超链接关系。

（5）“方式”选项区。该选项区包括“注释性”、“统一比例”、“允许分解”复选框。

“注释性（A）”：用于注释图形的对象有一个特性，称为注释性。使用此特性可以自动完成缩放注释的过程，从而使注释能够以正确的大小在图形上打印或显示。以下对象通常用于注释性特性的图形：文字、标注、图案填充、公差、多重引线、块的属性。

"按统一比例缩放（S）"复选框：如果选中该复选框，那么当插入块时，该块的X、Y方向缩放倍数一致。不选该复选框，则在X、Y方向可以进行不同比例的缩放，此时图形显示为被拉长或挤压的形状。

"允许分解（P）"复选框：用于将插入的块分解。

（6）"说明（E）"文本框。用于输入与块定义相关联的文字说明。

注意：块定义一般在统一的图层上进行，并把颜色、线型、线宽设置为随层。

（7）"在块编辑器中打开"复选框。当选中该复选框并单击"确定"按钮后，将在块编辑器中打开当前的块定义，一般用于动态块的创建和编辑。

【例7-1】 绘制如图7-2所示的粗糙度符号，并将其定义为块。

创建步骤：

（1）绘制高度为10mm的粗糙度基本符号。

（2）执行BLOCK（创建块）命令,弹出"块定义"对话框。

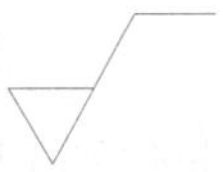

（3）在"块定义"对话框中，在"名称（N）"文本框中输入块名称：ccd。

图7-2 用于创建块的图形

（4）在基点选项区中，单击拾取点按钮，选择下角点为插入块时的基点。单击选择对象按钮，选择要被建立块的所有对象，然后选中"转换为块（C）"选项，设置"块单位（U）"为"mm"。然后单击"确定"按钮，粗糙度符号则定义成了块。

注意：这时的块称为内部块，如果关闭当前绘图文件，则内部块消失。

7.1.2 保存块

BLOCK命令创建的块为内部图块，只能在所属图形中插入，而不能将其插入到其他图形当中。但是，有些块在许多图形中都经常使用，所以AutoCAD又给出一个共用的块，称为外部图块。

在命令行输入WBLOCK命令，把内部块以图形文件*.dwg的形式保存在磁盘中（外部块），以备在其他图形中插入这些块。

执行WBLOCK命令后，系统弹出"写块"对话框，如图7-3所示。

该对话框各选项的含义如下：

该对话框中各选项的含义如下：

（1）"源"选区。用于指定要保存为外部块的图块对象。

"块（B）"选项：表示选择当前图形中已创建的一个内部块，将其保存在磁盘中。

"整个图形（E）"选项：表示选择当前绘图中的整个图形进行保存。

"对象（O）"选项：表示选择当前图形中的某些对象进行保存。

（2）"基点"和"对象"选项。其作用同"块定义"对话框对应选项的含义。

（3）"目标"选项区。"文件名和路径（F）"下拉列表框，用于指定块保存的路径和文件名，单击按钮，系统打开"浏览图形文件"对话框，在该对话框中指定存储路径和文件名。

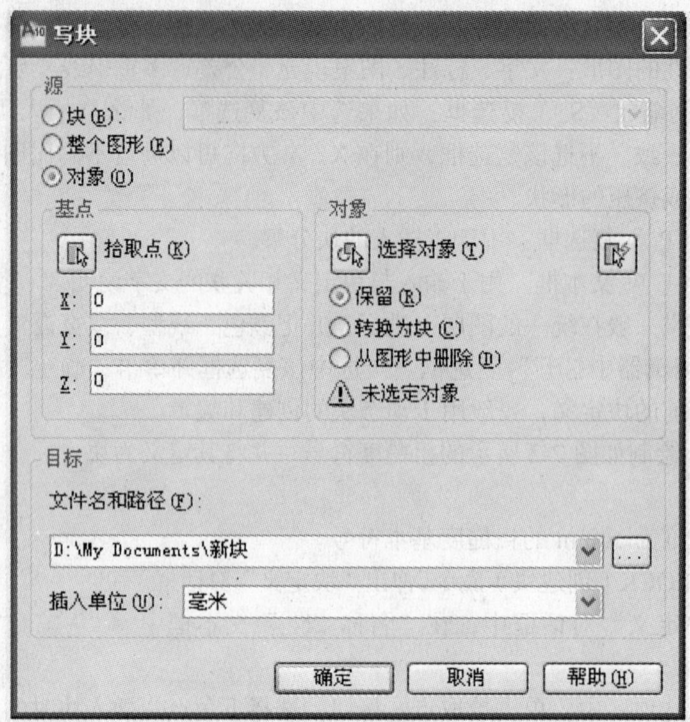

图 7-3 “写块”对话框

“插入单位（U）”文本框：其下拉列表框用于指定存储块插入时的单位。

注意：保存块命令相当于图形的局部保存。以这种方式保存的图形 *.dwg 和通过“文件”→“保存”方式保存的图形没有差别，都能以块的形式插入到另一个图形当中。

7.1.3 插入块

插入块是指将预先定义好的块插入到当前图形当中。

启动插入块命令的方法如下：

（1）功能区：“插入”→“块”→按钮。

（2）菜单：“插入（I）”→“块（B）”→“块（B）…”图标。

（3）命令行：INSERT。

执行插入命令后，系统弹出“插入”对话框，如图 7-4 所示。

该对话框中各选项的含义如下：

（1）“名称（N）”文本框。用于输入要插入的块的名称。用户单击右侧的按钮，系统将列出当前图形中已经创建的内部块的名称，也可以单击“浏览（B）…”按钮，打开“选择图形文件”对话框，选择已保存的块和外部图形。“名称（N）”文本框最右侧区域是预览区。

（2）“插入点”选项区。用于设置块的插入点位置。可直接在 X，Y 文本框中输入点的坐标，也可以通过选中“在屏幕上指定”复选框，在屏幕上指定插入点位置。

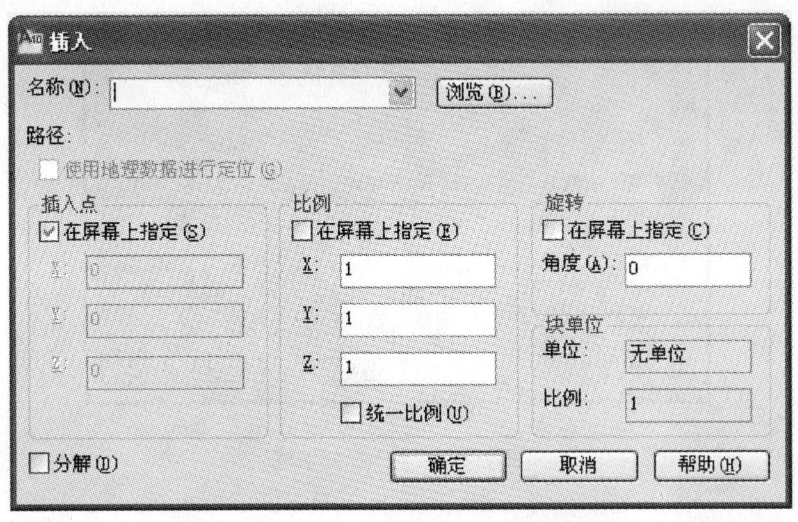

图 7-4　“插入”对话框

（3）“比例”选项区。用于设置块的插入比例。可直接在 X，Y 文本框中输入块在两个方向的比例；也可以通过选中“在屏幕上指定”复选框，在屏幕上指定。此外，该选项区域中的“统一比例”复选框，用于确定所插入块在 X，Y 方向的插入比例是否相同，选中时表示比例将相同，用户只需在 X 文本框中输入比例值即可。

（4）“旋转”选项区。用于设置块插入时的旋转角度。可直接在“角度”文本框中输入角度值，也可以选择“在屏幕上指定”复选框，在屏幕上指定旋转角度。

（5）“块单位”选项区。显示插入块的单位和比例。

（6）“分解（D）”复选框。选择该复选框，则块插入后分解为各自独立的对象，不再当成块看待。如果在定义块时未选中“允许分解”，那么此时是无法分解的。

【例 7-2】　在图 7-5 所示基本图形上，标注如图 7-6 所示的粗糙度符号。

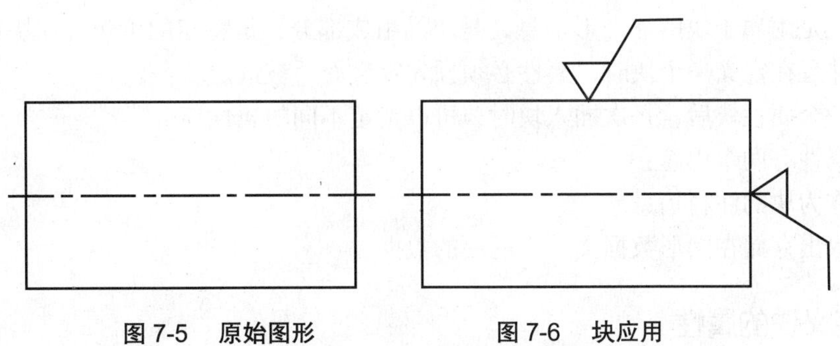

图 7-5　原始图形　　图 7-6　块应用

绘制步骤：

（1）利用基本绘图命令绘制如图 7-5 所示图形。

（2）执行 INSERT 命令，打开插入对话框，各选项设置如图 7-7 所示。

单击“确定”按钮，命令行提示如下：

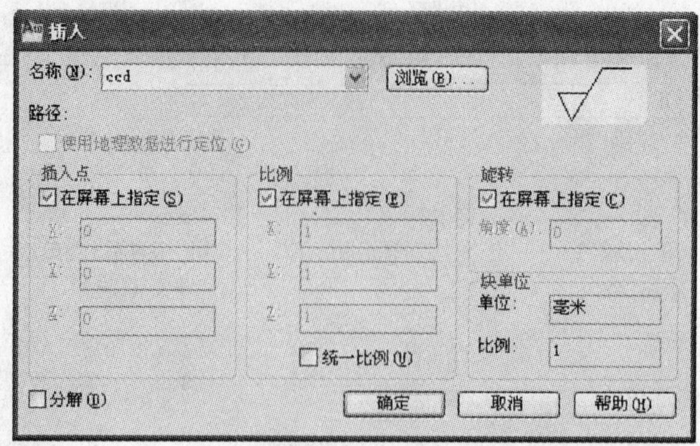

图 7-7　“插入”对话框

命令：INSERT

指定插入点或 [基点（B）/ 比例（S）/X/Y/Z/ 旋转（R）]：(指定一个点作为插入点)

输入 X 比例因子，指定对角点，或 [角点（C）/XYZ（XYZ）] <1>：(指定 X 方向比例)

输入 Y 比例因子或 < 使用 X 比例因子 >：(指定 Y 方向比例)

指定旋转角度 <0>：(上方粗糙度符号插入角度为 0，默认值。)

重复命令，再插入轴右端面的符号，旋转角度为 270° 或 –90° ，即可完成图形。

7.2　属性块

块属性是附属于块的非图形信息，是块的组成部分，是特定的可包含在块定义中的文字对象，并且在定义一个块时，属性必须预先定义而后被选定。

定义一个属性块后，每次插入块时，可以指定不同的属性值。

块的属性有两个用途：

（1）作为块的注释信息。

（2）取出存储在图形数据文件中的块的数据。

7.2.1　定义块的属性

定义块的属性的方法如下：

（1）功能区：“插入” → “块” → 按钮。

（2）菜单：“绘图（D）” → “块（K）” → “定义属性（D）…” 图标。

（3）命令行：ATTDEF。

执行命令后，系统弹出如图 7-8 所示的“属性定义”对话框。

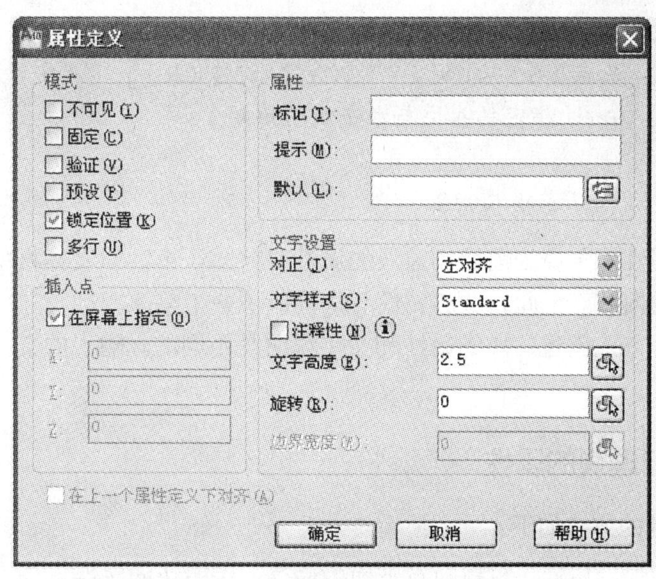

图 7-8 “属性定义”对话框

该对话框各选项的含义如下：

（1）“模式”选项区：用于选择块属性的显示模式。

“不可见（I）”：块属性已经定义，但绘图窗口没有显示该信息。

“固定（C）”：每次插入块时，属性值为初始设置。

“验证（V）”：每次插入块时，AutoCAD 都会提示输入新值。

“预设（P）”：每次插入块时会自动填入初值，等同于“固定（C）”的效果。

“锁定位置（K）”：锁定块参照中属性的位置。

“多行（U）”：指定属性值可以包含多行文字。即可以指定属性的边界宽度。

（2）“属性”选项区：用于设置属性值。

“标记（T）”：用于标识属性的名称。

“提示（M）”：插入块时将显示提示内容，提示用户输入块属性的值。

“默认（L）”：用于设置块属性的默认值。

（3）“插入点”选项区：用于指定“标记（T）”的插入点位置。

（4）“文字设置”选项区：用于确定块属性的文字样式。

7.2.2 创建带属性的块

创建属性块的步骤如下：

（1）绘制一组要定义为块的图形对象。

（2）定义块的属性，在属性定义对话框“标记（T）”文本框中给出标记。

（3）关联块与块的属性。

执行创建块命令，系统弹出“块定义”对话框。在该对话框中的“对象”选项区选择对象时，把准备创建为块的图形和块的属性标记一起选择。

创建好块后，插入块时，命令行提示信息如下：

命令：INSERT
指定插入点或 [基点（B）/ 比例（S）/X/Y/Z/ 旋转（R）]:（指定插入点）
指定旋转角度 <0>:（指定插入块与水平线的角度）
输入属性值：
粗糙度 <6.3>:（默认或输入新值）

其中“输入属性值”即为前面创建块的属性时“默认（L）”文体框里的内容，如需更改可重新置入新的内容。至此，块的属性与块构成了一个整体。

注意：用这种方式创建的块的属性和文字说明是不同的。输入的文字说明与块是两个对象。

7.2.3 修改、管理块的属性

1. 修改块属性的方法如下：

如果需要修改块的属性，可以执行下面的命令，编辑块的属性。

（1）功能区：“常用”→“块”→按钮。
（2）菜单：“修改（M）”→“对象（O）”→“文字（T）”→“编辑（E）…”图标。
（3）命令行：DDEDIT。

也可采用如下的方法：

（1）功能区：“常用”→“块”→“编辑属性”→“单个”按钮。
（2）菜单：“修改（M）”→“对象（O）”→“属性（A）”→“单个（S）…”图标。
（3）命令行：EATTEDIT。

执行该命令后，提示选择对象。选择对象后，系统弹出“增强属性编辑器”对话框，如图 7-9 所示。用户可以在对话框中修改属性定义。

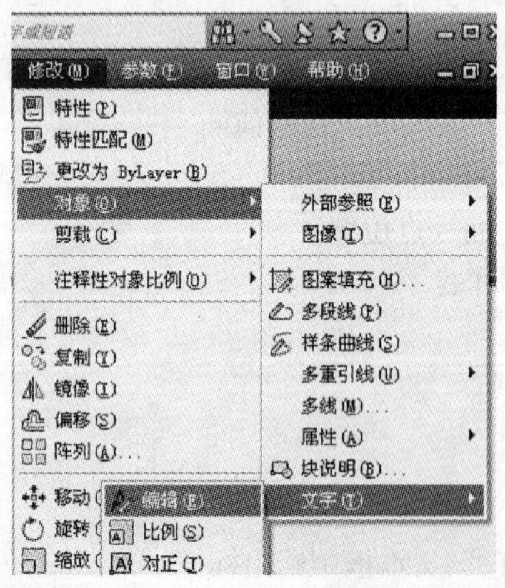

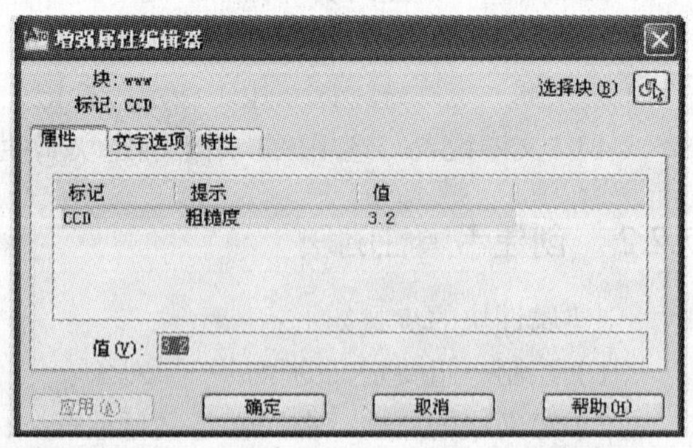

图 7-9 增强属性编辑器

该对话框各选项含义如下：

（1）“属性”选项卡。用于修改块的属性值。

（2）“文字选项”选项卡。用于修改文字的格式。

（3）“特性”选项卡。用于修改属性文字的图层、颜色、线型和线宽等。

2. 管理块的属性

如果块有很多个属性，此时可以通过打开“块属性管理器”对话框来管理块的属性。打开“块属性管理器”对话框的方法如下：

（1）菜单：“修改（M）”→“对象”→“属性”→“块属性管理器（B）…”图标。

（2）命令行：BATTMAN。

执行命令后，系统弹出如图 7-10 所示的“块属性管理器”对话框。选择或更改管理器中各相应选项及数据等即可重新完成其属性的设置。

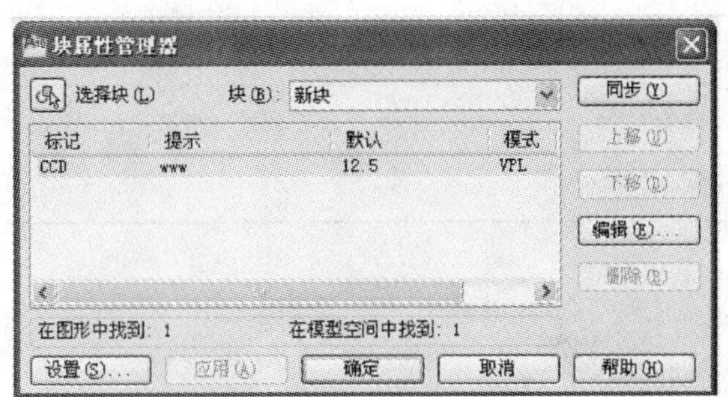

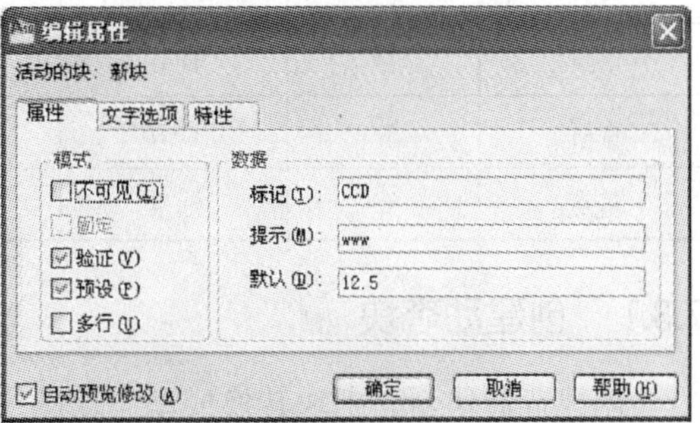

图 7-10 “编辑属性”对话框

注意：修改属性只改变单个插入块的属性，而编辑属性是改变已储存块的属性。

7.3 动态块

动态块是用户通过自定义夹点或自定义特性来操作几何图形，这使得用户可以根据需要方便地调整块参照，而不用搜索另一个以插入或重定义现有的块。

要成为动态块至少包含一个参数及一个与该参数关联的动作。参数定义了自定义特性，并为块中的几何图形指定了位置、距离和角度。而动作定义了在修改块时动态块参照的几何图形如何移动和改变。将动作添加到块中时，必须将它们与参数和几何图形关联。

参数添加到动态块定义后，夹点将添加到该参数的关键点。关键点是用于操作块参照的参数部分。例如，线性参数在其基点和端点具有关键点。用户可以从任一关键点操作参数距离。

添加到动态块中的参数类型决定了添加的夹点类型，每种参数类型仅支持特定类型的动作。表 7-1 显示了参数、夹点和动作之间的关系。

表 7-1　　动态块中自定义夹点的功能表

参数类型	夹点类型		可与参数关联的动作
点	■	标准	移动、拉伸
线性	▷	线性	移动、缩放、拉伸、阵列
极轴	■	标准	移动、缩放、拉伸、极轴拉伸、阵列
XY	■	标准	移动、缩放、拉伸、阵列
旋转	●	旋转	旋转
翻转	⇨	翻转	翻转
对齐	▶	对齐	无（此动作隐含在参数中）
可见性	▽	查寻	无（此动作隐含，并且受可见性状态的控制）
查寻	▽	查寻	查寻
基点	⊕	标准	无

7.3.1　创建动态块

创建普通块后，把块转换成动态块的方法如下：

（1）功能区："插入"→"块"→按钮。

（2）菜单："工具（T）"→"块编辑器（B）"图标。

（3）命令行：BEDIT。

执行命令后，系统弹出"编辑块定义"对话框，如图 7-11 所示。

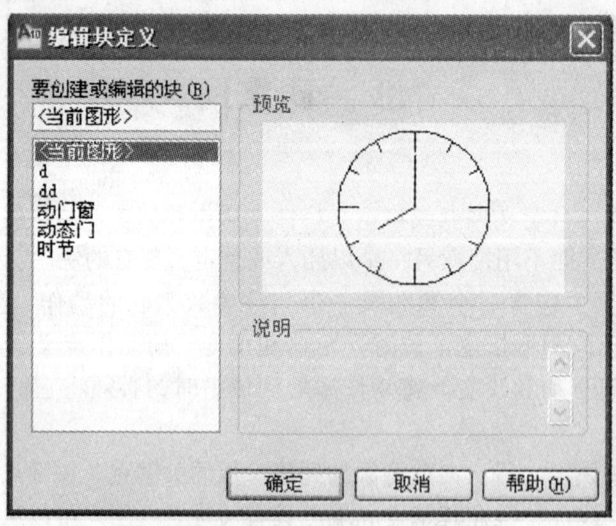

图 7-11　"编辑块定义"对话框

在该对话框中选择要编辑的块，单击"确定"后，系统弹出"块编辑器"绘图窗口，如图 7-12 所示。

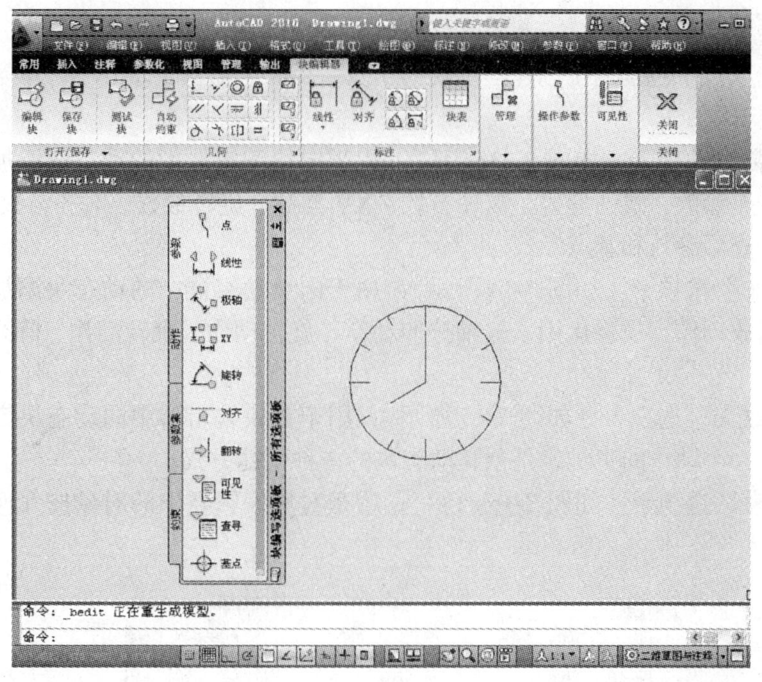

图 7-12 块编辑器

7.3.2 块编辑器

1. 块编辑器工具面板

块编辑器工具面板位于整个编辑区的正上方，它提供了在块编辑器中使用、创建动态块以及设置可见性状态等工具，其功能如下：

（1）“编辑或创建块定义” 按钮。该选项用于重新选择需要创建的动态块。

（2）“保存块定义” 按钮。单击该按钮，系统保存当前块定义。

（3）“将块保存为” 按钮。单击该按钮，系统弹出“将块另存为”对话框，用户可以重新输入块的名称并另存。

（4）“测试块” 按钮。该按钮是用于打开或关闭测试块的窗口。

（5）“自动约束” 按钮。单击该按钮，可以通过对象显示被约束的状态，或设置（S）被约束的几何类型。

（6）“线性” 按钮。该复选框中各相应按钮用于设置各类线性的尺寸约束，创建块特性表和夹点。

（7）“管理” 按钮。其下拉菜单中各项，是对“块”的约束、对象转换为构造几何图形、参数等进行编辑和管理。

（8）“编写选项板” 按钮。单击该按钮，用于控制“块编写选项板”的开关。

（9）“操作参数” 按钮。其下拉菜单中各项，是将线性参数、移动操作填加到块当中，及完成块属性定义等操作。

（10）“了解动态块” 按钮。单击该按钮，系统将演示创建动态块的过程。

（11）“关闭块编辑器” 按钮。单击该按钮，系统关闭块编辑回到绘图区域。

2. 块编写选项板

块编写选项板中包含用于创建动态块的工具，即“参数”、“动作”、“参数集”和“约束”四个选项卡。

（1）“参数”选项卡（如图 7-13 所示）：用于向块编辑器中的动态块添加参数。动态块的参数包括点参数、线性参数、极轴参数、XY 参数、旋转参数、对齐参数、翻转参数、可见性参数、查寻参数和基点参数。

（2）“动作”选项卡（如图 7-14 所示）：用于向块编辑器中的动态块添加动作。包括移动动作、缩放动作、拉伸运用、极轴拉伸动作、旋转动作、翻转动作、阵列动作和查寻动作。

（3）“参数集”选项卡（如图 7-15 所示）：用于在块编辑器中向动态块定义中添加一个参数和至少一个动作的工具，是创建动态块的一种快捷方式。

（4）“约束”选项卡（如图 7-16 所示）：用于对块编辑器中的对象按几何条件进行约束编辑。

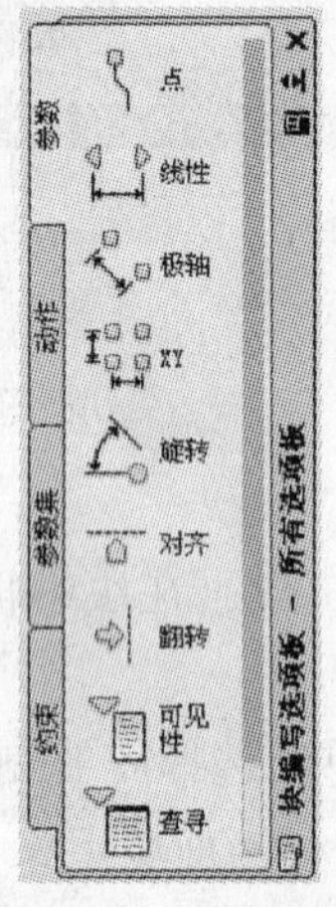

图 7-13 “参数”选项板

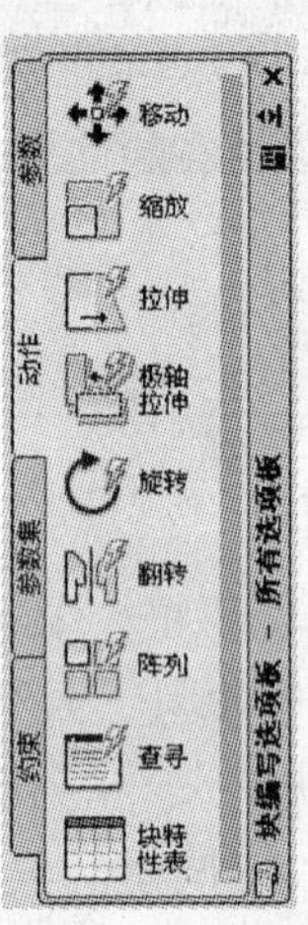

图 7-14 “动作”选项板

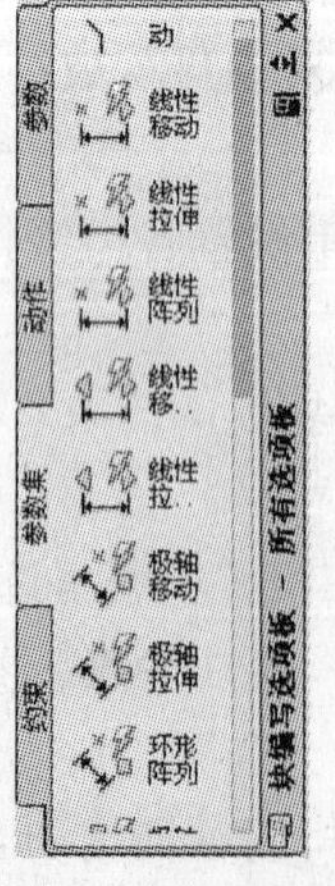

图 7-15 “参数集”选项板

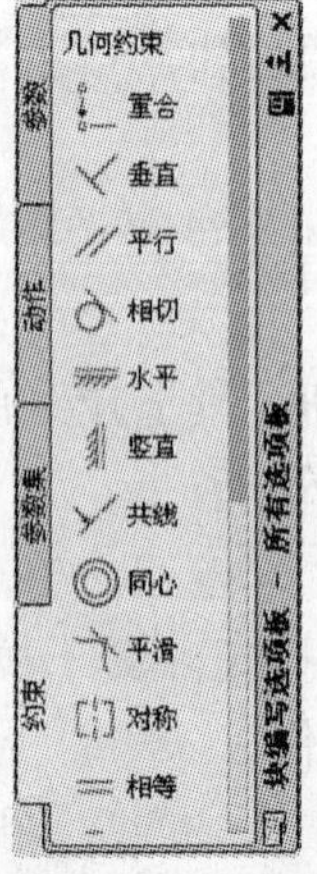

图 7-16 “约束”选项板

3. 在编写区域编写动态块

编写区域类似于绘图区域，用户可以在编写区域进行缩放操作以及为要编写的块添加参数和动作等。用户在块编写选项板的“参数”选项卡上选择添加给块的参数，出现图标，表示该参数还没有相关联的动作。然后在“动作”选项卡上选择相应的动作，命令行会提示用户选择参数，选择参数后，选择动作对象，最后设置动作位置以及标记。不同的动作，操作均不相同。

对图形设置参数和动作后，单击图标保存块定义，然后单击图标关闭编辑器，所定义的块就成为动态块，可以通过夹点设置一些自定义动作。

【例 7-3】 设置一个长为 1700、1900、2100，宽 800，角度为 0° 和 90° 的动态门窗。

具体步骤如下：

（1）选择“矩形”命令，绘制 1700 × 800 的矩形，如图 7-17 所示。

（2）选择“绘图”→“块”→“创建”命令→弹出“块定义”对话框，设置如图 7-18 所示，基点为矩形的左下角点。

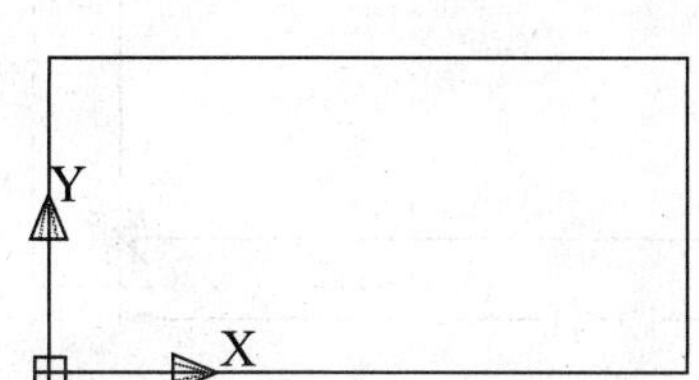

图 7-17 绘制门窗平面图

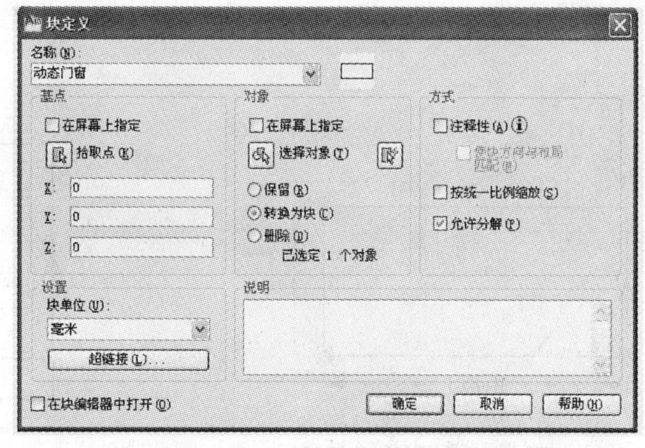

图 7-18 创建“动态门窗”图块

（3）功能区：“插入”→“块”→点击按钮，进入动态块编辑器，效果如图 7-19 所示。

（4）在块编写选项板中的“参数集”选项卡里，选择选项，命令行提示如下：

命令：BPARAMETER 线性

指定起点或 [名称（N）/ 标签（L）/ 链（C）/ 说明（D）/ 基点（B）/ 选项板（P）/ 值集（V）]:

指定端点：（端点为矩形下边左端点）

指定端点：（端点为矩形下边右端点）

指定标签位置：（标签位置如图 7-20 所示）

命令：BACTIONTOOL 拉伸

选择参数：（选择距离参数）

指定要与动作关联的参数点或输入 [起点（T）/ 第二点（S）] < 起点 >：（指定起点，右下角点。）

指定拉伸框架的第一个角点或［圈交（CP）］:（如图 7-21 所示）
指定对角点：
指定要拉伸的对象:（使用交叉窗口选择拉伸对象，如图 7-22 所示。）
选择对象：按回车键，拉伸动作创建完成，效果如图 7-23 所示。

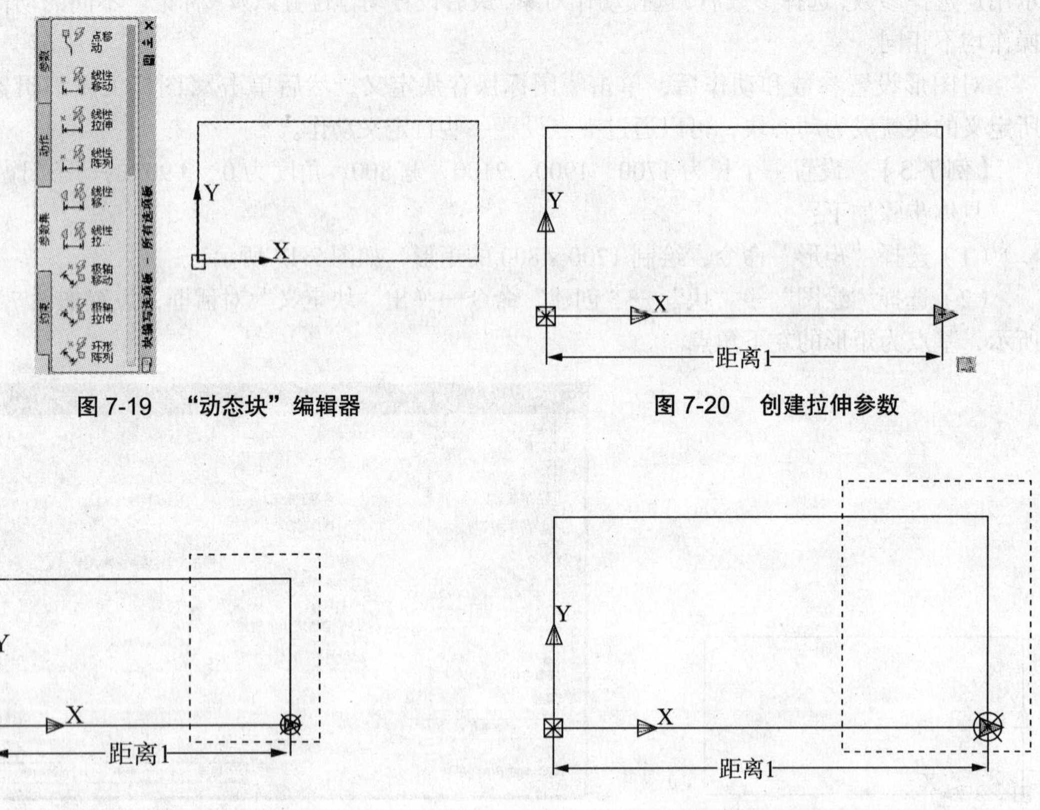

图 7-19 “动态块”编辑器　　图 7-20 创建拉伸参数

图 7-21 指定位伸框架　　图 7-22 指定拉伸对象

（5）选择“距离”线性参数，单击鼠标右键，在弹出的快捷菜单中选择“特性”命令，弹出如图 7-24 所示的“特性”选项板，打开到“值集”卷展栏，在“距离类型”下拉列表中选择“列表”选项。

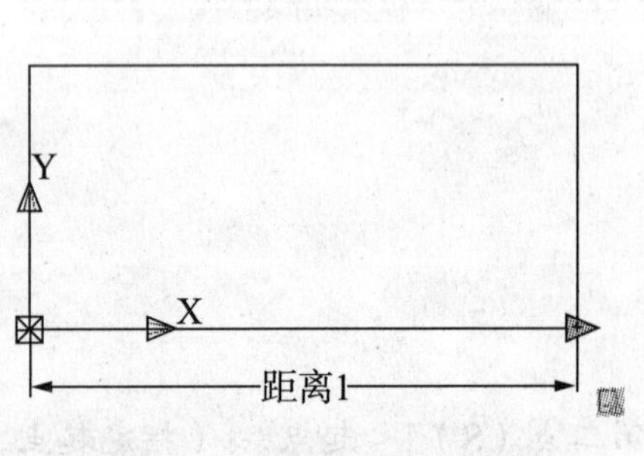

图 7-23 创建完成拉伸动作

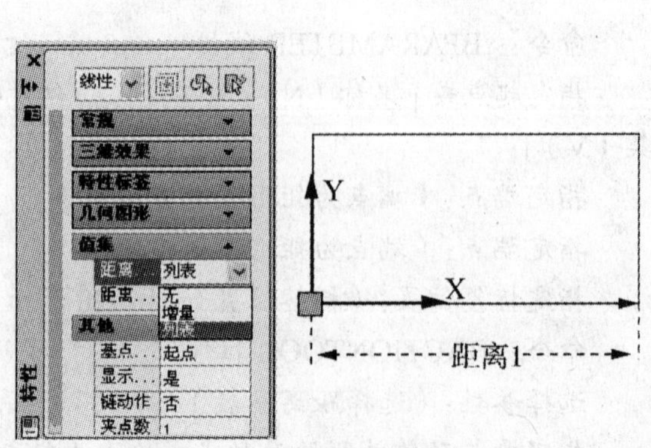

图 7-24 “特性”选项板

（6）单击“距离值列表”下拉列表框后面的按钮，弹出“添加距离值”对话框，在“要添加的距离”文本框中添加距离值，单击“添加…”按钮添加到列表中，如图 7-25 所示，添加列表中的数值后单击“确定”按钮，完成距离参数的设置，如图 7-26 的所示。

图 7-25 “添加距离值”对话框

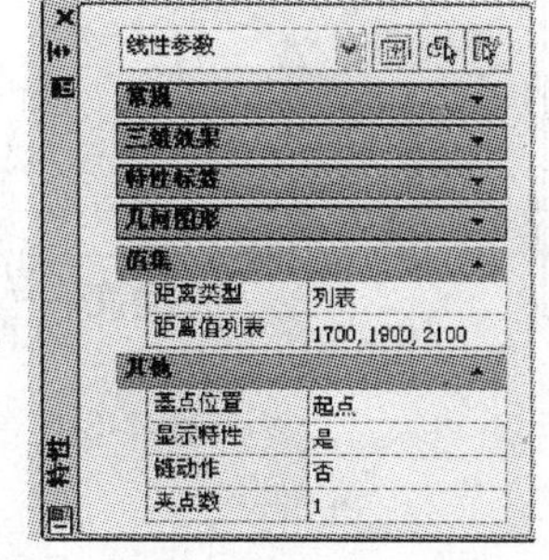

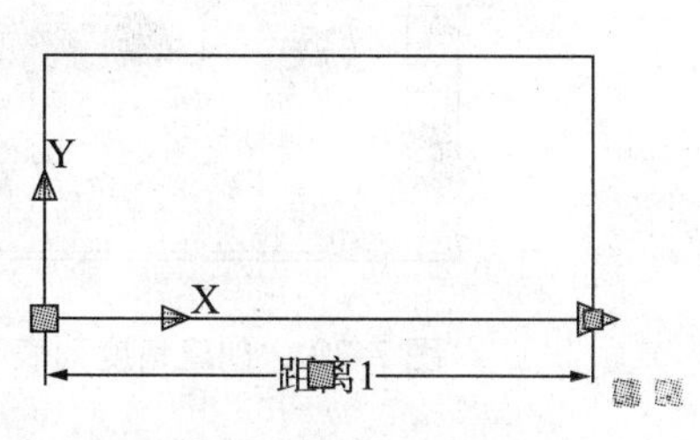

图 7-26 距离参数的设置

（7）在块编写选项板中的“参数集”选项卡里，选择选项，命令行提示如下：

命令：BPARAMETER 旋转

指定基点或 [名称（N）/ 标签（L）/ 链（C）/ 说明（D）/ 选项板（P）/ 值集（V）]:

指定参数半径：（参数半径为下边上的一点）

指定默认旋转角度或 [基准角度（B）] <0>：（按 Enter 键，默认角度为 0，添加参数效果如图 7-27 所示）

命令：BACTIONTOOL 旋转

选择参数：

指定动作的选择集：（使用交叉窗口选择所有的图形对象）

选择对象：（按 Enter 键，完成旋转动作的创建，效果如图 7-28 所示）

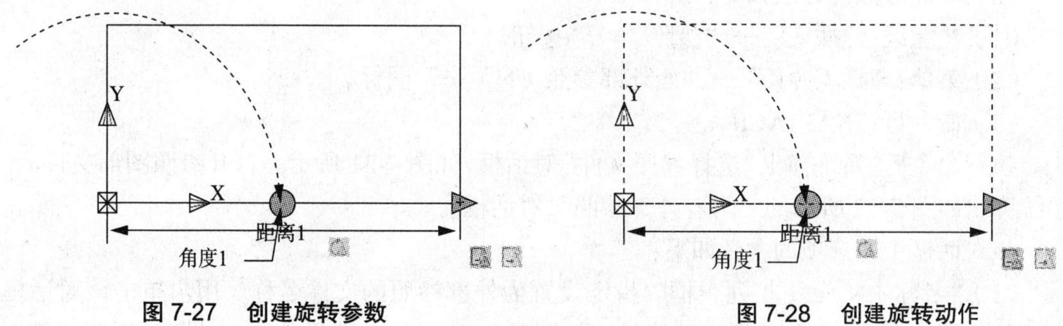

图 7-27 创建旋转参数

图 7-28 创建旋转动作

（8）与步骤（5）和步骤（6）类似，为角度参数添加值集，设置值集为 0° 和 90°，效果如图 7-29 所示。

（9）单击“保存块定义”按钮，单击“关闭编辑器”按钮，关闭动态块编辑器，完成后效果如图 7-30 所示。

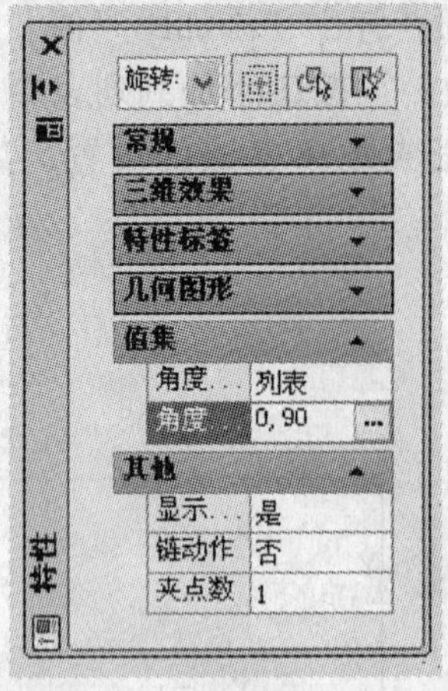

图 7-29　创建角度列表

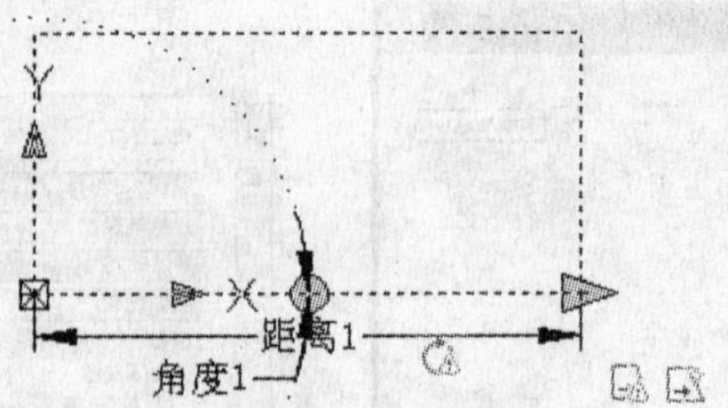

图 7-30　创建后的图块

7.4　外部参照

外部参照提供了比块更为灵活的图形引用方法。外部参照是把已有的其他图形文件链接到当前图形文件中。

外部参照具有以下优点：

（1）外部参照中每个图形的数据仍然保存在各自的图形文件中，当前图形中保存的只是外部参照的名称和路径。

（2）作为外部参照的图形会随着原图形的修改而更新。

7.4.1　附着外部参照

插入外部参照的方法如下：

（1）功能区："插入"→"参照"→按钮。

（2）菜单："插入（I）"→"外部参照（N）…"图标。

（3）命令行：XATTACH。

执行命令后，系统弹出"选择参照文件"对话框，如图 7-31 所示。打开参照图形文件后，系统弹出如图 7-32 所示的"附着外部参照"对话框。

该对话框中各选项的含义如下：

（1）"名称（N）"下拉列表框。指定设置为外部参照的文件名称。用户单击该对话框右侧的"浏览（B）…"按钮，系统弹出如图 7-31 所示的"选择参照文件"对话框，重新选择外部参照文件。

（2）"参照类型"选项区。指定外部参照的类型。选中"附加型（A）"单选按钮，表示显示嵌套参照中的嵌套内容；选中"覆盖型（O）"单选按钮，表示不显示。

（3）"路径类型"下拉列表框。用于选择保存外部参照的路径类型，包括"完整路径"、

“相对路径”和“无路径”3种类型。

其他选项的含义和“插入”对话框中的选项一样，不再叙述。

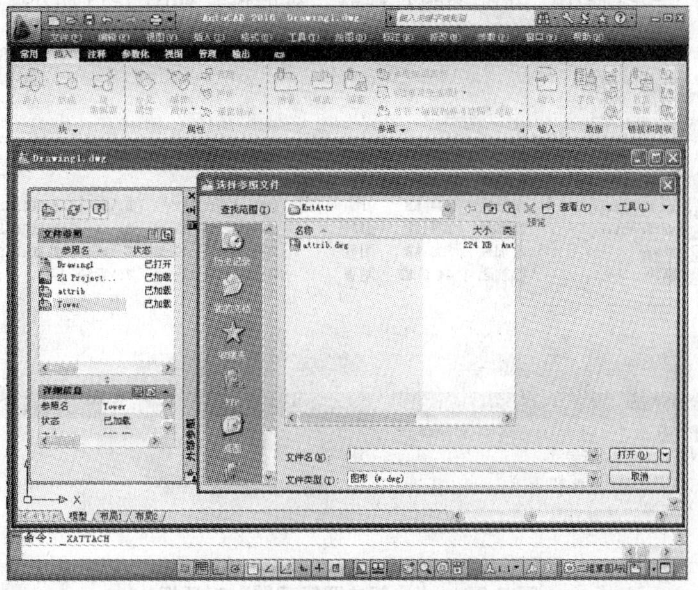

图 7-31　“选择参照文件”对话框

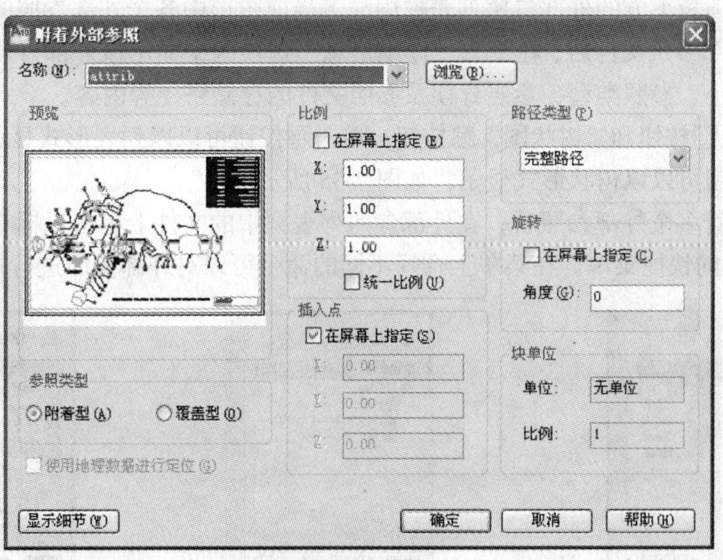

图 7-32　“附着外部参照”对话框

7.4.2　管理外部参照

当外部参照数目比较多，参照图形比较复杂时，最后通过“外部参照管理器”来进行编辑和管理。

调用管理外部参照的方法如下：

（1）菜单："插入（I）"→"外部参照…"图标。

（2）命令行：XREF。

执行命令后，系统弹出"外部参照管理器"对话框，如图 7-33 所示。

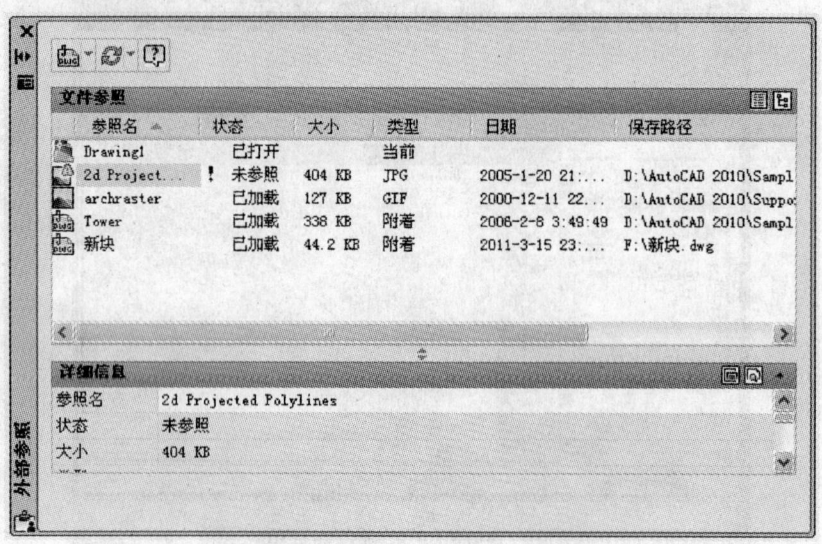

图 7-33 "外部参照管理器"对话框

外部参照列表框：用户单击选项板上的"附着"按钮，可以添加不同格式的外部参照文件；在选项板下方的外部参照列表框中显示当前图形中各个外部参照的文件名称；选择任意一个外部参照文件后，在下方"详细信息"选项区中显示该外部参照的名称、加载状态、文件大小、参照类型、参照日期及参照文件的存储路径等内容。

"列表图"按钮和"树状图"按钮：单击按钮可以以列表形式显示，如图 7-34 所示；单击按钮可以以树状形式显示，如图 7-35 所示。

当用户附着多个外部参照后，在外部参照列表框中的文件上单击鼠标右键，系统弹出如图 7-36 所示的快捷菜单。在菜单上选择不同的命令可以对外部参照进行相关的操作。

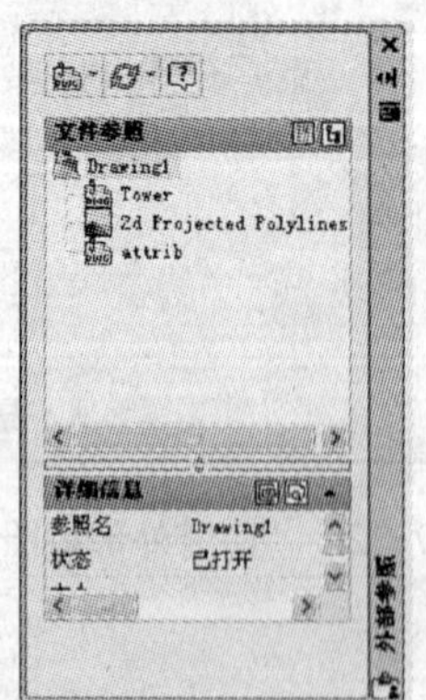

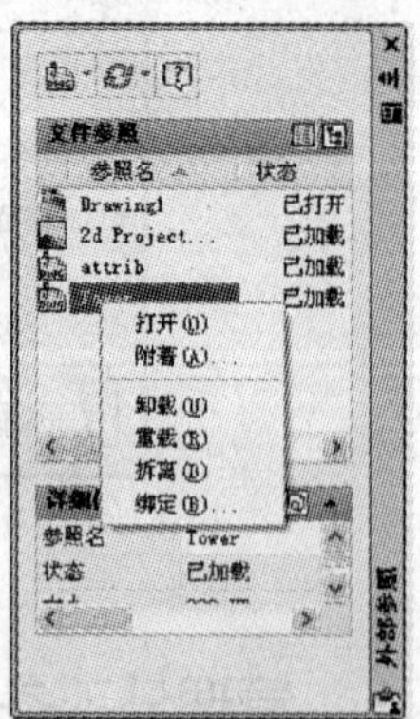

图 7-34 列表显示外部参照列表框 图 7-35 树状显示外部参照列表框 图 7-36 管理外部参照文件

该对话框中主要选项的功能如下：

（1）"打开（O）"命令。选择该命令可以在新建窗口中打开选定的外部参照进行编辑。

在“外部参照管理器”对话框关闭后，显示新建窗口。

（2）“附着（A）”按钮。单击该按钮，系统打开“选择参照文件”对话框，在该对话框中，可以选择需要插入到当前图形中的外部参照文件。

（3）“卸载（U）”按钮。单击该按钮，将从当前图形中移走不需要的外部参照文件，但移走后仍保留该参照文件的路径，当希望再参照该图形时，单击对话框中的“重载”按钮即可。

（4）“重载（R）”按钮。单击该按钮，系统在不退出当前图形的情况下，更新外部参照文件。

（5）“拆离（D）”按钮。单击该按钮，系统将从当前图形中移去不再需要的外部参照文件。

（6）“绑定（B）”按钮。单击该按钮，系统可以将外部参照的文件转换成为一个正常的图块，即将所参照的图形文件永久地插入到当前图形中，插入后系统将外部参照文件的依赖符号转换为永久符号。

7.4.3 剪裁外部参照

剪裁外部参照的方法如下：

（1）功能区：“插入”→“参照”→“剪裁”按钮。

（2）菜单：“修改（M）”→“剪裁（C）”→“外部参照（X）”图标。

（3）命令行：XCLIP。

执行命令后，系统提示如下：

选择对象：（选择参照图形）
选择对象：回车（也可以继续选择）
输入剪裁选项
[开（ON）/关（OFF）/剪裁深度（C）/删除（D）/生成多段线（P）/新建边界（N）]
<新建边界>：

该提示中各选项意义如下：

（1）开（ON）：启用外部参照剪裁功能，即如果为参照图形定义了剪裁边界、前后剪裁面，则在主图形中仅显示位于剪裁边界、前后剪裁面之内的参照图形部分。

（2）关（OFF）：关闭外部参照剪裁功能，即显示全部参照图形，不受边界的限制。

（3）剪裁深度（C）：对参照的图形设置前后剪裁面。

执行该选项后，系统依次提示：

指定前剪裁点或[距离（D）/删除（R）]：
指定后剪裁点或[距离（D）/删除（R）]：

用户按提示依次响应即可。

（4）删除（D）：删除指定外部参照的剪裁边界。

（5）生成多段线（P）：自动生成一条与剪裁边界相一致的多段线。

（6）新建边界（N）：设置新的剪裁边界。

执行该选项后，命令行提示如下：

指定剪裁边界：
[选择多段线（S）/ 多边形（P）/ 矩形（R）/ 反向剪裁（I）] < 矩形 >:

该提示中各选项的含义：
选择多段线（S）：选择已有的多段线作为剪裁边界。
多边形（P）：定义一条封闭的多段线作为剪裁边界。
矩形（R）：以矩形作为剪裁边界，该选项为默认项。
反向剪裁（I）：以线框选择范围之外为剪裁边界。
用户依次响应后，矩形即为剪裁边界。

注意：设置剪裁边界后，使用系统变量 XCLIPFRAME 可控制是否显示该剪裁边界。当 XCLIPFRAME 为 0 时不显示，为 1 时显示。上述介绍的剪裁功能也适用于块对象。

7.4.4 绑定外部参照

绑定外部参照的方法如下：
（1）菜单："修改（M）" → "对象（O）→ "外部参照（E）" → "绑定（B）…" 图标。
（2）命令行：XBIND。

执行命令后，系统打开"外部参照绑定"对话框，如图 7-37 所示。

在该对话框中，可以将块、尺寸样式、图层、线型以及文字中的依赖符永久地添加到当前图形中，成为该图形中不可分割的一部分。

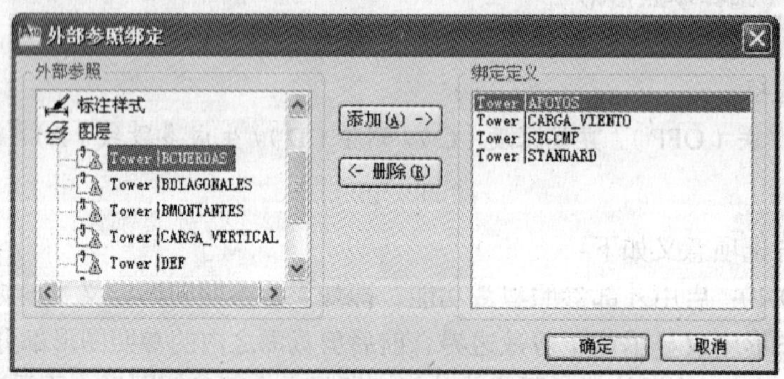

图 7-37 "外部参照绑定"对话框

7.5 附着光栅图像

光栅图像是指由一些称为像素的小方块或点的矩形栅格组成的图像。系统提供了对多数常见图像格式的支持，包括 bmp、jpg、gif、pcx、tif 等。这些光栅图像可以像外部参照一样附着到 AutoCAD 图形文件中。

用户可以使用链接图像路径将对光栅图像文件的参照附着到图像文件中，图像文件可以从 Internet 上访问。

用户可以参照图像并将它们放在图形文件中，但与外部参照一样，它们不是图形文件的实际组成部分。图像通过路径名链接到图形文件。用户可以随时更改或删除链接的图像路径。用户通过使用链接图像路径附着图像或使用 DESIGNCENTER 拖动图像，可以将图像放入图形中，但这会稍微增加图形文件的大小，详细内容请参见通过设计中心添加内容。

附着图像后，用户就可以像块一样将其多次重新附着。插入的每个图像都有自己的剪裁边界和自己的亮度、对比度、淡入度和透明度设置。

通过 Internet 访问光栅图像，设计人员可以将设计或产品图像存储在 Internet 上，用户可以轻松地从 Internet 上访问图像文件。

附着光栅图像的方法如下：

（1）功能区："插入"→"参照"→按钮。

（2）菜单："插入（I）"→"光栅图像参照（I）…"图标。

（3）命令行：IMAGEATTACH。

附着图像的步骤如下：

（1）在"选择图像文件"对话框中，从列表中选择文件名或在"文件名"框中输入图像文件名称，单击"打开"。

（2）在"图像"对话框中，使用以下方法之一指定插入点、比例或旋转角度：

1）选择"在屏幕上指定"：可使用定点设备在所需位置、按所需比例或角度插入图像。

2）清除"在屏幕上指定"：可在"插入点"、"比例"或"旋转角度"下输入值。

3）"图像信息"：查看图像分辨率、单位、大小等。

（3）单击"确定"。

图像插入效果如图 7-38 所示。

图 7-38 光栅图像插入

思考与操作

一、填空题

1. 定义块的三个要素是 ________、________ 和 ________。

2. 要定义块，可执行 ________ 命令；要将块保存为单独的文件，可执行 ________ 命令。
3. 要在当前图形中使用已创建的块文件，可以 ________________。
4. 要在当前图形中使用其他图形文件中定义的块，可以 ________。
5. 所谓动态块实际上就是定义了 ________ 及其 ________。
6. 要想编辑普通块中的对象，可以执行 ____________ 操作。
7. 插入块时可设置 ________、________ 和 ________。

二、问答题

1. 简述创建和使用普通块的方法。
2. 简述创建和使用带属性的块的方法。
3. 在图形中插入了块后，如何编辑块属性？

三、操作题

1. 绘制如图 7-39（a）所示带有属性的粗糙度的图块，依据图 7-39（b）所示图形，插入不同属性值、比例、旋转角度的图块。

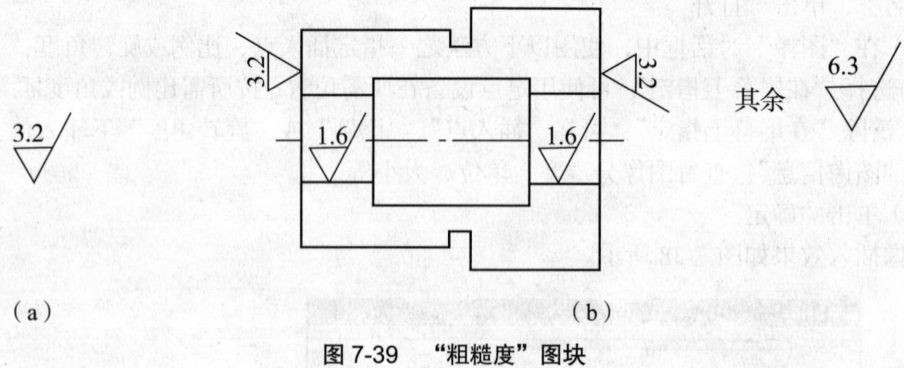

图 7-39 “粗糙度”图块

2. 如图 7-40 所示，将“单扇门”的图块创建成动态块，要求既可以控制门的大小，又可以旋转。

3. 创建如图 7-41 所示的“标高”图块，要求“标高”图块可以上下、左右翻转，可以输入标高值，标高值默认值是 0.000。

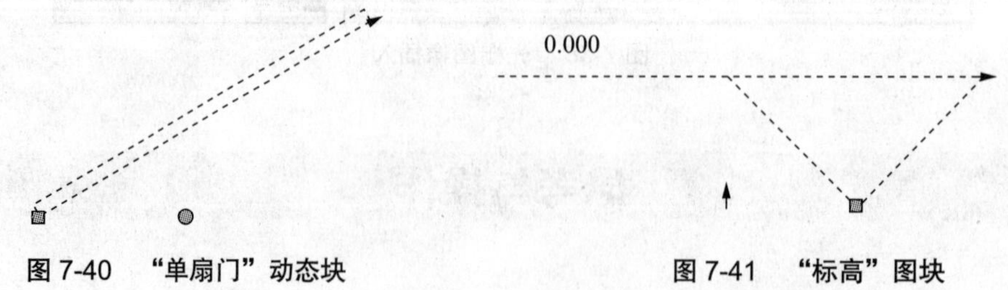

图 7-40 “单扇门”动态块

图 7-41 “标高”图块

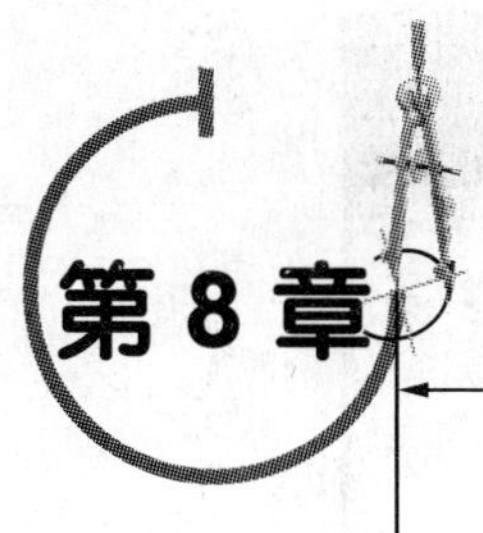

第 8 章 协同绘图工具

学习要点

- 查询工具
- 设计中心
- 工具选项板
- CAD 标准
- 图纸集管理器
- 标记集管理器

利用工具选项板和设计中心，用户可以建立自己的个性化图库，也可以利用别人提供的强大资源准确地进行图形设计。同时，利用 CAD 标准管理器、图纸集管理器和标准集管理器，用户可以有效地协同统一管理整个系统的图形文件。

8.1 对象查询

查询工具的命令集中在“工具→查询”菜单（见图 8-1）和“查询”工具栏（见图 8-2）。

8.1.1 查询面积

选择查询命令的方法如下：

（1）菜单：“工具（T）”→“查询（Q）”→“面积（A）”图标。

（2）命令行：AREA。

查询如图 8-3 所示圆环中阴影部分的面积及整个圆周长。

执行命令后，命令行提示如下：

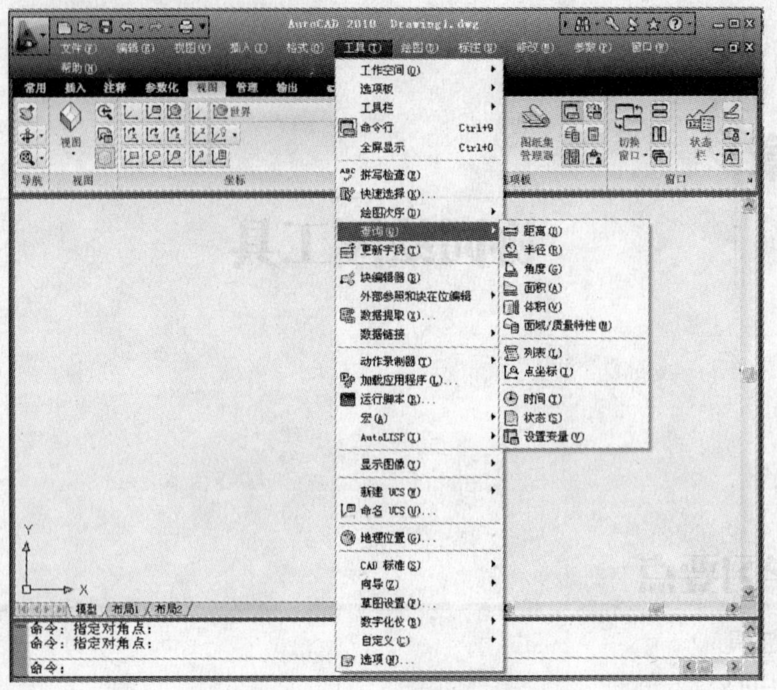

图 8-1　查询菜单

图 8-2　查询工具栏

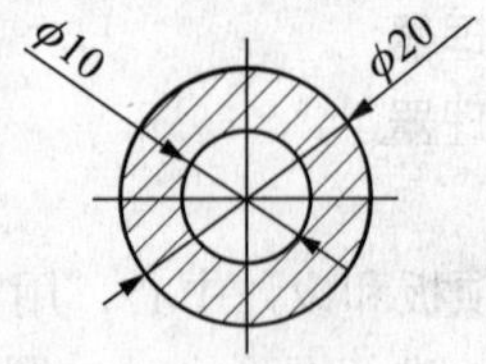

图 8-3　圆环

命令：MEASUREGEOM（或直接输入 AREA）

输入选项 [距离（D）/ 半径（R）/ 角度（A）/ 面积（AR）/ 体积（V）] <距离>: AREA

指定第一个角点或 [对象（O）/ 增加面积（A）/ 减少面积（S）/ 退出（X）] <对象（O）>：O

选择对象：（指定被查询的阴影区域）

面积 = 235.6194，周长 = 94.2478

距离、半径、角度、体积查询与面积查询类似。

8.1.2　查询对象状态

启动查询对象状态的方法如下：

（1）菜单："工具（T）" → "查询（Q）" → "状态（S）" 图标。

（2）命令行：STATUS。

执行命令后，弹出文本窗口信息如图 8-4 所示。从中可以查询或提取全部文本记录。

列表显示、点坐标、时间、系统变量等查询工具与查询对象状态的方法和功能相似。

```
AutoCAD 文本窗口 - Drawing1.dwg
编辑(E)
输入选项 [距离(D)/半径(R)/角度(A)/面积(AR)/体积(V)/退出(X)] <面积>: *取消*

命令: '_status 188 个对象在Drawing1.dwg中
模型空间图形界限          X:     0.0000    Y:     0.0000   (关)
                          X:   420.0000    Y:   297.0000
模型空间使用        X:   564.7082   Y:  1449.6908
                          X:  3102.2008    Y:  2831.9665  **超过
显示范围                  X:  2767.1212    Y:  1952.1135
                          X:  2887.3702    Y:  2020.6966
插入基点                  X:     0.0000    Y:     0.0000    Z:    0.0000
捕捉分辨率                X:    10.0000    Y:    10.0000
栅格间距                  X:    10.0000    Y:    10.0000

当前空间:                 模型空间
当前布局:                 Model
当前图层:                 0
当前颜色:                 BYLAYER -- 7 (白)
当前线型:                 BYLAYER -- "Continuous"
当前材质:                 BYLAYER -- "Global"
当前线宽:                 BYLAYER
当前标高:                 0.0000  厚度:    0.0000
填充 开  栅格 关  正交 开  快速文字 关  捕捉 关  数字化仪 关
对象捕捉模式:     圆心, 端点, 插入点, 交点, 中点, 最近点, 节点, 垂足, 象限点,

按 ENTER 键继续:
```

图 8-4　文本显示窗口

8.2　设计中心

使用 AutoCAD 设计中心可以很有效地组织设计内容，并把它们拖动到自己的图形中。使用设计中心窗口的内容显示框，来观察其资源管理器所显示的细目，如图 8-5 所示，左边方框为资源管理器，右边方框为设计中心窗口的内容显示框（包括窗口文本、图形预览和文本说明）。

8.2.1　启动设计中心

启动设计中心的方法如下：

（1）功能区：“视图”→“选项板”→ 按钮。

（2）菜单：“工具（T）”→“选项板”→“设计中心（D）”图标。

（3）命令行：ADCENTER。

启动命令后，系统将打开“设计中心”资源管理器对话框，如图 8-5 所示。默认打开的选项卡为“文件夹”选项卡。显示区采用大图标（另外包括小图标、列表、详细信息表示形式），左边的资源管理器采用树形列表方式显示，浏览资源的同时，在内容显示区显示所浏览资源的有关细目和内容。

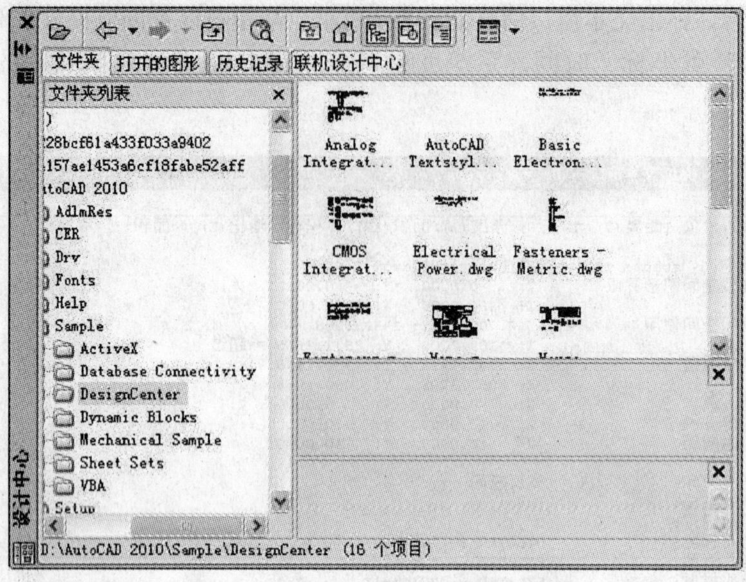

图 8-5 “设计中心”资源管理器

8.2.2 图形信息

AutoCAD 设计中心，通过“选项卡”和“工具栏”两种方式显示图形信息。

1. 选项卡

在图 8-5 所示对话框中，设计中心有四个选项卡：文件夹、打开的图形、历史记录和联机设计中心。

（1）“文件夹”选项卡：显示设计中心的资源。它与 Windows 资源管理器相似。“文件夹”选项卡显示导航图标的层次结构，包括：网络和计算机、Web 地址（URL）、计算机驱动器、文件夹、图形和相关的支持文件、外部参照、布局、填充样式和命名对象，以及图形中的块、图层、线型、文字样式、表格样式、多重引线样式、外部参照、标注样式和打印样式。

（2）“打开的图形”选项卡：显示在当前环境中打开的所有图形，其中包括最小化的图形，如图 8-6 所示。此时单击某个文件图标就可以看到该图形的有关设置，如标注样式、表格样式、布局、图层、外部参照等。

图 8-6 “打开图形”选项卡

（3）“历史记录”选项卡：显示最近访问过的文件，包括这些文件的完整路径，如图 8-7 所示。用户双击列表中的某个图形文件，可以在“文件夹”选项卡的树状视图中定位图形文件并将其内容加载到内容区域中。

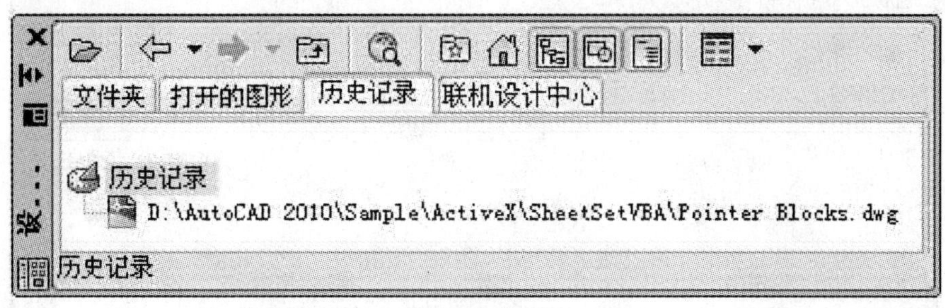

图 8-7 “历史记录”选项卡

（4）“联机设计中心”选项卡：访问联机设计中心的网页，此功能的实现需要连接到 Internet 以后方能进行。通过联机设计中心，可以访问数以千计的预先绘制的符号、制造商信息，以及内容集成商站点，如图 8-8 所示。

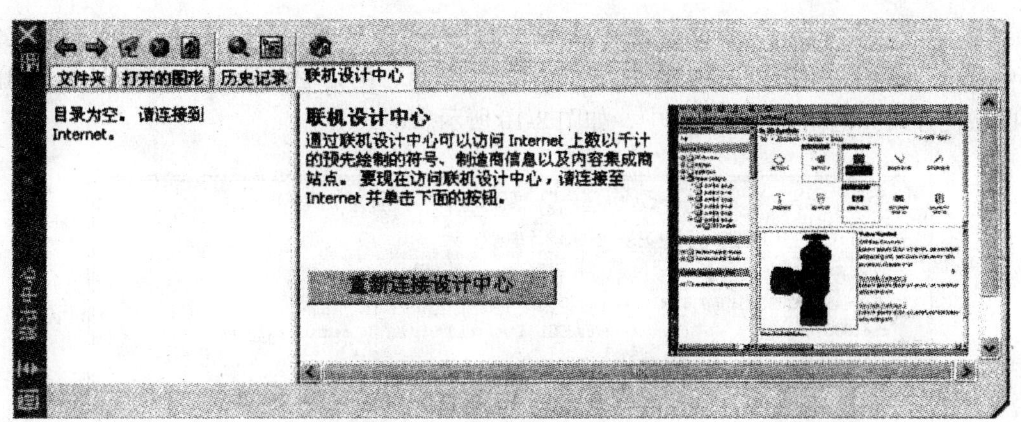

图 8-8 “联机设计中心”选项卡

2. 工具栏

设计中心窗口顶部有一条工具栏，这些工具选项按钮分别是：加载、上一页、下一页、上一级、搜索、收藏夹、主页、树状图切换、预览、说明和视图。现将主要命令介绍如下：

（1）“加载” 按钮：从 Windows 桌面、收藏夹或 Internet 上加载文件。

（2）“搜索” 按钮：单击该按钮，系统弹出如图 8-9 所示“搜索”对话框，利用该对话框各选项可查找图形或其他内容。在设计中心里可以查找的内容有：图形、填充图案、填充图案文件、图层、块、图形和块、外部参照、文字样式、线型、标注样式和布局等。在“搜索”对话框中有三个选项卡，分别给出三种搜索方式：“图形”、“修改时期”和“高级”信息搜索。

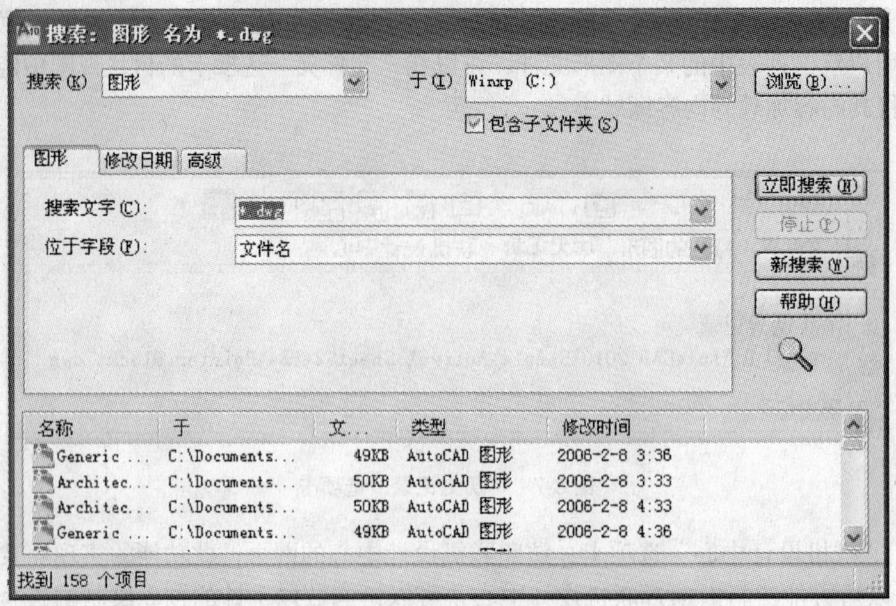

图 8-9 "搜索"对话框

（3）"收藏夹"按钮："收藏夹"在"文件夹列表"中显示 Favorites\Autodesk 文件夹中的内容，用户可以通过右键快捷菜单将本地磁盘、网络驱动器或 Inernet 网页上的内容的快捷方式标记在"收藏夹"中，如图 8-10 所示。

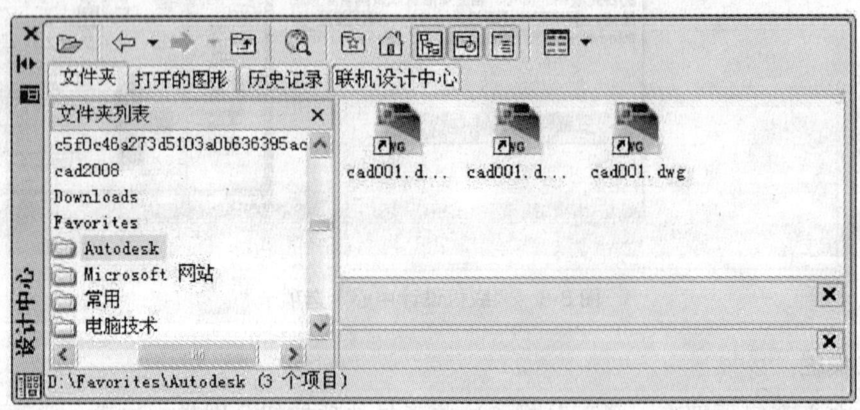

图 8-10 "收藏夹"对话框

（4）"主页"按钮：点击该按钮，系统将设计中心窗口快速定位到文件 AutoCAD 2010\ Sample 中，如图 8-5 所示。

8.2.3 利用设计中心插入图块或图形

如果将一个图块插入到图形中，块定义就被复制到图形数据库当中。在一个图块被插入图形之后，如果原来的图块被修改，则插入到图形当中的图块也将随之改变。

当一个命令正在执行时，不能在图形中插入图块。例如，在插入块时，提示行提示正在执行一个命令，此时光标变成一个带斜线的圆，提示操作无效。另外，一次只能插入一个图块。

插入图块，有以下几种方法：

（1）从文件夹列表或查找结果列表框选择要插入的对象，拖动对象到打开的图形当中。样式、布局、图层、线型均可用这种方法复制，并且可以一次复制多个非图块对象。

（2）在图8-11（a）中单击鼠标右键，则会出现图8-11（b）所示对话框。点击插入块（I）命令，则出现“插入块”对话框，如图8-11（c）所示。也可以双击被插入的对象，则直接弹出“插入块”对话框。在该对话框中，选择相应项，从而完成“插入块”的操作。

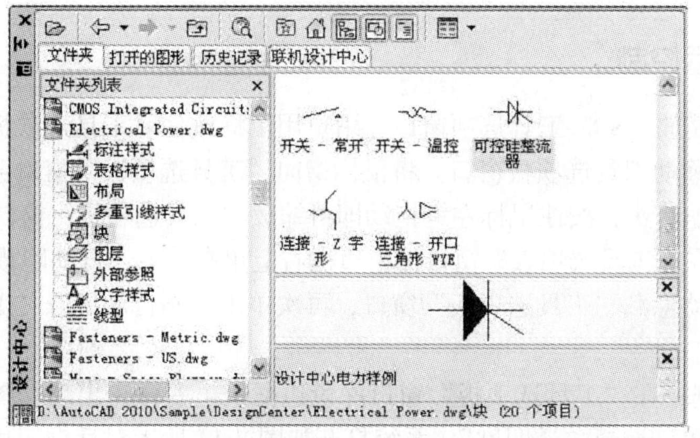

(a)

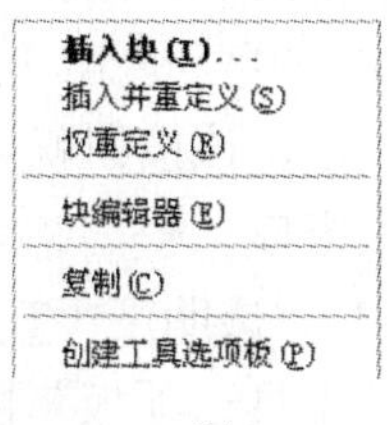

(b)

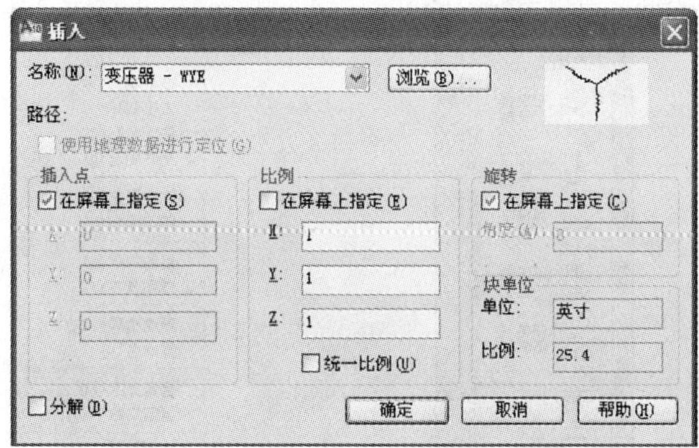

（c）

图 8-11 “设计中心”快捷菜单

8.3 工具选项板

工具选项板提供组织、共享和放置块及填充图案的有效方法。工具选项板还可以包含第三方提供的自定义工具。

8.3.1 打开工具选项板

启动工具选项板的方法如下：

（1）功能区："视图"→"选项板"→▦按钮。

（2）菜单："工具（T）"→"选项板"→"▦工具选项板（T）"图标。

（3）命令行：TOOLPALETTES。

执行该命令后，系统将打开"工具选项板"选项卡，如图 8-12 所示。单击所需要的相关图形块，即可在命令行出现："指定插入点或 [基点（B）/ 比例（S）/X/Y/Z/ 旋转（R）]："。这样用户就可以将该图形当做"零件库"，将其插入到当前绘图区之中。

8.3.2 工具选项板的显示控制

（1）"移动（M）"和"缩放（S）"工具选项窗口：用户用鼠标按住"工具选项板"窗口深色框，拖动鼠标，即可移动工具选项板窗口。将鼠标指向"工具选项板"窗口上下边缘及四个角点，出现双向伸缩箭头，按住鼠标左键拖动即可缩放"工具选项板"窗口。

（2）"自动隐藏（A）"：在"工具选项板"窗口深色边框右上角有一个"自动隐藏"◀▶按钮，单击该按钮就可以自动隐藏"工具选项板"窗口，再次单击，则自动展开"工具选项板"窗口。

（3）"透明度（T）"控制：在"工具选项板"窗口深色边框单击右键，出现如图 8-13 所示"工具选项板"快捷菜单。选择"透明度"，系统打开如图 8-14 所示对话框，用户可以调节"工具选项板"窗口的透明度。

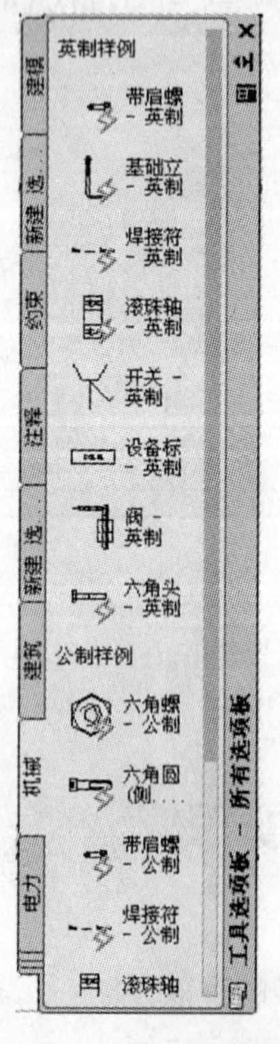

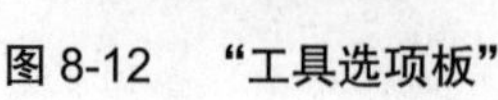

图 8-12 "工具选项板"

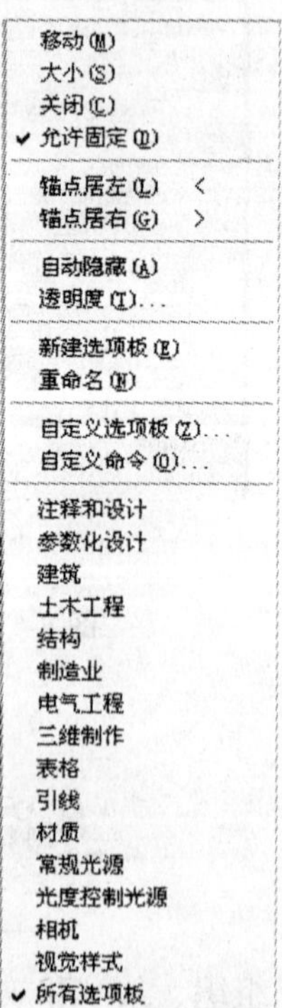

图 8-13 "工具选项板"快捷菜单

（4）“自定义选项板（Z）”：在“工具选项板”快捷菜单上选择（Z）命令，出现如图 8-15 所示窗口。它可以对工具选项目录结构及名称进行调整，可以新建选项板，也可以向工具选项板添加内容，以满足自选设计的要求。

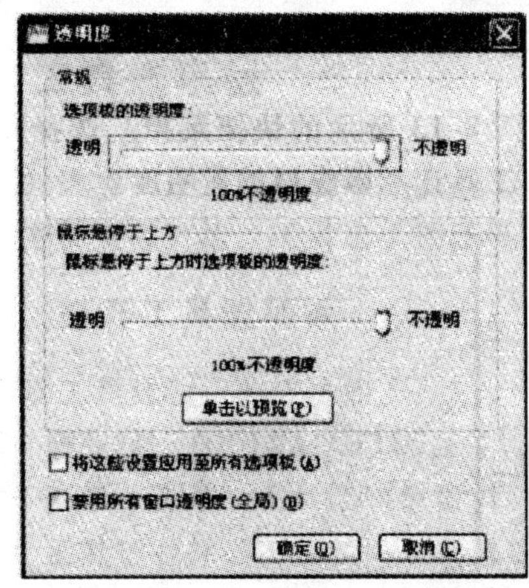

图 8-14 “透明度”对话框

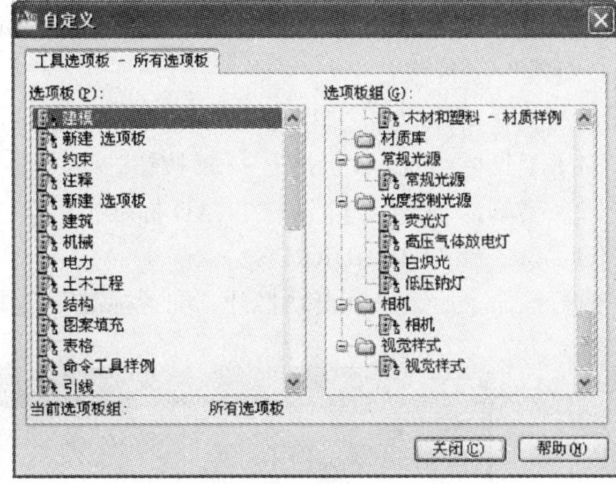

图 8-15 “自定义”窗口

8.4 CAD 标准

在绘制复杂图形时，如果绘制图形的所有人员都遵循一个共同的标准，那么绘制图形中的协调与沟通就会变得十分容易。

CAD 标准其实就是为命名对象（图层、文本样式、线型和标注样式）定义了一个公共特性集。所有用户在绘制图形时都应严格按照这个约定来创建、修改和应用该图形。

用户在定义了一个标准之后，可以以样板的形式存储这个标准，并能够将一个标准文件与多个图形文件相关联，从而检查 CAD 图形文件是否与标准文件一致。

当用户以 CAD 标准文件来检查图形文件是否符合标准时，图形文件中的所有上述提到的命名对象都会被检查到。如果用户在确定一个对象时使用了非标准文件中的名称，那么这个非标准的对象将会被清除出当前图形，任何一个非标准对象都将会被转换成标准对象。

8.4.1 创建 CAD 标准文件

CAD 可以为下列命名对象创建标准：图层、文字样式、线型和标注样式。如果要创建 CAD 标准，先创建一个定义有图层、标注样式、线型和文本样式的文件，然后以样板的形式存储起来，CAD 标准文件的扩展名为“*.dws”。用户在创建了一个具有上述条件的图形文件后，如果要以该文件作为标准文件，则用“另存为”保存成与当前文件同名的“*.dws”类型文件。

8.4.2 关联标准文件

在使用CAD标准文件检查图形文件之前，首先应该将该图形文件与标准文件关联起来。如图8-16所示，为“CAD标准”工具栏。

图8-16 “CAD标准”工具栏

启动关联文件的方法如下：

（1）工具栏：“CAD标准”→按钮。

（2）菜单：“工具（T）”→“CAD标准（S）”→“配置（C）…”图标。

（3）命令行：STANDARDS。

执行该命令后，系统自动打开“配置标准”工具栏对话框，如图8-17所示。

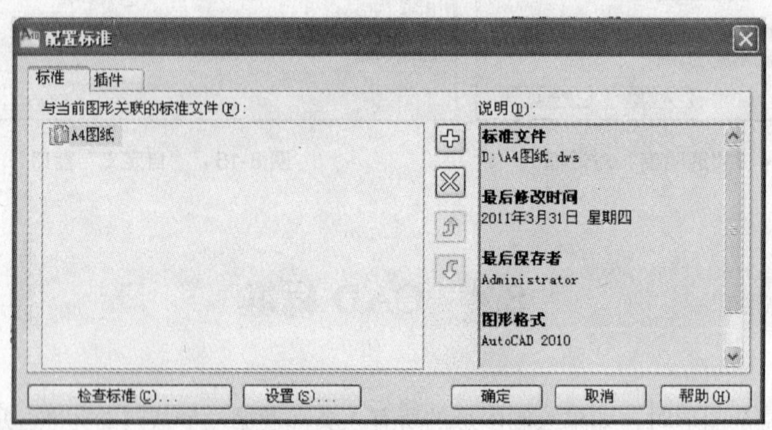

图8-17 “配置标准”工具栏

该对话框各选项的含义如下：

1.“标准”选项卡

在“与当前图形关联的标准文件”列表框中，列出了与当前图形相关联的所有标准（*.dws）文件。用户要添加标准文件，单击按钮，即可完成添加标准文件；要删除标准文件，单击按钮，即可完成删除标准文件。如果使用的多个标准之间发生冲突（如两个标准指定的名称相同而特性不同的图层），则优先采用第一个显示的标准文件。用户要在排列中改变某个标准文件的位置，请选择该文件，并单击“上移”或“下移”。可以使用快捷键添加、删除或重新排列文件。

2.“插件”选项卡

该选项卡列出并描述当前系统上安装的标准插入模块。安装的标准插入模块将用于每个命令对象，利用它即可定义标准（图层、文字样式、标准样式和线型）。预计将来第三方应用程序能够安装其他的插入模块，如图8-18所示。

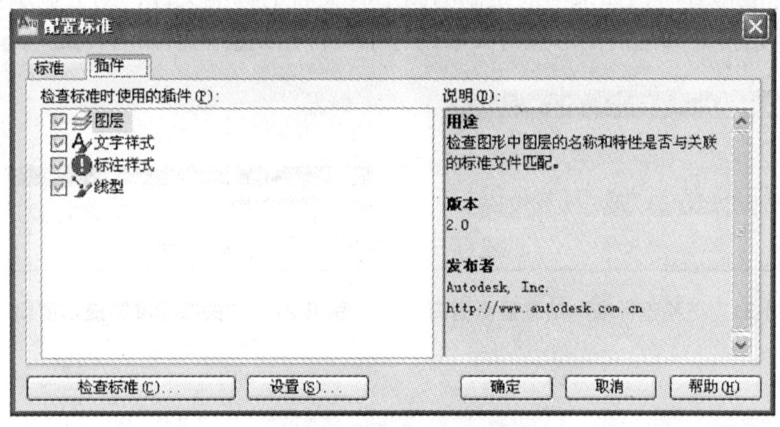

图 8-18 “插件”选项卡

8.4.3 使用 CAD 标准检查图形

启动检查标准的方法如下：

（1）工具栏：“CAD 标准”→按钮。

（2）菜单：“工具（T）”→“CAD 标准（S）”→“检查（K）”图标。

（3）命令行：CHECKSTANDARDS。

执行该命令后，系统自动打开检查标准对话框，如图 8-19 所示。其中“问题（P）”列表框提供关于对当前图中非标准对象的说明。用户要修复问题，从“替换为（R）”列表中选择一个替换选项，然后单击“修复（F）”按钮。勾选“将此问题标记为忽略”复选框，则将当前问题标记为忽略。如图 8-20 所示，如果在“CAD 标准设置”对话框中关闭了“显示忽略的问题（S）”选项，下一次检查该图时将不显示已标记为忽略的问题。

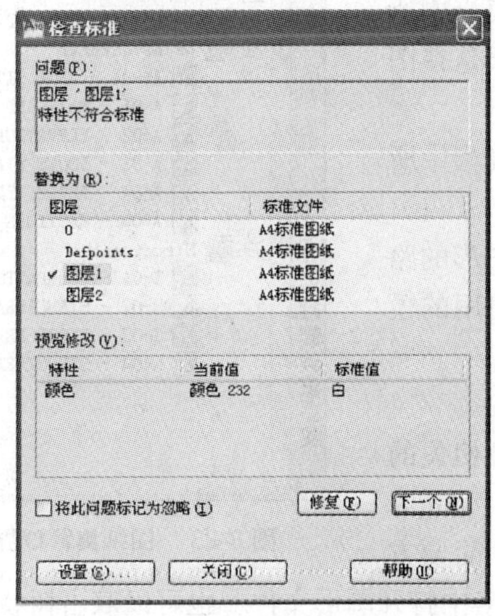

图 8-19 “检查标准”对话框

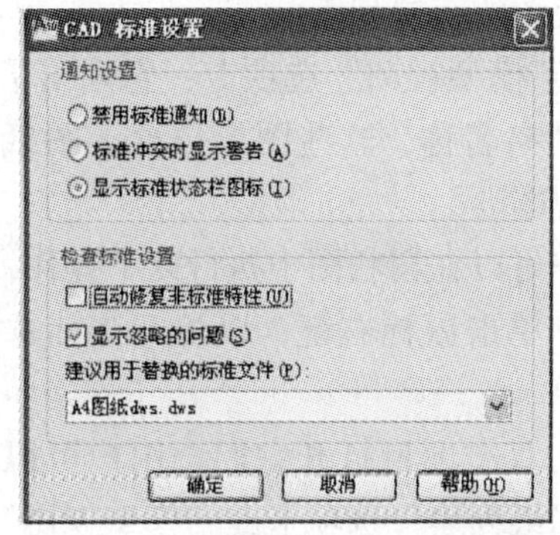

图 8-20 “CAD 标准设置”选项卡

在进行标准检查时，如果当前绘制的图形有关联的标准文件，则会显示如图 8-21 所示检查结果对话框。如当前图形没有关联的标准文件，则会显示如图 8-22 所示的提示。

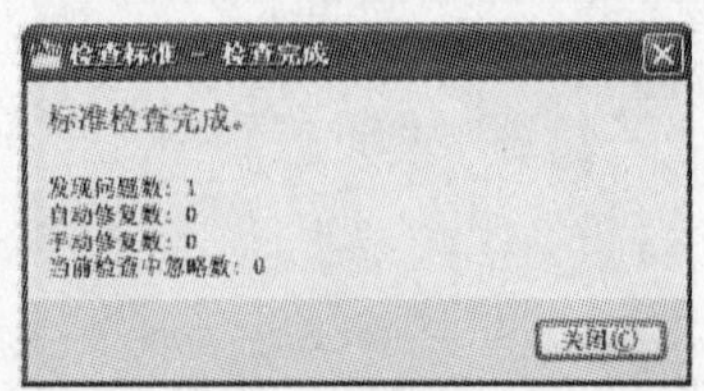

图 8-21 “检查标准”结果显示窗口

图 8-22 “关联标准”提示窗口

8.5 图纸集

图纸集是几个图形文件中图纸的有序集合。图纸是从图形文件中选定的布局，用户可以从任意图形将布局作为编号图纸输入到图纸集中，也可以将图纸集作为一个单元进行管理、传递、发布和归档。使用图纸集管理器，可以将图形作为图纸集管理。

8.5.1 图纸集管理器界面

用户使用图纸集管理器中控件，可以在图纸集中创建、整理和管理图纸。

图纸集管理器界面如图 8-23 所示。在图纸集管理器界面中，各选项和控件的含义如下：

（1）“图纸集”控件：它列出了用于创建新图纸集、打开现有图纸集或在打开的图纸集之间切换的菜单选项。

（2）“图纸列表”选项卡：它显示了图纸集当中所有图纸的有序列表。图纸集当中的每张图纸都是在图形文件中指定的布局。

（3）“图纸视图”选项卡：它显示了图纸集当中所有图纸视图的有序列表。

（4）“模型视图”选项卡：它列出了一些图形的路径和文件夹名称，这些图形包含了图纸集中使用的模型空间视图。

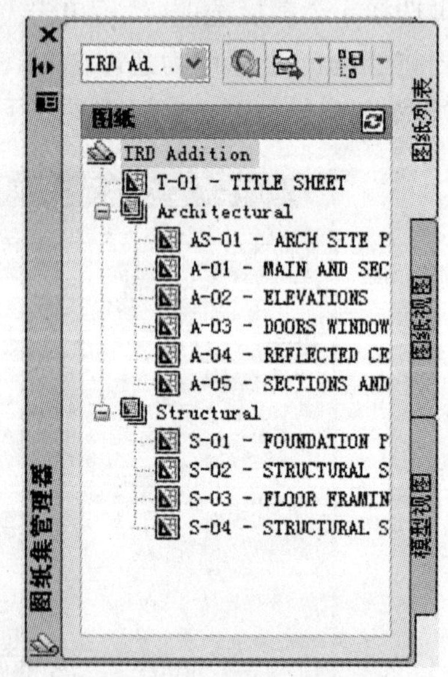

图 8-23 图纸集管理界面

用户可以在树状图中执行以下操作：

（1）单击鼠标右键，以访问当前选定项目相关的快捷菜单。

（2）双击项目打开它们。用户可以用这种简便方法从“图纸列表”选项卡或“模型视图”选项卡中打开图形文件，也可以双击树状图中的项目，以展开或收拢该项目。

（3）单击一个或多个项目选中它们，以进行打开、发布或传递等操作。

（4）单击单个项目，显示选定图纸、视图或图形文件的说明信息或缩略图预览。

（5）在树状图中拖动项目可进行重排序。

注意：要有效地使用图纸集管理器，用户可以在树状图的项目上单击鼠标右键，以访问相关快捷菜单。要在绘图区域中访问进行图纸集操作所需的快捷菜单，必须在“选项”对话框中的“用户系统配置”选项卡上选中“绘图区域中使用快捷菜单”。

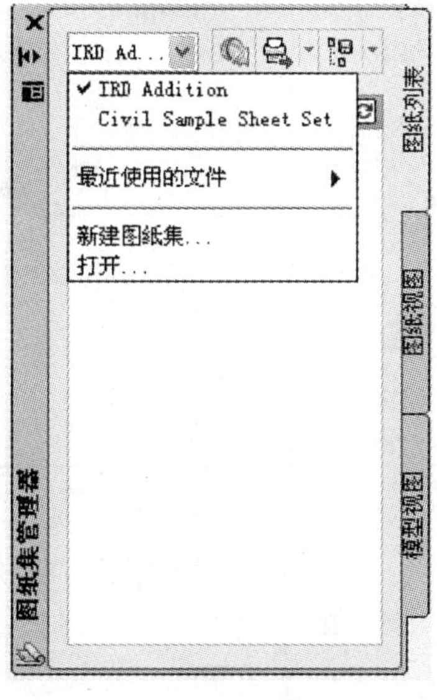

图 8-24 “创建图纸集”

8.5.2 创建和管理图纸集

用户有多种方法来设置和整理图纸集，包括图纸集及其组件的相关信息。

1. 创建图纸集

用户可以使用“创建图纸集”向导来创建图纸集。在向导中，用户既可以基于现有图形从头开始创建图纸集，如图 8-24 和图 8-25 所示。也可以使用图纸集样例作为样板进行创建，如图 8-26 所示。

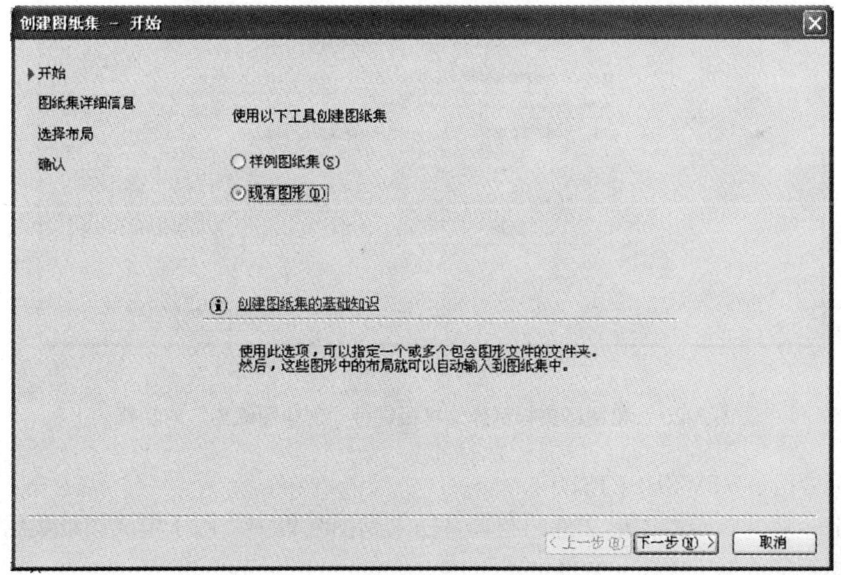

图 8-25 用现有图形“创建图纸集”对话框

启动创建图纸集的方法如下：

（1）功能区：“视图”→“选项板”→按钮。

（2）菜单：“文件（F）”→“新建图纸集（W）…”图标。

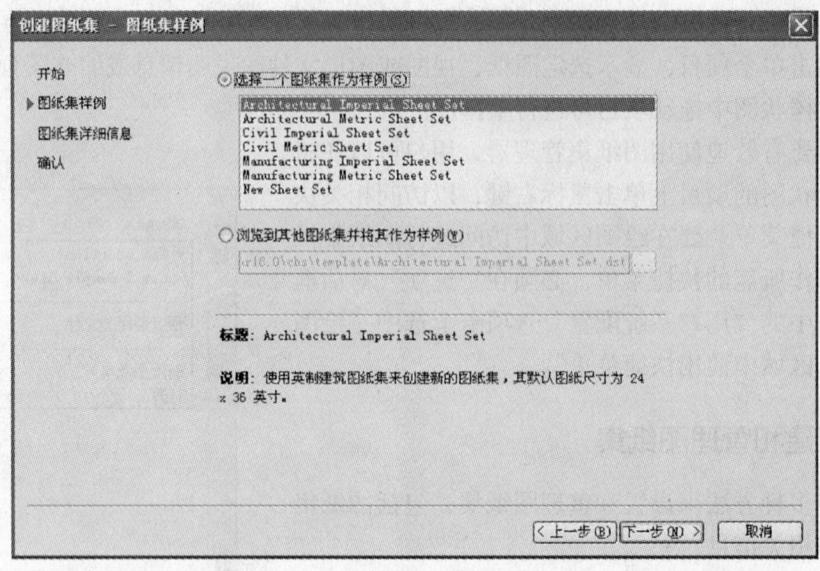

（a）

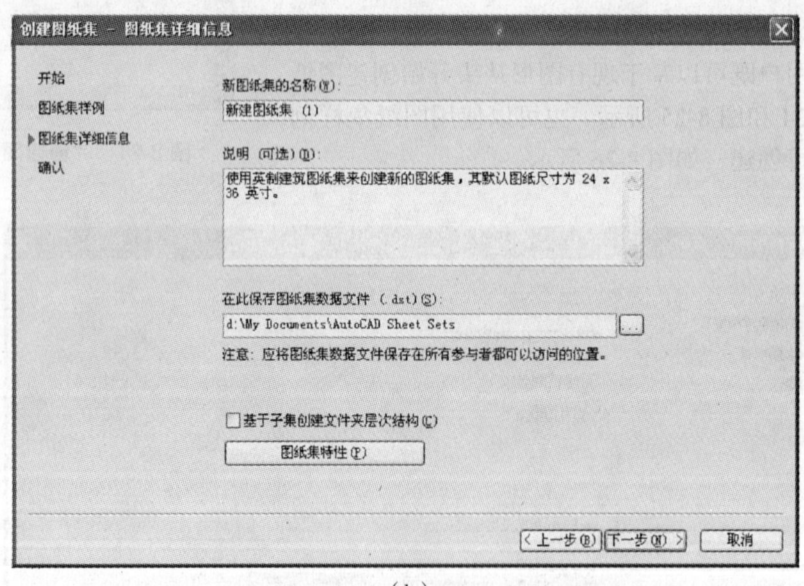

（b）

图 8-26　用图纸集样例作为样板进行"创建图纸集"对话框

（3）命令行：NEWSHEETSET。

执行命令后，指定的图形文件的布局将输入到图纸集中。用于定义图纸集的关联和信息存储在图纸集数据（DST）文件中。

在使用"创建图纸集"向导创建新的图纸集时，将创建新的文件夹作为图纸集的默认存储位置。这个新文件夹名为"AutoCAD Sheet Sets"，位于"我的文档"文件夹中。用户可以修改图纸集文件的默认位置，但是建议将 DST 文件和项目文件存储在一起，其目的，如果需要移动整个图纸集，或者修改服务器或文件夹的名称，DST 文件仍然可以使用相对路径信息找到图纸。

注意：DST 文件应存储在网络中所有图纸集用户均能访问的网络位置，并使用相同的逻辑驱动器对其进行映射。

创建图纸集的具体步骤：

（1）准备任务：用户在开始创建图纸集之前，应完成以下任务：

1）“合并图形文件”：将要在图纸集当中使用的图形文件移动到几个文件夹中。

2）“避免多个布局选项卡”：要保证在图纸集当中使用的每个图形只应包含一个布局（用作图纸集中的图纸）。对于多用户访问的情况，一次只能在一个图形中打开一张图纸。

3）“创建图纸创建样板”：创建或指定图纸集，用来创建新图纸的图形样板（DWT）文件，此图形样板文件称做图纸创建样板。在“图纸集特性”对话框或“子集特性”对话框中指定此样板文件。

4）“创建页面设置替代文件”：创建或指定 DWT 文件来存储页面设置，以便打印和发布。此文件称做页面设置替代文件，可以用于将一种页面设置应用到图纸集中的所有图纸，并替代存储在每个图形中的各个页面的设置。

注意：使用同一个图形文件中的几个布局作为图纸集中的不同图纸时，可能会使多个用户无法访问每个布局，还会减少管理选项并使图纸集整理工作变得复杂。

（2）从现有图形文件创建图纸集：在“创建图纸集”向导中，选择从现有图形文件创建图纸集时，需指定一个或多个包含图形文件的文件夹。使用此选项，用户可以指定图纸集组织复制图形文件的文件夹结构。这些图形的布局可以自动输入到图纸集中。

（3）从图纸集样例创建图纸集：在“创建图纸集”向导中，选择从图纸集样例创建图纸集时，该样例提供新图纸集的组织结构和默认设置。用户还可以指定根据图纸集的子集存储路径创建文件夹。使用此选项创建空图纸集后，可以单独地输入布局或创建图纸。

（4）备份和恢复图纸集数据文件：存储在图纸集数据文件中的数据代表了大量的工作，所以应像创建图形文件的备份一样认真创建 DST 文件的备份。

在发生 DST 文件损坏或主要用户错误等事件时，可以恢复早期保存的图纸集数据文件。每次打开图纸集数据文件时，都会将当前图纸集数据文件复制到备份文件（DS$）。此备份文件与当前图纸集数据文件具有相同的文件名，且位于相同的文件夹中。

要恢复早期版本的图纸集数据文件，首先请确保网络中没有其他用户正在使用该图纸集。然后，建议复制现有的 DST 文件并用其他文件保存。最后，重命名该备份文件，将文件扩展名从 DS$ 修改为 DST。

2. 整理图纸

对于较大的图纸集，有必要在树状图中整理图纸和视图。

在“图纸列表”选项卡上，可以将图纸整理为集合，这些集合被称做“子集”。在“图纸视图”选项卡上，可以将视图整理为集合，这些集合被称做“类别”。

“使用图纸子集”：图纸子集通常与某个主题相关联。如在建筑设计中，可能使用名为“建筑”的子集；而在机械设计中，可能使用名为“标准紧固件”的子集。在某些情况下，创建与查看状态或完成状态相关联的子集可能会很有用处。

用户可以根据需要将子集嵌套到其他子集中。创建或输入图纸或子集后，可以通过在树状图中拖动它们来对它们进行重新排序。如图 8-27 所示。

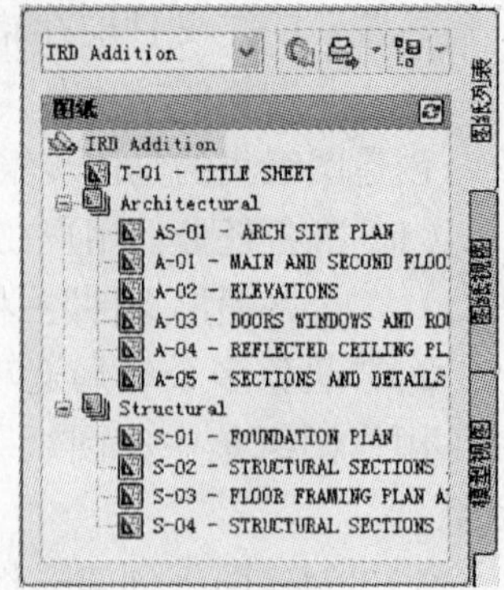

图 8-27 “图纸集”树状图

“图纸视图”：视图类别通常与功能关联。如建筑设计中，可能使用名为“立面图”的视图类别；而在机械设计中，可能使用名为“分解”的视图类别。

用户可以按类别或所在的图纸来显示视图，如图 8-28 和图 8-29 所示。

用户可以根据需要将类别嵌套到其他类别中。要将视图移动到其他类别中，可以在树状图中拖动它们或者使用“设置类别”快捷菜单项。

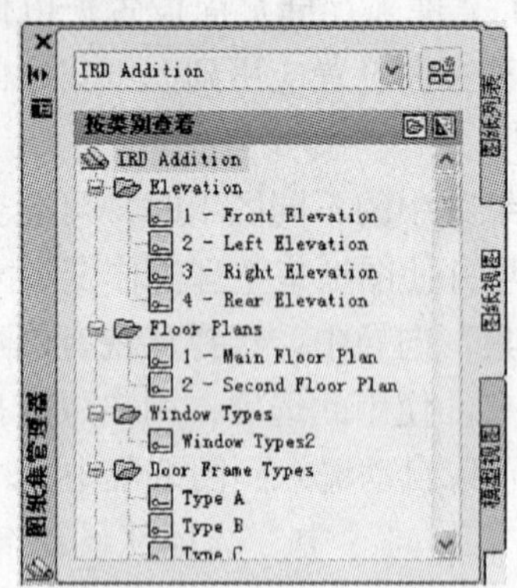

图 8-28 按“类别”查看图纸

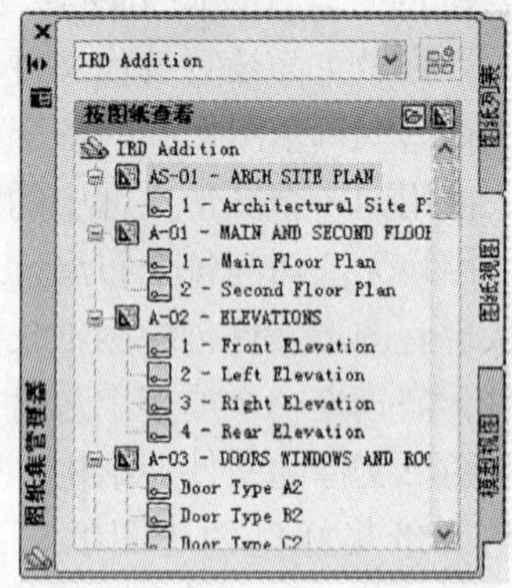

图 8-29 按“图纸”查看图纸

3. 创建和修改图纸

图纸集管理器中有多个用于“创建图纸”和“添加视图”的选项，这些选项可通过快捷菜单或选项卡按钮之一进行访问。用户应始终在打开的图纸集中修改图纸。

以下是常用图纸集操作的说明。通过在树状图中的项目上单击鼠标右键，显示出相关快捷菜单，从而访问相应命令。

（1）“将布局作为图纸输入”：创建图纸集后，用户可以从现有图形中输入一个或多个布局。通过单击以前未使用的布局选项卡来激活布局，从而初始化该布局。初始化之前，布局中不包含任何打印设置。初始化完成后，可以对布局进行绘制、发布以及将布局作为图纸添加到图纸集中（在保存图形后）。这是由若干图形的布局快速创建多个图纸的方法。在当前图形中，可以将布局选项卡拖动到图纸集管理器中“图纸列表”选项卡的“图纸”区域。

（2）“创建新图纸”：除了输入现有布局之外，用户还可以创建新图纸。在此图纸中放置视图时，与视图关联的图形文件将作为外部参照附着到图纸图形。系统创建的图纸图形文件的格式，取决于“选项”对话框的“打开与保存”选项卡上指定的格式。

“修改图纸”：用户在“图纸列表”选项卡上双击某一张图纸，可以从图纸集中打开图形。若要查看图纸，可以使用快捷菜单以只读方式打开图形。

注意：如果要修改图纸，应该先在图纸集管理器中打开相应的图纸集。这样可以确定所有与该图纸关联的数据均被更新。

（3）“重命名并重新编号图纸”：在创建图纸后，用户可以更改图纸标题和图纸编号。也可以指定与图纸关联的其他图形文件。

注意：如果更改布局名称，则图纸集中相应的图纸标题也将更新，反之亦然。

（4）“从图纸集中删除图纸”：用户从图纸集中删除图纸，将断开该图纸与图纸集的关联，但并不会删除图形文件或布局。

（5）“重新关联图纸”：如果将某个图纸移动到了另一个文件夹，应使用“图纸特性”对话框更正路径，将该图纸重新关联到图纸集。对于任何已重新定位的图纸图形，将在“图纸特性”对话框中显示“需要的布局”和“找到的布局”的路径。用户要重新关联图纸，请在“需要的布局”中单击路径，然后单击以定位到图纸的新位置。

注意：通过观察“图纸列表”选项卡底部的“详细信息”，可以快速确认图纸是否位于预设的文件夹中。如果选定的图纸不在预设的位置，“详细信息”中将同时显示“预设的位置”和“找到的位置”的路径信息。

（6）“向图纸添加视图”：用户在“模型视图”选项卡中，通过向当前图纸中放入命名模型空间视图或整个图形，即可轻松地向图纸中添加视图。

注意：创建命名模型空间视图后，必须保存图形，以便将该视图添加到“模型视图”选项卡。单击“模型视图”选项卡上的“刷新”可以更新“图纸集管理器”树状图。

（7）“向视图添加标签块”：使用图纸集管理器，用户可以在放置视图和局部视图的同时自动添加标签。标签中包含与参照视图相关联的数据。标签块如图 8-30 所示。

（8）“向视图添加标注块”：标注块是指参照其他图纸的符号。标注块有许多行业特有的名称，如参照标签、关键细节、细节标记、建筑截面关键信息等。标注块中包含与所参照的图纸和视图相关联的数据。标注块如图 8-31 所示。

图 8-30 标签块

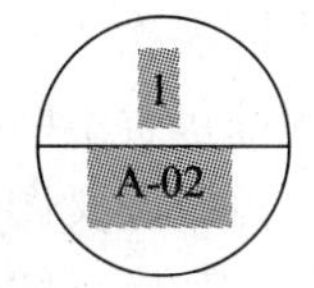

图 8-31 标注块

注意：如果要在图纸上放置带字段或视图的标注块，请确保当前图层已解锁。

（9）“创建标题图纸和内容表格”：将图纸集中的第一张图纸作为标题图纸，其中包括图纸集说明和一个列出了图纸集中的所有图纸的表。用户可以在打开的图纸中创建此表格，该表格称做“图纸列表表格”。该表格中自动包含图纸集中的所有图纸。只有打开图纸时，才能使用图纸集层快捷菜单创建图纸列表表格。创建图纸一览表之后，用户还可以编辑、更新或删除该表中的单元内容。

1）创建标注块和标签块：如果在图纸集中创建用作“标注块”或“标签块”的块，用户可以使用占位符字段来显示诸如视图标题或图纸编号等信息。标注块和标签块必须在

“图纸集特性”对话框中指定的DWG文件或DWT文件中定义。用户以后可以在图纸集管理器中的“图纸视图”选项卡上，使用快捷菜单插入标注块或标签块。

为了确保以后插入到视图或图纸上的字段显示视图或图纸的正确信息，用户必须在定义块时将该字段包含在块属性中。要创建块属性定义，请插入占位符字段作为其值，选中“预设”选项并指定标记。

注意：如果用户创建自己的标签块和标注块，请将其任何属性定义设置为“预设”，以避免将这些块放入图形时出现提示信息。

2）放置图纸视图：图纸集管理器可以自动将视图添加到图纸，并且加速了该过程。图纸中称为“图纸视图”的视图由以下几个相似实体组成：模型空间中的外部参照或几何图形、图纸上的布局视口以及图纸空间中的命名视图。

① 图纸视图可以显示其他图形文件的模型空间。在此情况下，该图形将作为外部参照附着到当前图形中。该图形文件的图层只显示在用户创建的图纸视图之中。

注意：使用相对路径附着外部参照。如果将路径更改为完全指定的路径，需要使用“外部参照”选项板。

② 系统将在当前图纸中创建显示模型空间视图的布局视口。

③ 系统将在图纸空间中创建包含布局视口区域的命名视图。

将一个图纸视图放入图纸后，在该视图所创建的新视口中，系统将冻结当前图形所在的图层。在图层特性管理器的“冻结视口”列表中，这些图层将显示为“冻结”状态。

如果需要从图纸中删除图纸视图，可以通过删除布局视口来完成。但是，要删除所有不使用的项目，需要拆离外部参照并删除命名图纸空间视图。

注意：要在放置图纸视图后立即将其删除，最简单的方法是使用UNDO命令。

4. 用图纸集和图纸包含信息

图纸集、子集和图纸用来包含各种信息。此信息称为特性，包括标题、说明、文件路径和用户定义的自定义特性。

（1）不同层次（所有者）的不同特性：图纸集、子集和图纸代表不同的组织层次，其中每个层次都包含不同类型的特性。在创建图纸集、子集或图纸时指定这些特性的值。

此外，可以定义图纸和图纸集的自定义特性。通常，每张图纸的自定义特性值都是该图纸特有的，如图纸的自定义特性可能包括设计者的名字；每个图纸集的自定义特性值都是该项目特有的，如图纸集的自定义特性可能包括的合同号。

（2）图纸集的自定义特性：通过在图纸集、子集或图纸的名称上单击鼠标右键，可以从“图纸列表”选项卡查看和编辑特性。在快捷菜单中，显示在“特性”对话框中的特性和值取决于所选内容。通过单击某一个值，可以编辑特性值。

8.5.3 发布、传递和归档图纸集

将图形整理到图纸集后，可以将图纸集打包发布、传递和归档。

“发布图纸集”：使用“发布”功能将图纸集以正常顺序或相反顺序输出到绘图仪，后台即可完成打印和发布作业。用户可以从图纸集或图纸集的一部分创建包括单张图纸或多张图纸的DWF或DWFx文件。

“传递图纸集”：通过 Internet 将图纸集或部分图纸集打包并发送。

“归档图纸集”：将图纸集或部分图纸集打包以进行存储。这与传递图纸集类似，不同的是需要为归档内容指定一个文件夹且并不传递该包。有关详细信息，请参阅 ARCHIVE 命令。

“保存图纸选择”：可以选择发布和传递部分图纸集。在“图纸列表”选项中，用户可以使用标准的 Microsoft Windows 选择方法选择各个图纸。通过单击子集节点，可以指定图纸子集当中的所有图纸。

8.6 标记集

当设计处于最后阶段时，用户可以发布要检查的图形，并通过电子方式接收更正和注释，然后可以针对这些注释进行相应处理和响应并重新发布图形。通过电子方式完成这些工作可以简化交流过程、缩短检查周期并提高设计过程的效率。

8.6.1 打开标记集管理器

启动标记管理器的方法如下：

（1）功能区：“视图”→“选项板”→按钮。

（2）菜单：“工具（T）”→“选项板”→“标记集管理器（K）”图标。

（3）命令行：MARKUP。

执行命令后，系统打开标记集管理器，如图 8-32 所示。在标记集管理器的控件下拉列表框中单击“打开”命令，或者直接在“文件”菜单中单击“加载标记集”命令，系统打开“打开标记 DWF”对话框，如图 8-33 所示。选择文件后，该标记“DWF”文件就加载到标记集管理器中，如图 8-34 所示。

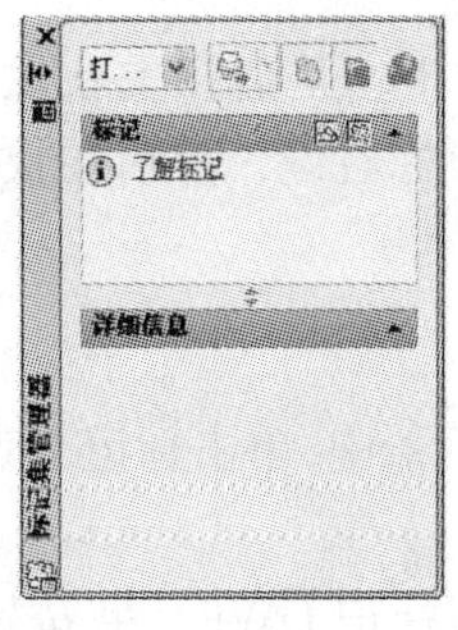

图 8-32 “标记集”管理器

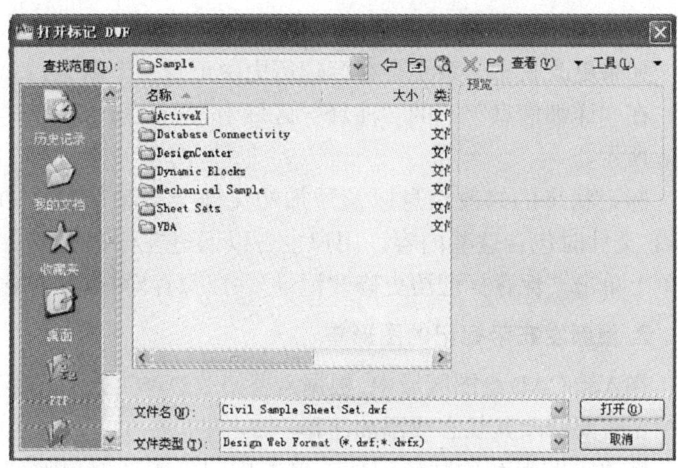

图 8-33 “打开标记 DWF”对话框

8.6.2 标记相关操作

在标记集管理器中，可以进行标记的相关操作。

1. 查看标记详细信息与修改注释

在加载的标记 DWF 文件目录中，双击文件名，或者单击鼠标右键，在打开的右键快捷菜单中选择“打开图纸”命令，系统打开带有红色标记的图纸文件，如图 8-35 所示。在下面的详细信息列表中显示出文件的详细信息。其中，包括“标记状态”下拉列表框，该列表框显示标记的四种状态：

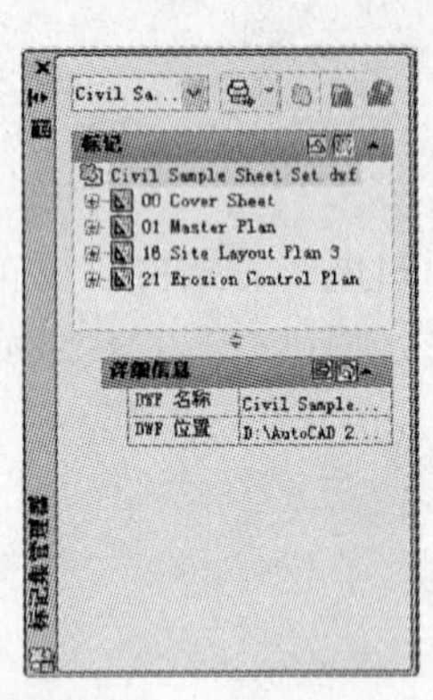

图 8-34 “加载”文件

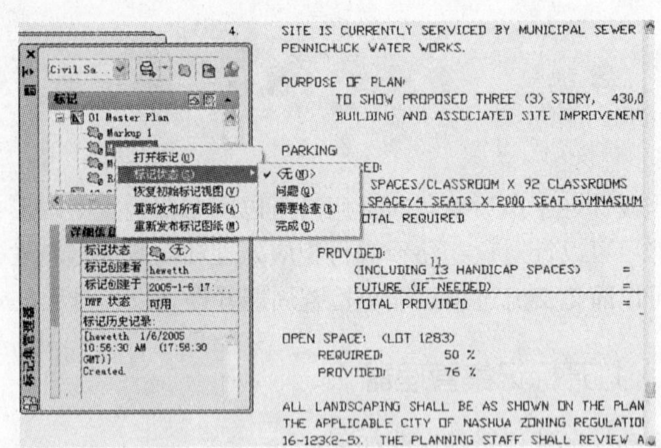

图 8-35 “带标记”的文件

（1）<无（N）>：指示尚未指定状态的单个标记。这是新标记的默认状态。

（2）问题（Q）：指示已指定“问题”状态的单个标记。打开并查看某个标记后，如果需了解该标记的更多信息，可以将其状态更改为“问题”。

（3）需要检查（R）：指定已指定“需要检查”状态的单个标记。实现某个标记后，可以将其状态更改为“待检查”，表示标记创建者应当检查对图纸和标记状态所做的修改。

（4）完成（D）：指定已指定“完成”状态的单个标记。已经实现并查看某个标记后，可以将其状态修改为“完成”。

如果更改状态，系统会在标记历史中记录一个新条目。

在“详细信息”下的“注释”区域中，用户可以为选定的标记添加注释或备注，如图 8-36 所示。

标记状态的修改信息以及添加的注释会自动保存在 DWF 文件中，并会在重新发布 DWF 文件时包含这些内容。用户也可以通过在标记集节点上单击鼠标右键，然后在快捷菜单上单击“保存标记历史修改记录”，以保存对标记的修改。

2. 重新发布带标记的图形集

在 AutoCAD 绘图区域中，根据需要修改 DWG 文件。在标记集管理器中，单击标记节点，并根据需要修改其状态或添加注释。

修改完图形和关联标记后，单击标记集管理器顶部“重新发布标记 DWF”按钮。用户也可以单击鼠标右键，在打开的右键快捷菜单中，单击下列选项之一：

“重新发布所有图纸”：重新发布带标记的 DWF 文件中的所有图纸。

“重新发布标记图纸”：仅重新发布带标记的 DWF 文件中具有关联标记的图纸。

系统打开“选择 DWF 文件”对话框，如图 8-37 所示，选择某个 DWF 文件或输入单个 DWF 文件名，然后单击“选择”。

“重新发布所有图纸”：重新发布带标记的 DWF 文件中所有图纸。

“重新发布标记图纸”：仅重新发布带标记的 DWF 文件中具有关联标记的图纸。

系统打开“选择 DWF 文件”对话框，如图 8-37 所示，选择某个 DWF 文件或输入单个 DWF 文件名，然后单击“选择”。

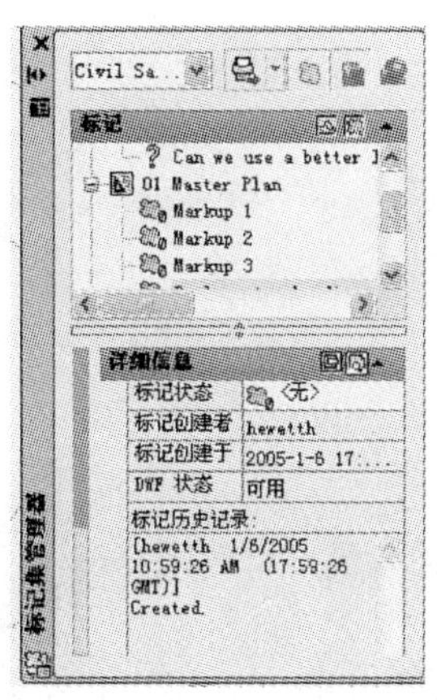

图 8-36 详细信息

图 8-37 重新发布“选择 DWF 文件”对话框

如果没有输入新的 DWF 文件名，则包含图形和标记集修改内容的同名 DWF 文件将覆盖先前创建的带标记的 DWF 文件。

经过修改后的文件包括其标记将重新发布，其他人在接受该文件后可以再次进行检查。这样有利于整套图样的规范，也有利于工作组之间的协调工作。

思考与操作

1. 什么是设计中心？设计中心有什么功能？
2. 什么是工具选项板？怎样利用工具选项板进行绘图？
3. 设计中心以及工具选项板中的图形与普通图形有什么区别？与图块又有什么区别？
4. CAD 标准的设置对图形绘制产生哪些有利的影响？
5. 将第 6 章上机练习绘制的图纸创建成一个图纸集。
6. “标记集”给绘图带来什么变化？

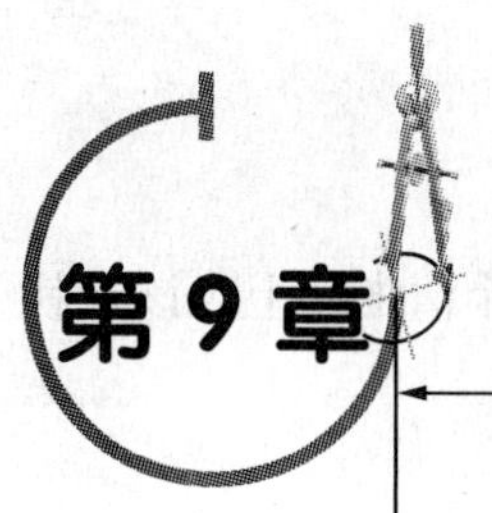

三维图形绘制基础

教学要点

- 三维坐标输入法
- 三维图形的观察
- 三维模型的绘制

目前，三维图形广泛应用于工程设计的绘图过程之中。AutoCAD 支持三种类型的建模方式：线框模型、曲面模型和实体模型。线框模型是一种轮廓模型，它由三维的直线和曲线组成，没有面和体的特征；曲面模型用面描述对象，它不仅定义了三维对象边界，而且还定义了表面，即具有面的特征；实体模型不仅具有线和面的特征，而且还具有实体特征，各实体对象之间可以进行各种布尔运算，从而创建了复杂的三维实体图形。本章只讲解三维实体图形。

9.1　三维绘图基础

在 AutoCAD 中，要创建和观察三维图形，就必须使用三维坐标系和三维坐标。因此，了解并掌握三维坐标系，树立正确的空间观念，是学习整个三维图形绘制的基础。

9.1.1　三维绘图的基本术语

三维实体模型需要在三维实体坐标系下进行描述，在三维坐标系下，可以使用直角坐标或极坐标方法来定义点。此外，在绘制三维图形时，还可使用柱坐标和球坐标来定义点。

用户在创建三维实体模型前，应先了解下面的一些基本术语：

（1）XY 平面：它是 X 轴垂直于 Y 轴组成的一个平面，此时 Z 轴的坐标是 0。

（2）Z 轴：Z 轴是一个三维坐标系的第三轴，它总是垂直于 XY 平面。

（3）高度：高度主要是 Z 轴上的坐标值。

（4）厚度：主要是 Z 轴的长度。

（5）相机位置：在观察三维模型时，相机的位置相当于视点。

（6）目标点：当用户眼睛通过照相机看某物体时，用户聚焦在一个清晰点上，该点就是所谓的目标点。

（7）视线：假想的线，它是将视点和目标点连接起来的线。

（8）和 XY 平面的夹角：即视线与其在 XY 平面的投影线之间的夹角。

（9）XY 平面角度：即视线在 XY 平面的投影线与 X 轴之间的夹角。

9.1.2 建立用户坐标系

前面已经详细介绍了平面坐标系的有关知识，它的变换和使用方法同样适用于三维坐标系。例如，在三维坐标系下，同样可以使用直角坐标和极坐标来定义点。此外，在三维空间中创建对象时，可以使用笛卡儿坐标（见图 9-1）、柱坐标（见图 9-2）或球坐标（见图 9-3）来定位点。

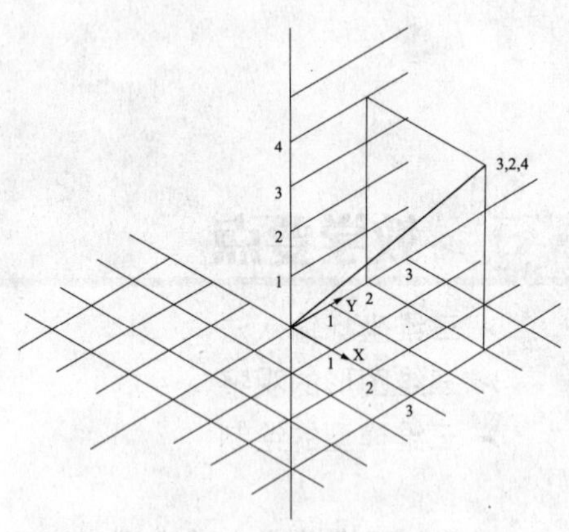

图 9-1 三维直角坐标

1. 输入三维笛卡儿坐标

三维笛卡儿坐标通过使用三个坐标值来指定精确的位置：X、Y 和 Z。

输入三维笛卡儿坐标值（X、Y、Z）类似于输入二维坐标值（X、Y）。除了指定 X、Y 值外，还要指定 Z 值。

注意：后面假设动态输入处于关闭状态，即坐标在命令行上输入。如果启用动态输入，可以使用 # 作为前缀来指定绝对坐标。

图 9-1 中，坐标值（3,2,4）表示一个沿 X 轴正方向 3 个单位，沿 Y 轴正方向 2 个单位，沿 Z 轴正方向 4 个单位的直线的终点。

（1）使用默认 Z 值：当以 X，Y 格式输入坐标时，将从上一输入点复制 Z 值。因此，可以按 X，Y，Z 格式输入一个坐标，然后保持 Z 值不变，使用 X，Y 格式输入随后的坐标。例如，如果输入直线的以下坐标：

指定第一点：0,0,5

指定下一点或 [放弃（U）]：3,4

直线的两个端点的 Z 值均为 5。当开始绘图或打开任意已有图形时，Z 的初始默认值等于 0。

（2）使用绝对坐标和相对坐标：使用二维坐标时，可以输入基于原点的绝对坐标值，也可以输入基于上一点的相对坐标值。用户要输入相对坐标，须使用 @ 符号作为前缀。例如，输入 @1,0,0 表示在 X 轴正方向上距离上一点一个单位的点。用户要在命令行中输入绝对坐标，无须输入任何前缀。

（3）数字化坐标：通过数字化输入坐标时，所有坐标的 UCS Z 值为 0。可以使用

ELEV 设置 Z=0 平面上方或下方的默认高度，以便不移动 UCS 而进行数字化。

2. 输入柱坐标

柱坐标输入相当于三维空间中的二维坐标输入。它在垂直于 XY 平面的轴上指定另一个坐标。柱坐标通过定义某点在 XY 平面距 UCS 原点的距离，在 XY 平面中与 X 轴所成的角度以及 Z 值来定位该点。使用以下语法来指定点：

X<[与 X 轴所成的角度]，Z

注意：如图 9-2 所示假设动态输入处于关闭状态，即坐标在命令行上输入。如果启用动态输入，可以使用 # 作为前缀来指定绝对坐标。

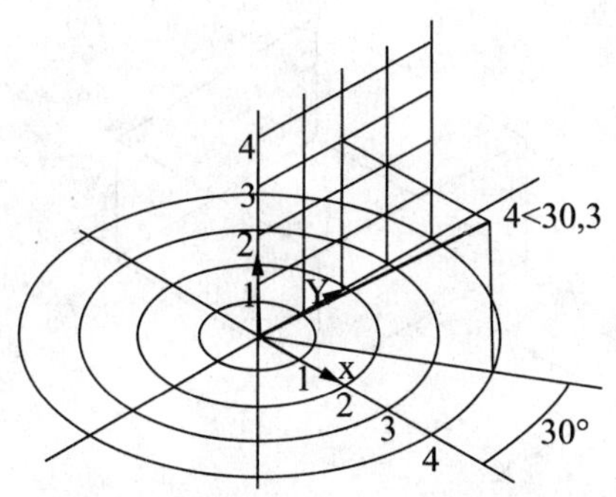

图 9-2 三维柱绝对极坐标的输入

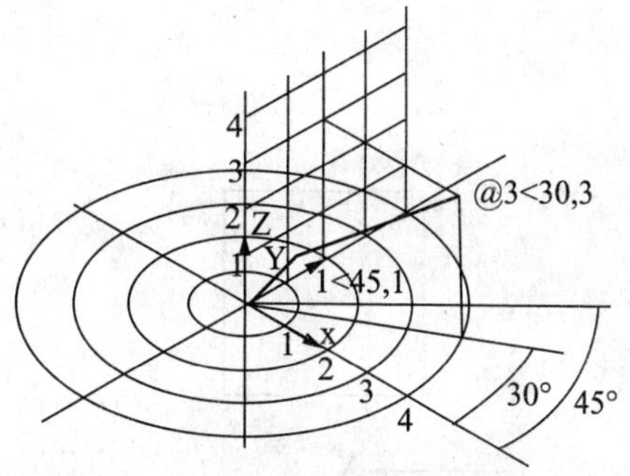

图 9-3 三维柱相对极坐标的输入

图 9-2 中，坐标“4<30，3”表示在 XY 平面中距当前 UCS 的原点 4 个单位、在 XY 平面中与 X 轴成 30° 夹角、沿 Z 轴正向 3 个单位的直线的终点坐标。

需要基于上一点来定义点时，可以输入带有 @ 符号的相对柱坐标值。如图 9-3 所示，坐标“@3<30，2”表示在 XY 平面中距上一输入点 3 个单位、在 XY 平面中与 X 轴正向成 30° 夹角、在 Z 轴方向相对上一点延伸 2 个单位的点。

3. 输入球坐标

三维绘图中，球坐标输入与二维中的极坐标输入类似。通过指定某点距当前 UCS 原点的距离、在 XY 平面中与 X 轴所成的角度以及与 XY 平面所成的角度来定位点，每个角度前面加了一个左尖括号“<”，其格式如下：

X<[与 X 轴所成的角度]<[与 XY 平面所成的角度]

使用相对球坐标输入，其格式如下：

@X<[与 X 轴所成的角度]<[与 XY 平面所成的角度]

注意：假设动态输入处于关闭状态，即坐标在命令行上输入。如果启用动态输入，可以使用 # 作为前缀来指定绝对坐标。

如图 9-4 所示，坐标“2<30<15”表示在 XY 平面中距 UCS 原点 2 个单位、在 XY

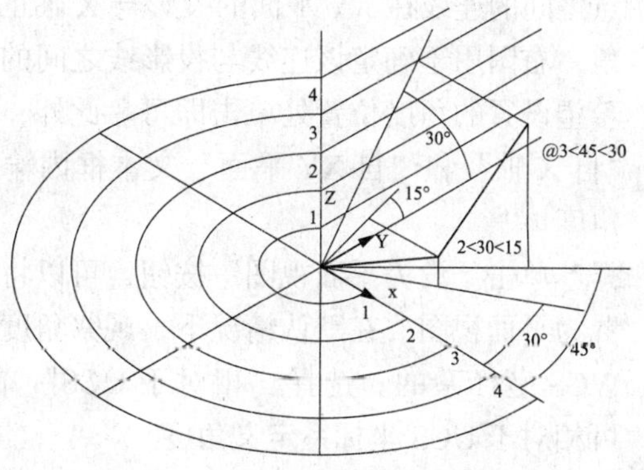

图 9-4 三维球绝对和相对极坐标的输入

平面中与 X 轴成 30° 夹角以及在 Z 轴正方向上与 XY 平面成 15° 夹角的过原点直线端点。坐标“@3<45<30”表示此点距前一点的距离为 3 个单位、在 XY 平面中与 X 轴成 45° 夹角以及在 Z 轴正方向上与 XY 平面成 30° 夹角的直线端点。

9.1.3 设置视点

视点是指观察图形的方向。例如，绘制正方体时，如果使用平面坐标系，即 Z 轴垂直于屏幕，此时仅能看到物体在 XY 平面上的投影。如果调整视点至当前坐标系的左上方，将看到一个三维物体，如图 9-5 所示。

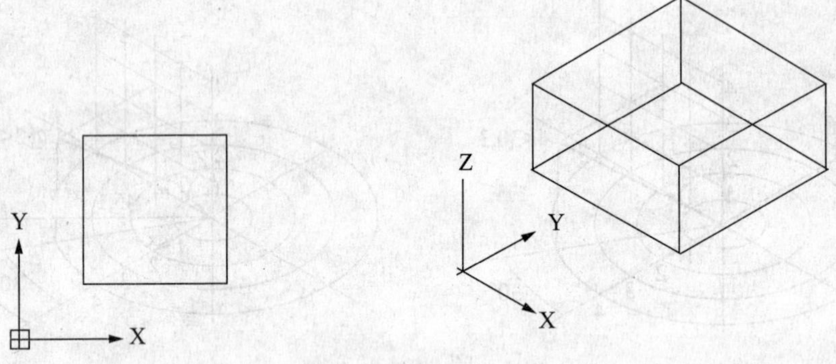

图 9-5 正方体在平面坐标系和三维视图中显示的效果

在 AutoCAD 中，可以使用视点预置、视点命令等多种方法来设置视点。

1. 使用“视点预置”对话框设置视点

启动“视点预置”设置视点的方法如下：

（1）菜单：“视图（V）”→“三维视图（D）”→“视点预设（I）…”图标。

（2）命令行：DDVPOINT。

执行命令后，系统将打开“视点预置”对话框，如图 9-6 所示。使用该对话框可以形象直观地设置视点。

在对话框的图像框中，左图用于确定原点和视点之间的连线在 XY 平面的投影与 X 轴正方向的夹角；右图用于确定该连线与投影线之间的夹角，在希望设置的角度位置处单击即可。此外，也可以在“自 X 轴”和“自 XY 平面”文本框内输入相应的角度。

单击“设为平面视图”按钮，可以将坐标系设置为平面视图。在默认情况下，观察角度是相对于 WCS 坐标系的。选择“相对于 UCS”单选按钮，可相对于 UCS 坐标系定义角度。

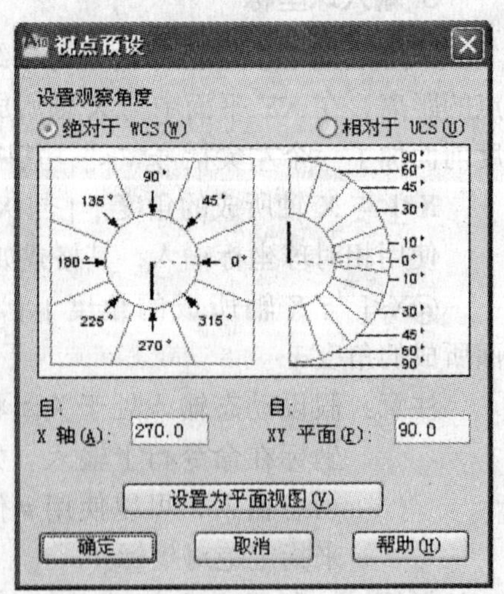

图 9-6 “视点预置”对话框

2. 使用“罗盘”设置视点

启动“罗盘”设置视点的方法如下：

（1）菜单：“视图（V）”→“三维视图（D）”→“视点（V）”图标。

（2）命令行：VPOINT。

执行命令后，AutoCAD 提示：

指定视点或［旋转（R）］＜显示坐标球和三轴架＞:

提示中各选项含义如下：

（1）指定视点：确定一点作为视点方向，为默认项。确定视点位置后，AutoCAD 将该点与坐标原点的连线方向作为观察方向，并在屏幕上按该方向显示图形的投影。

（2）旋转（R）：根据角度确定视点方向。执行该选项后，AutoCAD 提示：

1）输入 XY 平面中与 X 轴的夹角：（输入视点方向在 XY 平面内的投影与 X 轴正向的夹角）。

2）输入与 XY 平面的夹角：（输入视点方向与其在 XY 面上投影之间的夹角）。

（3）显示坐标球和三轴架：根据显示出的坐标球和三轴架确定视点。执行该选项后，AutoCAD 显示出图 9-7 所示的坐标球和三轴架。

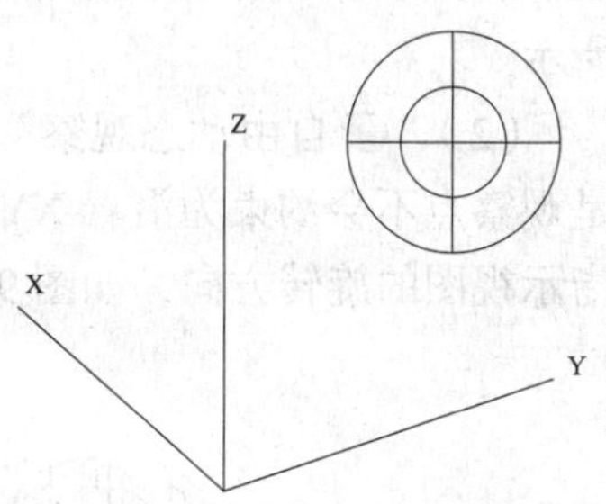

图 9-7 坐标球与三轴架

用坐标球和三轴架确定视点的方法如下：

拖动鼠标使光标在坐标球范围内移动时，三轴架的 X，Y 轴也会绕着 Z 轴转动。三轴架转动的角度与光标在坐标球上的位置对应。光标位于坐标球的不同位置，相应的视点也不相同。

坐标球实际上是球体的俯视投影图，它的中心点为北极（0,0,1），相当于视点位于 Z 轴正方向；内环为赤道（n,n,0）；整个外环为北极区域（0,0,–1）。当光标位于内环之内时，相当于视点在球体的上半球体；光标位于内环与外环之间，表示视点在球体的下半球体。随着光标的移动，三轴架也随着变化，即视点位置在发生变化。确定视点位置后按 Enter 键，AutoCAD 按该视点显示对象。

实际上，用 VPOINT 命令设置视点后得到的投影图为轴测投影图，不是透视投影图。另外，视点只确定方向，没有距离含义。也就是说，在视点与原点连线及其延长线上选任意一点作为视点，观察效果一样。

3. 使用“三维视图”菜单设置视点

启动“三维视图”菜单设置视点的方法如下：

（1）功能区：“视图”→“视图”→按钮。

（2）菜单：“视图（V）”→“三维视图（D）”→对应选项图标。

执行命令后，系统弹出如图 9-8 所示“三维视图”菜单，用户可根据需要选择某种视图作为投影方向。

俯视
仰视
左视
右视
前视
后视
西南等轴测
东南等轴测
东北等轴测
西北等轴测

图 9-8 “三维视图”菜单

9.1.4 动态观察

启动动态观察的方法如下：

（1）功能区："视图"→"导航"→按钮。

（2）菜单："视图（V）"→"动态观察（B）"→对应选项图标。

（3）命令行：3DORBIT。

执行命令后，可以动态观察视图，各子命令的功能如下：

（1）"受约束的动态观察"命令（3DORBIT）：用于在当前视图中通过拖动光标指针来动态观察模型，观察视图时，视图的目标位置保持不动，观察点围绕该目标移动。在默认情况下，观察点会约束为沿着世界坐标系的XY平面或Z轴移动，如图9-9所示。

（2）"自由动态观察"命令（3DFORBIT）：与"受约束的动态观察"命令类似，但是观察点不会约束为沿着XY平面或Z轴移动。当移动光标时，其形状也将随之改变，以指示视图的旋转方向，如图9-10所示。

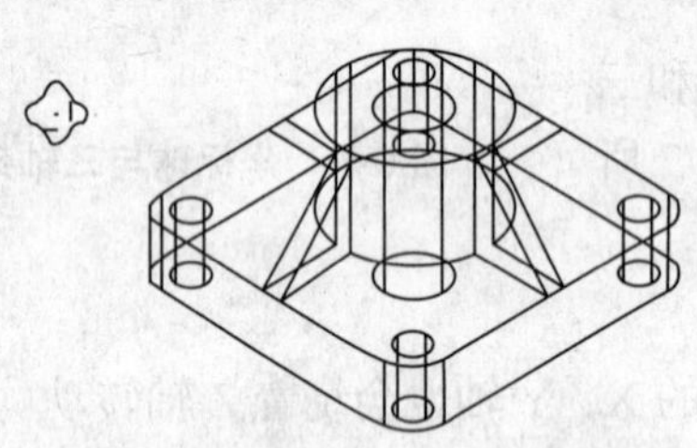

图9-9 受约束的动态观察

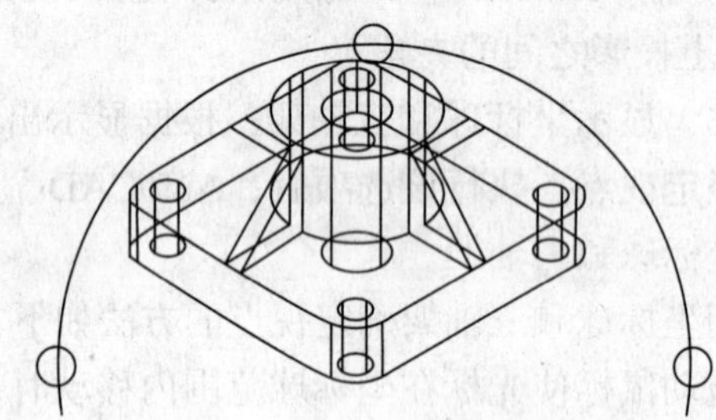

图9-10 自由动态观察

（3）"连续动态观察"命令（3DCORBIT）：用于连续动态观察图形。此时，光标指针将变为一个由两条线包围的球体，在绘图区域单击并沿着任何方向拖动光标指针时，可以使对象沿着拖动的方向开始移动，释放鼠标按钮，对象将在指定的方向沿着轨道连续旋转。光标移动的速度决定了对象旋转的速度，如图9-11所示。单击或再次拖动鼠标可以改变旋转轨迹的方向，也可以在绘图窗口右击，并从弹出的快捷菜单选择一个命令来修改连续轨迹的显示。如单击状态栏的"栅格"按钮，可以向视图中添加栅格，而不用退出"连续观察"状态，如图9-12所示。

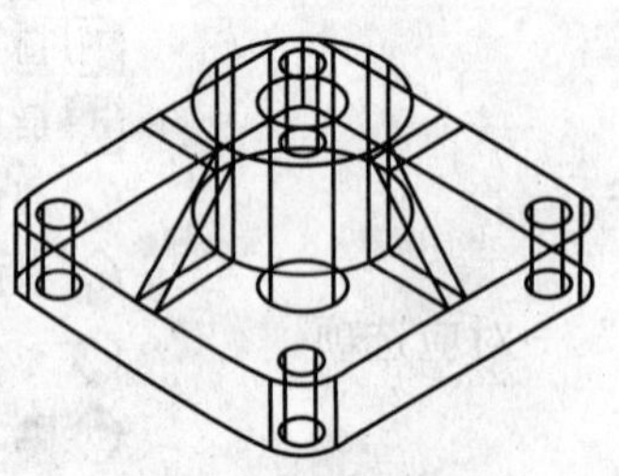

图9-11 连续观察

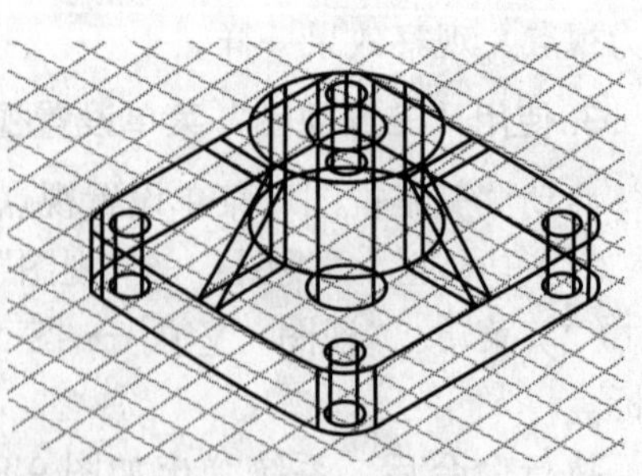

图9-12 显示栅格

9.1.5 控制盘

控制盘是（Steering Wheels）划分为不同部分（称做按钮）的追踪菜单，如图 9-13 所示。它将多个常用导航工具结合到一个单一界面中，控制盘上的每个按钮代表一种导航工具。用户可以以平移、缩放等不同方式操作模型的当前视图，从而节省时间。

图 9-13 控制盘

（1）控制盘的外观：用户可以更改控制盘的模式、大小和不透明度。控制盘（二维导航控制盘除外）具有两种不同模式：大控制盘和小控制盘。要更改控制盘的当前模式，可在控制盘上单击鼠标右键，然后选择另一模式。

除更改当前模式外，还可以调整控制盘的不透明度和大小。控制盘的大小决定显示在控制盘上的按钮和标签的大小；不透明度级别决定被控制盘遮挡的对象的可见性。用于控制控制盘外观的设置在“Steering Wheels 设置”对话框中提供。

（2）控制盘的工具提示和工具的消息：光标悬停在控制盘中每个按钮上方时，都会显示该按钮的工具提示。工具提示出现在控制盘上方，并且在单击按钮时确定将要执行的操作。可以在“Steering Wheels 设置”对话框中打开或关闭工具提示的显示。

与工具提示类似，当用户从控制盘中使用其中一种导航工具时将显示工具消息。工具消息显示在图形窗口上，提供有关使用活动的导航工具的说明。与工具提示类似，可以在“Steering Wheels 设置”对话框中打开或关闭工具消息。关闭工具消息仅对使用全导航控制盘时显示的消息起作用。

9.1.6 使用相机

相机（Camera）提供了一种更加专业的观测三维模型的途径，通过调整焦距、剪裁平面等属性获得一个比较真实的物理环境。可以指定的相机属性如下：

（1）位置：用于指定查看 3D 模型的起点。可以把该位置作为用户观看 3D 模型所在的位置，以及查看目标位置的点。

（2）目标：用于通过在视图中心指定坐标来确定查看的对象。

（3）镜头长度：用于指定用户度数表示的视野。长度越长，视野越窄。

（4）前向与后向剪裁平面：如果启用剪裁平面，可以指定它们的位置。在相机视图中，相机和前向剪裁平面之间的任何对象都是隐藏的。同样，后向剪裁平面与目标之间的任何对象也都是隐藏的。

1. 创建相机

启动“创建相机”命令的方法如下：

（1）菜单：“视图（V）”→“创建相机（T）”图标。

（2）命令行：CAMERA。

执行命令后，命令行显示信息如下：

输入选项 [?/ 名称（N）/ 位置（LO）/ 高度（H）/ 坐标（T）/ 镜头（LE）/ 剪裁（C）/ 视图（V）/ 退出（X）]< 退出 >:

在该命令行提示下，可以指定创建的相机名称、相机位置、高度、目标位置、镜头长度、剪裁方式以及是否切换到相机视图。

【例 9-1】 使用相机观察图 9-14 所示的图形。其中，设置相机的名称为 Mycamera，相机位置为（200,100,100），相机高度为 100，目标位置为（0,0,0），镜头长度为 100mm。

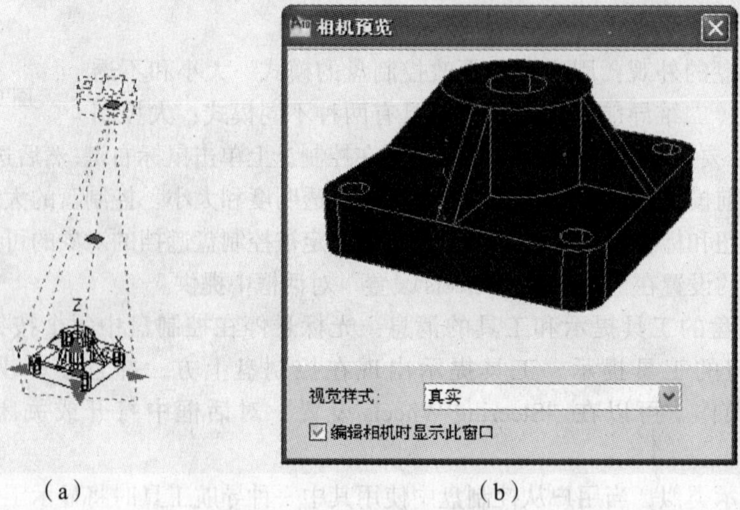

（a）　　　　　　　　（b）

图 9-14　使用相机观察图形

作图过程如下：

（1）打开图 9-14（a）所示的三维图形。

（2）命令：CAMERA。

当前相机设置：高度 =50 毫米，焦距 =50 毫米

（3）指定相机位置：（200,100,100）

（4）指定目标位置：（0,0,0）

（5）输入选项 [?/ 名称（N）/ 位置（LO）/ 高度（H）/ 坐标（T）/ 镜头（LE）/ 剪裁（C）/ 视图（V）/ 退出（X）] < 退出 >：N（选择名称选项）

（6）输入新相机的名称 < 相机 1>：输入相机名称为 Mycamera。

（7）输入选项 [?/ 名称（N）/ 位置（LO）/ 高度（H）/ 坐标（T）/ 镜头（LE）/ 剪裁（C）/ 视图（V）/ 退出（X）] < 退出 >：H（选择高度选项）

（8）指定相机高度 <50>：100（指定相机的高度）

（9）输入选项 [?/ 名称（N）/ 位置（LO）/ 高度（H）/ 坐标（T）/ 镜头（LE）/ 剪裁（C）/ 视图（V）/ 退出（X）] < 退出 >：LE（选择镜头选项）

（10）以毫米为单位指定焦距 <50>：100（指定镜头的长度，单位为 mm。）

（11）输入选项 [?/ 名称（N）/ 位置（LO）/ 高度（H）/ 坐标（T）/ 镜头（LE）/ 剪裁（C）/ 视图（V）/ 退出（X）] < 退出 >：按 Enter 键，这时创建的相机效果如图 9-14（b）所示。

2. 相机预览

在视图中创建了相机后，当选中相机时，将打开"相机预览"窗口。其中，在预览框中显示了使用相机观察到的视图效果。在"视觉样式"下拉列表框中，可以设置预览窗口

中图形的三维隐藏、三维线框、概念、真实等视觉样式，如图 9-15 所示。

此外，选择“视图（V）”→“相机（C）”→“调整视距（A）”或“视图（V）”→“相机（C）”→“回旋（S）”命令，也可以在视图中直接观察图形。

图 9-15　相机预览窗口中概念及三维隐藏视觉样式

3. 运动路径动画

选择“视图”→“运动路径动画”命令，创建相机沿路径运动观察图形的动画，此时打开“运动路径动画”对话框，如图 9-16 所示。

在“运动路径动画”对话框中，“相机”选项区域用于设置相机链接到的点或路径，使相机位于指定点或沿着路径观察图形；“目标”选项区域用于设置相机目标链接到的点或路径；“动画设置”选项区域用于设置动画的帧率、帧数、持续时间、分辨率、动画输出格式等选项。

当设置完动画选项后，单击“预览”按钮，将打开“动画预览”窗口，可以预览动画播放效果，如图 9-17 所示。

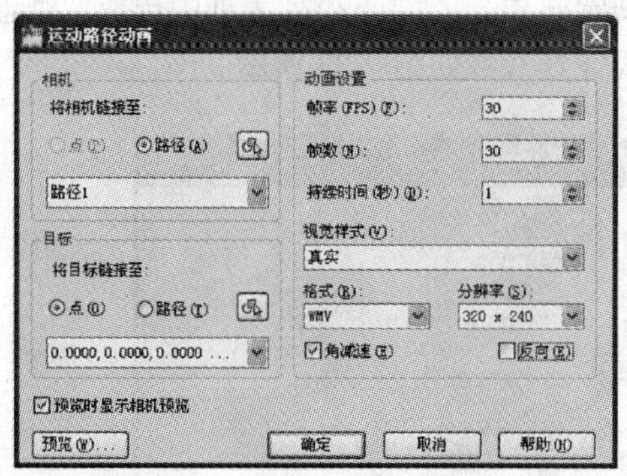

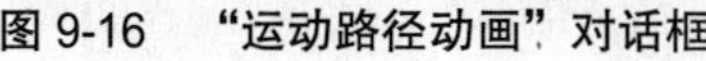
图 9-16　“运动路径动画”对话框

图 9-17　“动画预览”窗口

【例 9-2】　在图 9-18 所示的机件图形的 Z 轴正方向绘制一个圆，然后创建沿此圆运动的动画效果，其中目标位置为原点，视觉样式为概念，动画输入格式为 WMV。

作图过程如下：

（1）打开图 9-18 所示的图形。在 Z 轴正方向的某一位置创建一个圆，然后选择“视图（V）”→“缩放（Z）”→“全部（A）”命令，调整视图显示，效果如图 9-19 所示。

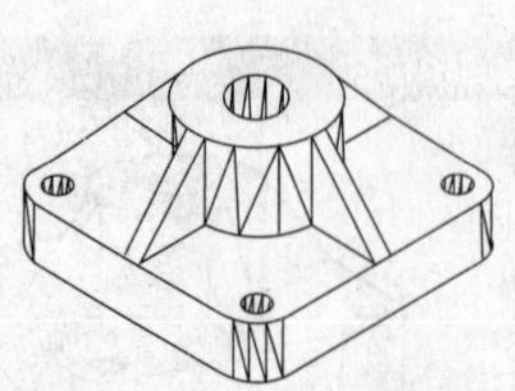

图 9-18　机件原形

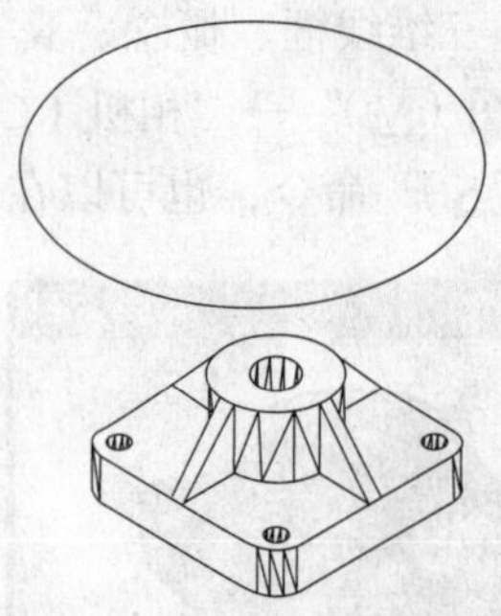

图 9-19　绘制圆并调整视图显示

（2）选择“视图（V）”→“运动路径动画（M）”命令，打开“运动路径动画”对话框。

（3）在“相机”选项区域中，选择“路径”单选按钮，并单击“选择路径”按钮切换到绘图窗口，单击绘制的圆作为相机的运动路径，此时将打开“路径名称”对话框，如图9-20所示。保持默认名称，单击“确定”按钮，返回“运动路径动画”对话框。

（4）在“目标”选项区域中选择“点”单选按钮，并单击“拾取点”按钮切换到绘图窗口，拾取原点（0,0,0）作为相机的目标位置，此时将打开“点名称”对话框，如图9-21所示。保持默认名称，单击“确定”按钮，返回“运动路径动画”对话框。

图 9-20　“路径名称”对话框

图 9-21　“点名称”对话框

（5）在“动画设置”选项区域的“视觉样式（V）”下拉列表框中选择“概念”,在“格式（R）”下拉列表框中选择WMV，最终设置参数如图9-22所示。

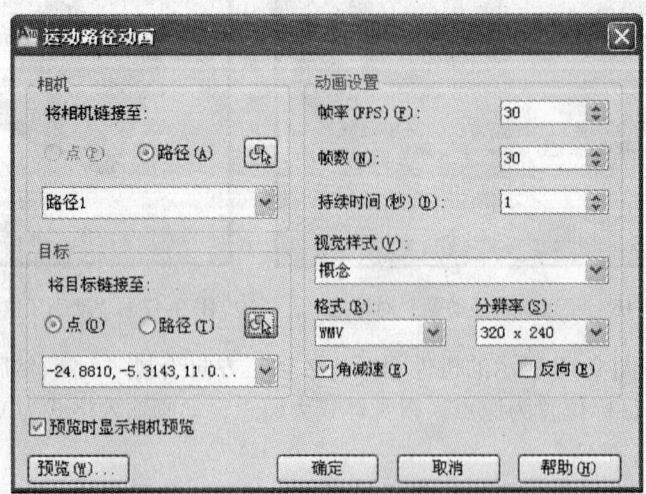

图 9-22　“运动路径动画”对话框

（6）单击“预览”按钮，预览动画效果，满意后关闭“动画预览”窗口，返回到“运动路径动画”对话框。

（7）单击“确定”按钮，打开“另存为”对话框，保存动画文件为 Pathmove.wmv，这时用户就可以选择一个播放器来观察动画播放效果。

9.1.7　漫游和飞行

在 AutoCAD 中，用户可以在漫游或飞行器模式下，通过键盘和鼠标控制视图显示，或创建导航动画。

1. “定位器”选项板

选择“视图（V）”→“漫游和飞行（K）”→“漫游（K）”或“飞行（F）”命令，将打开“定位器”选项板和“漫游和飞行导航映射”对话框，如图 9-23 所示。

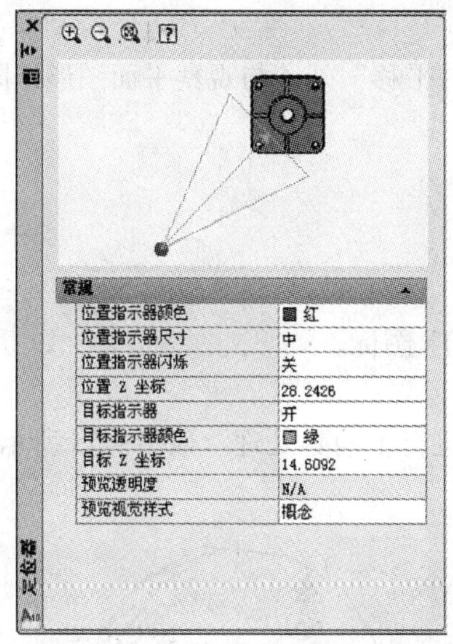

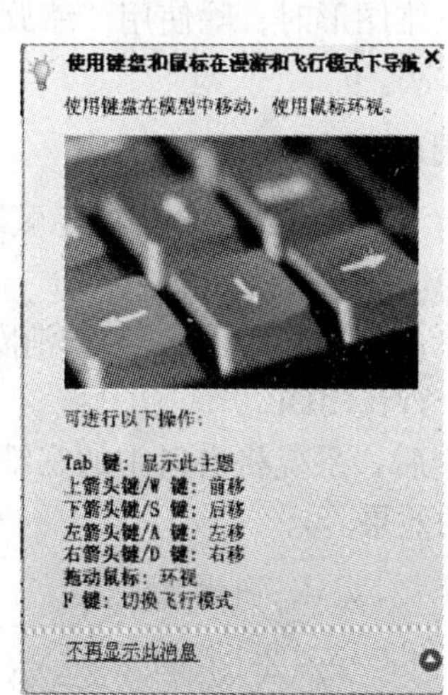

图 9-23　“定位器”选项板和“漫游和飞行器导航映射”对话框

“定位器”选项板的功能类似于地图。其中，在预览窗口中显示模型的 2D 顶视图指示器显示了当前用户在模型中所处的位置，通过拖动可以改变指示器的位置。在“基本”选项区域中，可以设置位置指示器的颜色、尺寸、是否 闪烁，目标指示器的开启状态、颜色，预览透明度和视觉样式。

在“漫游和飞行导航映射”对话框中，显示了用于导航的快捷键和其对应的功能。

2. 漫游和飞行设置

选择“视图（V）”→“漫游和飞行（K）”→“漫游和飞行设置（S）”命令，打开“漫游和飞行设置”对话框。可以设置显示指令窗口的进入时间、窗口显示的时间以及当前图形设置的步长和每秒步数，如图 9-24 所示。

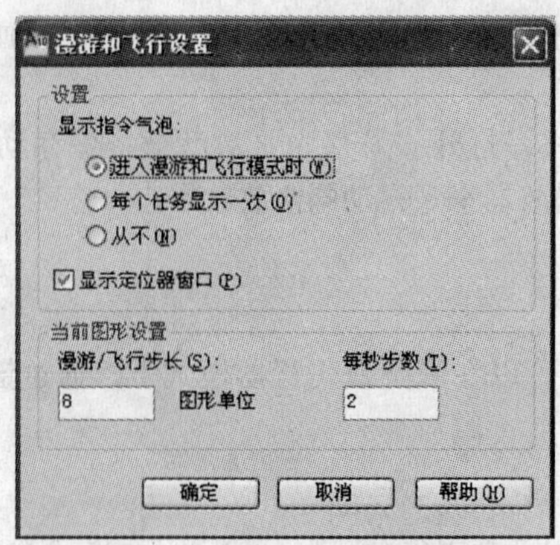

图 9-24 "漫游和飞行设置"对话框

9.1.8 观察三维图形

在观察三维图形时，除使用"缩放"和"平移"外（与观察平面图形相同），还有消隐和着色等方法。

1. 消隐图形

消隐是指消除曲面或实体中的隐藏线。

启动消隐命令的方法如下：

（1）菜单："视图（V）"→"消隐（H）"图标。

（2）命令行：HIDE。

执行命令后，系统将窗口中的三维图形进行了消隐处理。如图 9-25 所示，显示了图形消隐前后的效果。

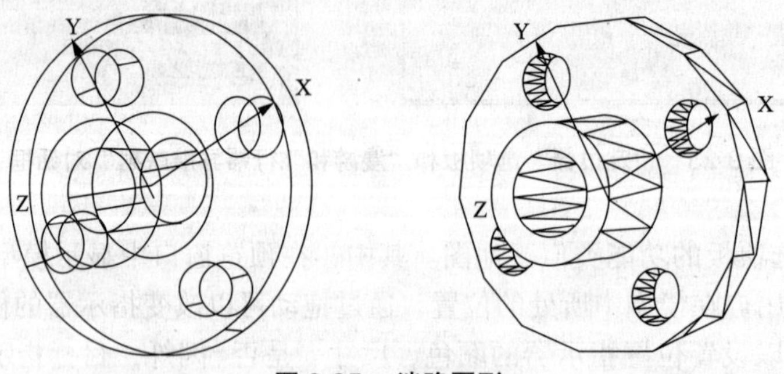

图 9-25 消隐图形

执行消隐操作之后，绘图窗口将暂时无法使用"缩放"和"平移"命令，直到选择"视图（V）"→"重生成（G）"命令重生成图形为止。

2. 改变三维图形的曲面轮廓线

当三维图形中包含曲面时，曲面在线框模式下用线条的形式来显示，这些线条称为网线或轮廓素线。使用系统变量 ISOLINES，可以设置显示曲面所用的网线条数，默认值为 4，即使用四条网线来表达每一个曲面。该值为 0 时，表示曲面没有网线，如果增加网线的条数，则会使图形看起来更接近三维实物，如图 9-26 所示。

ISOLINES=4

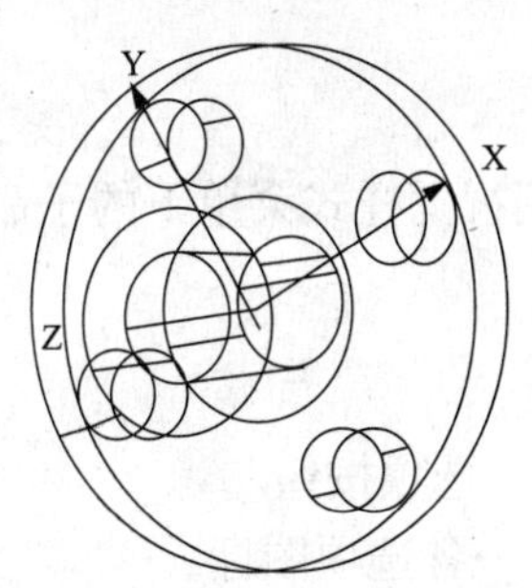

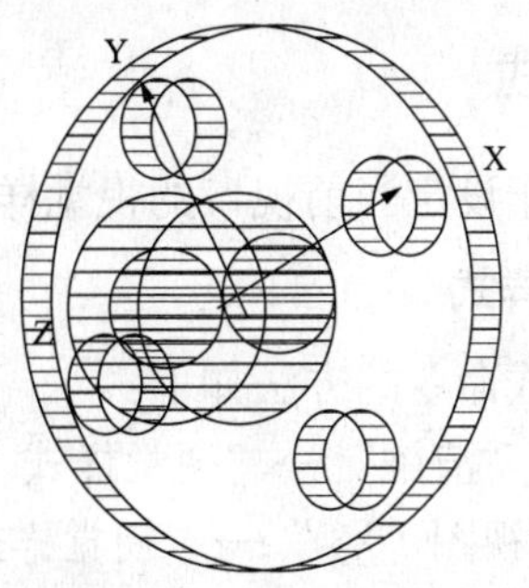

图 9-26 ISOLINES 设置对实体显示的影响

3. 以线框形式显示实体轮廓

使用系统变量 DISPSILH，可以以线框形式显示实体轮廓。此时，需要将其值设置为 1，并用“消隐”命令隐藏曲面的小平面，如图 9-27 所示。

DISPSILH=0

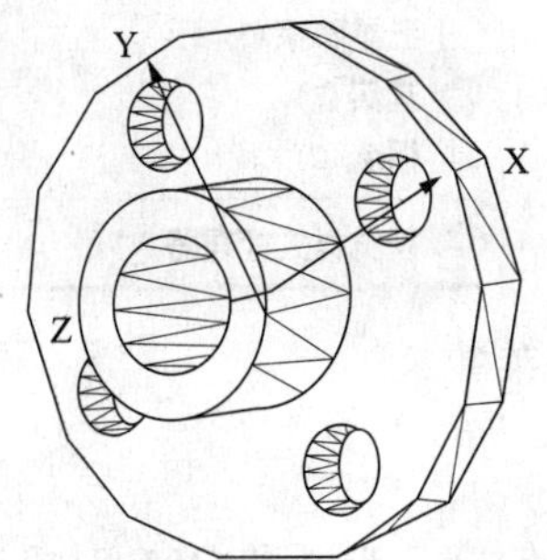

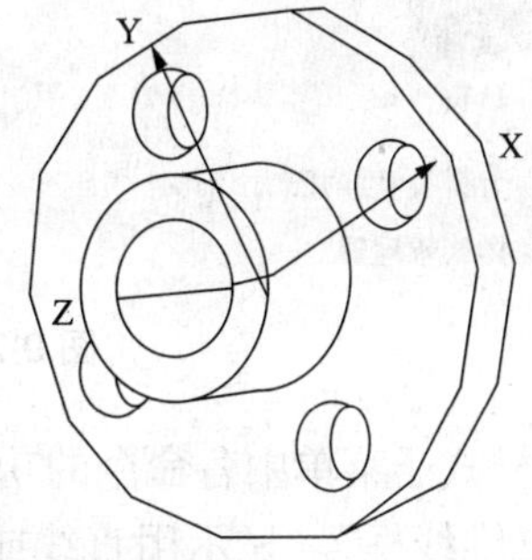

图 9-27 DISPSILH 的设置对实体轮廓的影响

4. 改变实体表面的平滑度

要改变实体表面的平滑度，可通过修改系统变量 FACETRES 来实现。该变量用于设置曲面的面数，取值范围为 0.01~10。其值越大，曲面越平滑，如图 9-28 所示。

FACETRES=0.2　　FACETRES=5

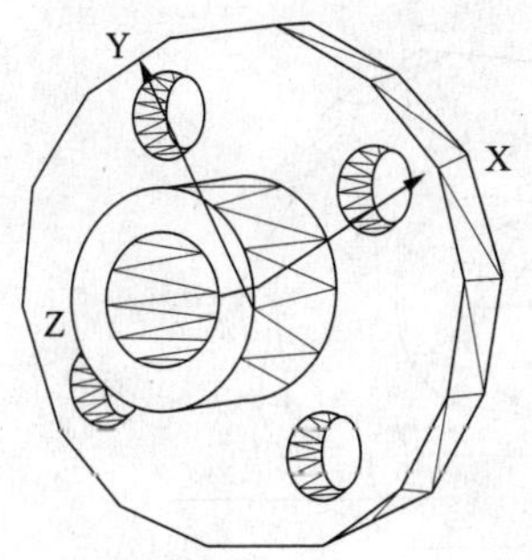

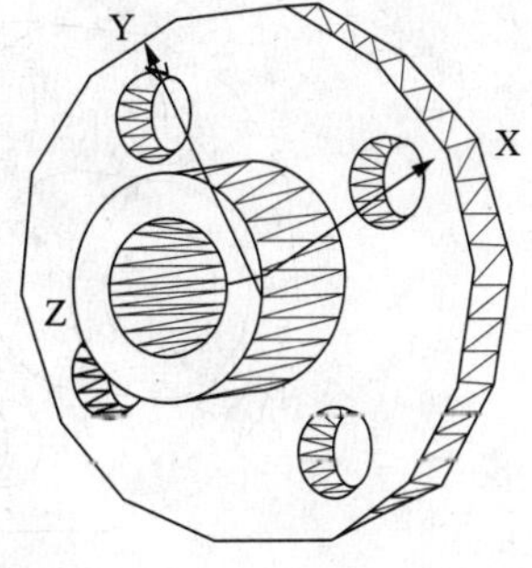

图 9-28 改变实体表面的平滑度

如果 DISPSILH 变量为 1，那么在执行“消隐”、“渲染”命令时，看不到 FACETRES 设置的效果，此时必须将 DISPSILH 值设置为 0。

9.1.9 视觉样式

视觉样式用于设定当前视口的视觉样式。使用视觉样式菜单下的子命令来观察对象。

1. 应用视觉样式

启动视觉样式命令的方法如下：

（1）功能区：“渲染”→“视觉样式（S）”→各选项按钮。

（2）菜单：“视图（V）”→“视觉样式（S）”→各选项图标。

（3）命令行：VSCURRENT。

执行命令后，在视觉样式子菜单中选择某种视觉样式。如图 9-29 所示。

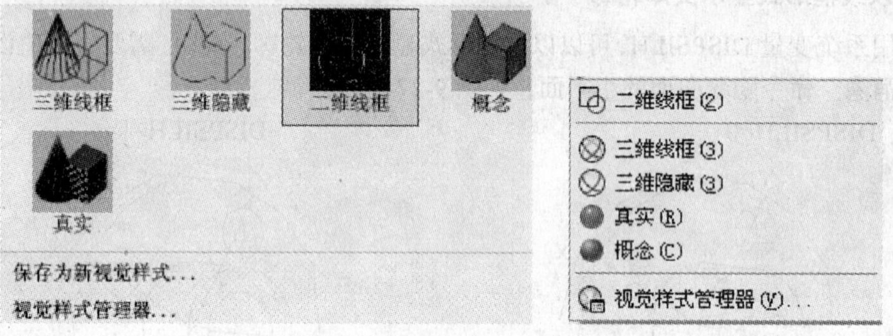

图 9-29 “视觉样式”子菜单

在视觉样式子菜单中各命令的功能如下：

（1）“二维线框”。显示用直线或曲线表示的对象轮廓。光栅和 OLE 对象、线型和线宽都是可见的。即使系统变量 COMPASS 设为开，在二维线框中也不显示坐标球。

（2）“三维线框”。显示用直线和曲线表示的对象轮廓。这时 UCS 为一个着色的三维图标。光栅和 OLE 对象、线和线宽不可见。当将系统变量 COMPASS 设为开时可以显示坐标球，并能够显示已使用的材质颜色。

（3）“三维隐藏”。显示用三维线框表示的对象轮廓，同时消隐对象后面的线。该命令与“视图”→“消隐”命令效果相似，但此时 UCS 为一个着色的三维图标，如图 9-30 所示。

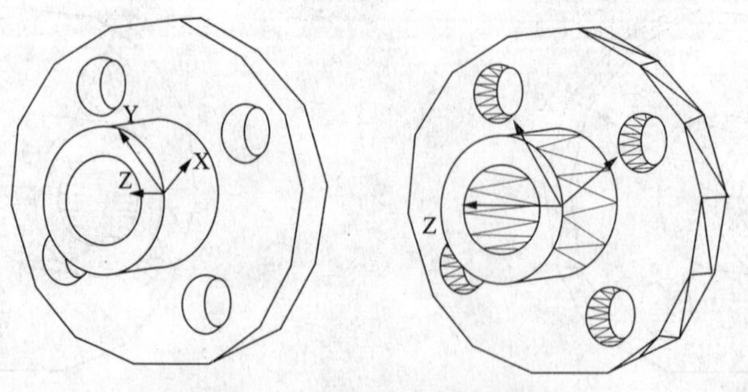

图 9-30 三维隐藏与消隐效果对比

（4）“真实”。显示着色后的多边形平面的对象，并使对象的边平滑，同时显示已经附着到对象上的材质效果，如图 9-31 所示。

（5）“概念”。显示着色后的多边形平面的对象，并使对象的边平滑。例如，着色时使用“古氏”面样式，则显示一种冷色和暖色之间的过渡，而不是从深色到浅色的过渡。该视觉样式效果缺乏真实感，但可以方便用户查看模型的细节，如图 9-32 所示。

图 9-31　真实视觉样式

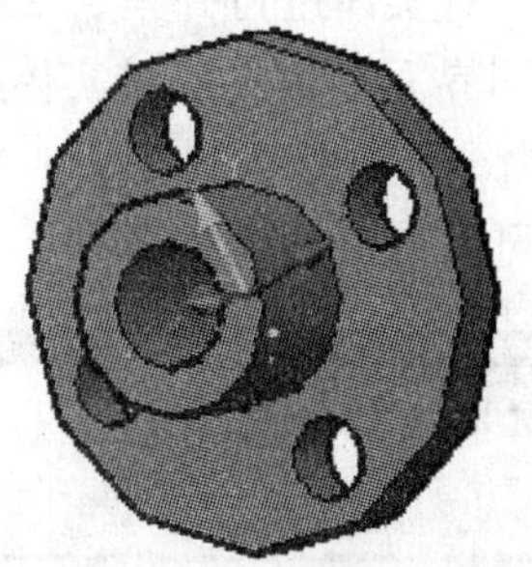

图 9-32　概念视觉样式

2. 管理视觉样式

打开“视觉样式管理器”选项板，可以对视觉样式进行管理，如图 9-33 所示。

在“视觉样式管理器”选项板的“图形中的可用视觉样式”列表框中，显示了当前图形中的可用视觉样式。当选中某一视觉样式后，单击“将选定的视觉样式应用于当前视图”按钮，可以将该样式应用于视图；单击“将选定的视觉样式输出到工具选项板”按钮，可以将该样式添加到工具选项板。

在“视觉样式管理器”选项板的参数选项区中，可以设置选定的面、环境、边等参数的相关信息，以进一步设置视觉样式。用户也可以单击“创建新的视觉样式”按钮，创建新的视觉样式并在参数选项区设置其相关参数。

图 9-33　“视觉样式管理器”选项板

9.2　绘制基本三维实体

三维模型绘制时，AutoCAD 提供了三种创建方式，即线框模型、曲面模型和实体模型，各种模型的特点如下：

（1）线框模型为一轮廓模型，它由三维的直线和曲线组成，不含面的信息。

（2）曲面模型使用多边形网格定义镶嵌面，网格面近似于曲面，曲面不透明且能挡住视线。

（3）实体模型也具有不透明的曲面，但包含了空间，各实体具有体积、质量、重心、回转半径、惯性等特征。建模时，用户除了可以直接使用系统提供的命令绘制多段体、长方体、楔体、圆锥体、球体、圆柱体、圆环体及棱锥面等各种基本实体外，还可以通过旋转和拉伸二维对象，对实体进行并集、交集、差集等布尔运算创建更为复杂的实体。

在三维建模绘图界面，建立三维实体模型的命令可以在功能区常用面板上，选择“建模”、“拉伸”等子命令，如图 9-34 所示；或者在“菜单”→“绘图（D）”→“建模（M）”子菜单下选择；也可以直接输入命令。

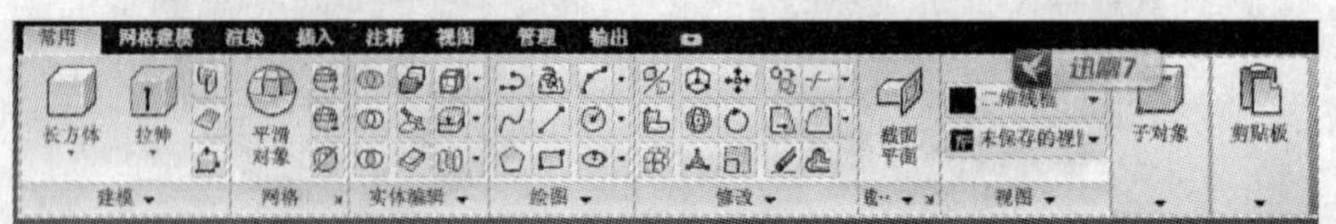

图 9-34　三维绘图功能区面板

9.2.1　绘制基本三维实体

1. 创建多段体

用户可以将现有的直线、二维多段线、圆弧或圆转换为具有矩形轮廓的实体，也可以用绘制多段线的方法绘制实体，如图 9-35 所示。创建多段体的方法如下：

（1）功能区：“常用”→“建模”→按钮。

（2）菜单：“绘图（D）”→“建模（M）”→“多段体（P）”图标。

（3）命令行：POLYSOLID。

执行命令后，系统提示如下：

指定起点或［对象（O）/ 高度（H）/ 宽度（W）/ 对正（J）］<对象>：

指定下一个点或［圆弧（A）/ 放弃（U）］：

提示中各选项含义如下：

“对象（O）”：（指定要转换为实体的对象，可以是直线、圆弧、二维多段线、圆等）

“高度（H）”：（指定实体的高度）

“宽度（W）”：（指定实体的宽度）

“对正（J）”：（确定对正方式）

2. 创建长方体

创建某一长方体，如图 9-36 所示，其方法如下：

（1）功能区：“常用”→“建模”→按钮。

（2）菜单：“绘图（D）”→“建模（M）”→“长方体（B）”图标。

（3）命令行：BOX。

输入命令后，系统提示如下：

指定第一个角点或［中心（C）］：

指定其他角点或 [立方体（C）/ 长度（L）]:
指定高度或 [两点（2P）]:
提示中各选项含义如下：
“中心点（C）”:（指定长方体底面中心）
“立方体（C）”:（创建立方体）
“长度（L）”:（指定长方体的长度）

3. 创建楔体

创建某一楔形体，如图 9-37 所示，其方法如下：

（1）功能区：“常用” → “建模” → 按钮。

（2）菜单：“绘图（D）” → “建模（M）” → “楔体（W）” 图标。

（3）命令行：WEDGE。

执行命令后，系统提示如下：

指定第一个角点或 [中心（C）]:
指定其他角点或 [立方体（C）/ 长度（L）]:
指定高度或 [两点（2P）] <55.7803>:

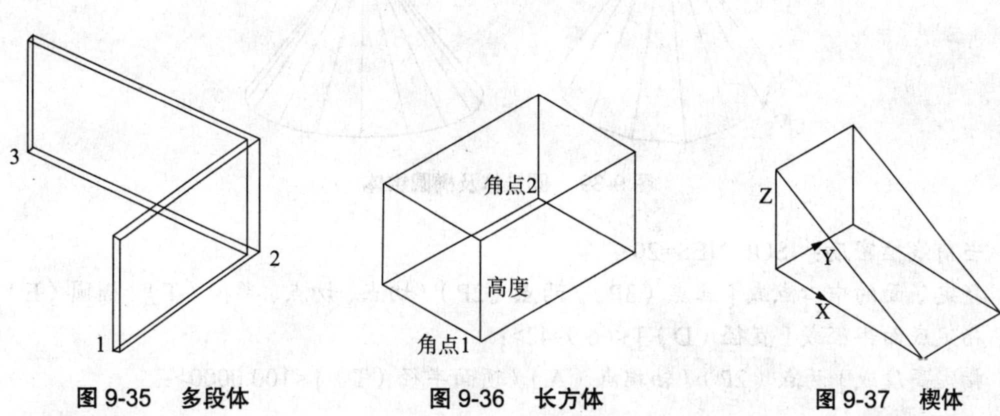

图 9-35 多段体　　图 9-36 长方体　　图 9-37 楔体

4. 创建圆柱体

创建某一圆柱体及一椭圆柱，如图 9-38 所示，其方法如下：

（1）功能区：“常用” → “建模” → 按钮。

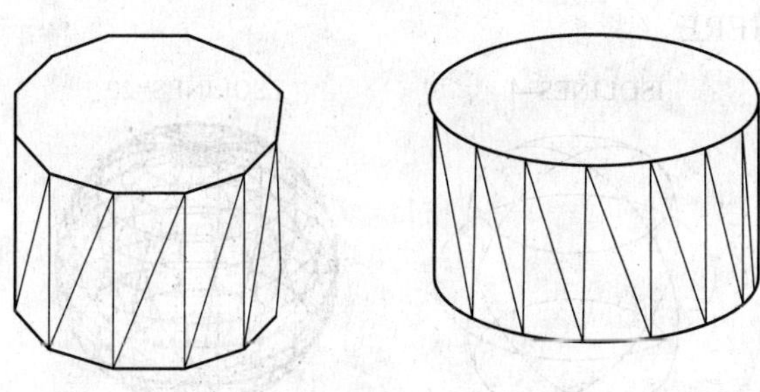

图 9-38 圆柱体及椭圆柱体

（2）菜单："绘图（D）"→"建模（M）"→"圆柱体（C）"图标。

（3）命令行：CYLINDER。

执行命令后，系统提示如下：

当前线框密度：ISOLINES=20
指定底面的中心点或［三点（3P）/两点（2P）/切点、切点、半径（T）/椭圆（E）］：
指定底面半径或［直径（D）］：
指定高度或［两点（2P）/轴端点（A）］<102.2655>：

5. 创建圆锥体

创建某一圆锥体，如图9-39所示，其方法如下：

（1）功能区："常用"→"建模"→按钮。

（2）菜单："绘图（D）"→"建模（M）"→"圆锥体（O）"图标。

（3）命令行：CONE。

执行命令后，系统提示如下：

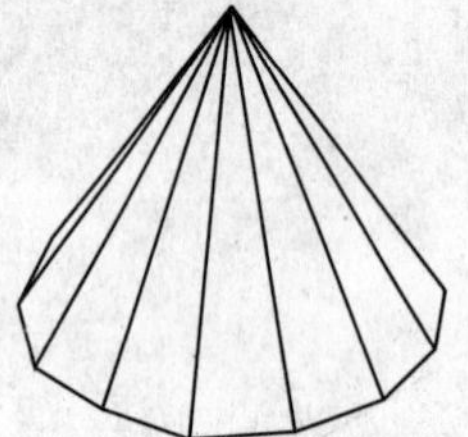
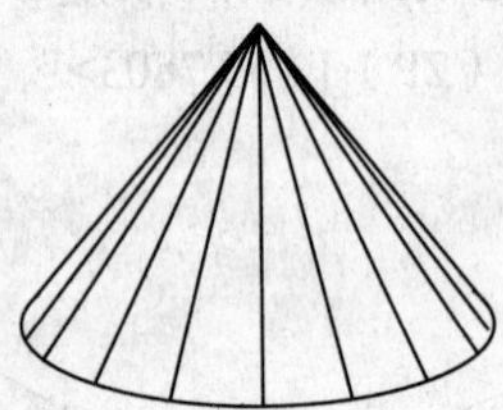

图9-39　圆锥体及椭圆锥体

当前线框密度：ISOLINES=20
指定底面的中心点或［三点（3P）/两点（2P）/切点、切点、半径（T）/椭圆（E）］：
指定底面半径或［直径（D）］<66.9942>：
指定高度或［两点（2P）/轴端点（A）/顶面半径（T）］<100.0000>：

6. 创建球体

创建某一球体，如图9-40所示，其方法如下：

（1）功能区："常用"→"建模"→按钮。

（2）菜单："绘图（D）"→"建模（M）"→"球体（S）"图标。

（3）命令行：SPHERE。

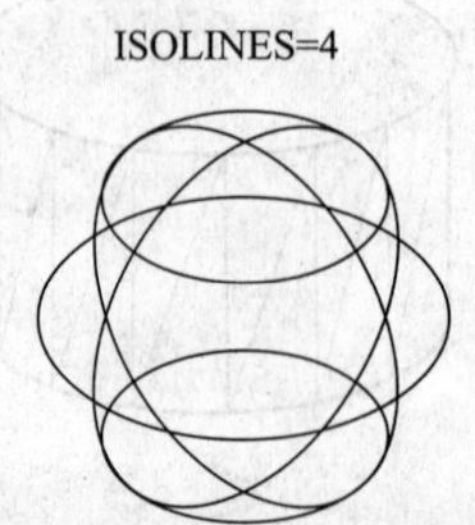

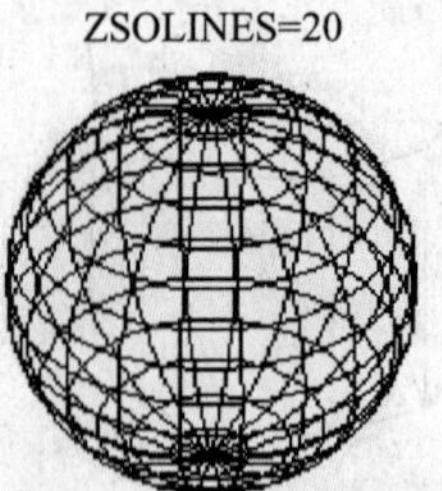

图9-40　不同线框密度下的球体

执行命令后，系统提示如下：

当前线框密度：ISOLINES=4（ISOLINES=20）

指定中心点或 [三点（3P）/ 两点（2P）/ 切点、切点、半径（T）]:

指定半径或 [直径（D）] <60.0000>:

7. 创建圆环体

创建某一圆环体，如图 9-41 所示，其方法如下：

（1）功能区：“常用” → “建模” → ◎按钮。

（2）菜单：“绘图（D）” → “建模（M）” → “◎圆环体（T）” 图标。

（3）命令行：TORUS。

执行命令后，系统提示如下：

当前线框密度：ISOLINES=20

指定中心点或 [三点（3P）/ 两点（2P）/ 切点、切点、半径（T）]:

指定半径或 [直径（D）] <40.0000>:

指定圆管半径或 [两点（2P）/ 直径（D）] <10.0000>:

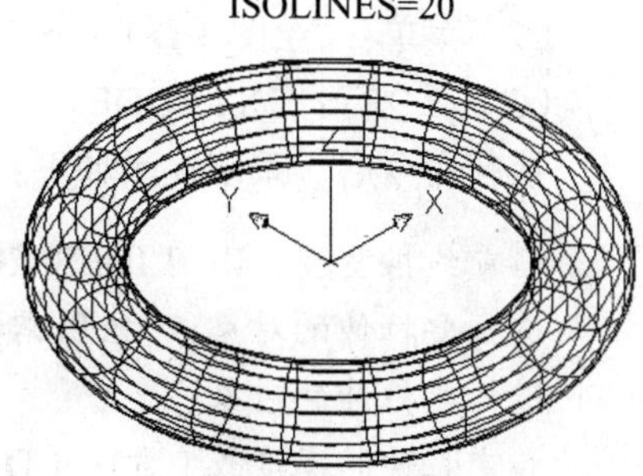

图 9-41　圆环体

8. 创建棱锥体

创建某一棱锥体，如图 9-42 所示，其方法如下：

（1）功能区：“常用” → “建模” → 按钮。

（2）菜单：“绘图（D）” → “建模（M）” → “棱锥体（Y）” 图标。

（3）命令行：PYRAMID。

执行命令后，系统提示如下：

命令：PYRAMID

4 个侧面 外切

指定底面的中心点或 [边（E）/ 侧面（S）]:（输入 s，设置棱锥体的侧面数。）

输入侧面数 <4>:（输入侧面的数量）

指定底面的中心点或 [边（E）/ 侧面（S）]:（指定棱锥体的底面中心）

指定底面半径或 [内接（I）]:（输入底面外接圆半径数值）

指定高度或 [两点（2P）/ 轴端点（A）/ 顶面半径（T）]:（指定棱锥体高度或输入顶面外接圆半径）

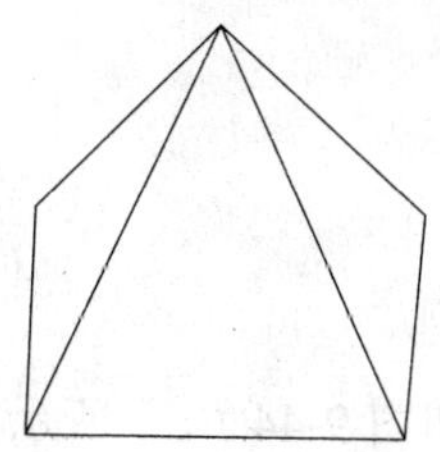

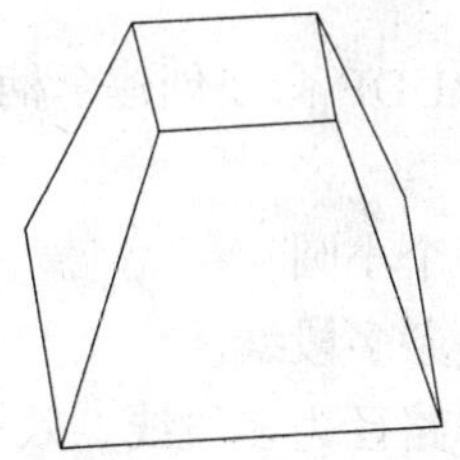

图 9-42　棱锥及棱台

9.2.2 创建复杂三维实体

在 AutoCAD 中，除了使用前述命令创建基本三维实体外，用户还可以通过对二维图形对象进行一定的操作创建三维实体。

1. 拉伸

创建拉伸实体方法如下：

（1）功能区：“常用” → “建模” → 按钮。

（2）菜单：“绘图（D）” → “建模（M）” → “拉伸（X）” 图标。

（3）命令行：EXTRUDE。

执行命令后，系统提示如下：

当前线框密度：ISOLINES=20

选择要拉伸的对象：（拾取需要执行拉伸操作的对象）

选择要拉伸的对象：

指定拉伸的高度或 [方向（D）/ 路径（P）/ 倾斜角（T）] <0.0000>:

提示中各选项的含义如下：

“拉伸高度”：如果输入正值，将沿对象所在坐标系的 Z 轴正方向拉伸对象；如果输入负值，将沿 Z 轴负方向拉伸对象。对象不必平行于坐标平面，如果对象不平行于坐标平面，将沿该平面的法线方向拉伸对象。

“方向（D）”：通过指定的两点指定拉伸的长度和方向。

“路径（P）”：选择指定曲线作为拉伸路径。

“倾斜角度（T）”：输入正角度表示从基准对象逐渐变细拉伸，输入负角度则表示从基准对象逐渐变粗拉伸。

如图 9-43 所示，为正六边形不同拉伸角度的效果。

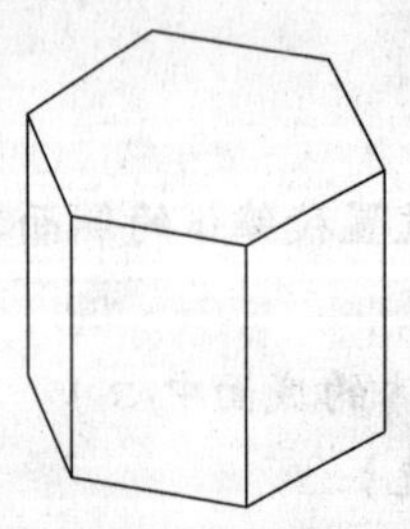

拉伸倾斜角为 0°

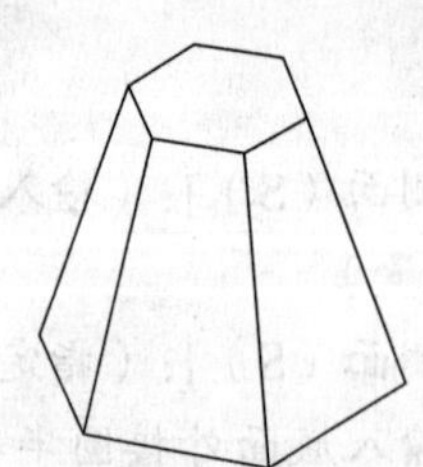

拉伸倾斜角为 15°

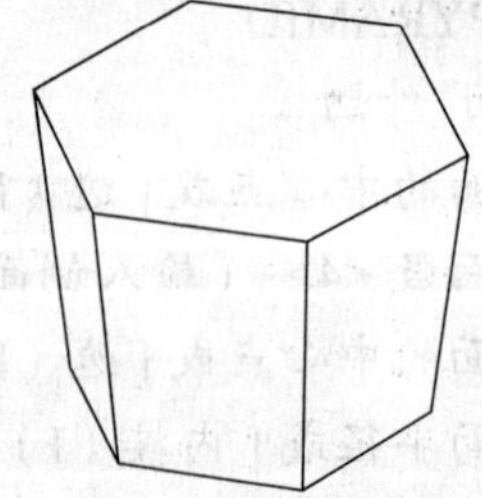

拉伸倾斜角度为 –5°

图 9-43 拉伸锥角效果

【例 9-3】 用 EXTRUDE 命令创建伞柄。

步骤如下：

（1）在俯视图绘制一个小圆。

（2）在前视图绘制一条多段线。

（3）拉伸这个小圆，路径为多段线，效果如图 9-44（c）所示。

2. 旋转实体

创建旋转实体的方法如下：

（1）功能区："常用"→"建模"→按钮。

（2）菜单："绘图（D）"→"建模（M）"→"旋转（R）"图标。

（3）命令行：REVOLVE。

执行命令后，系统提示如下：

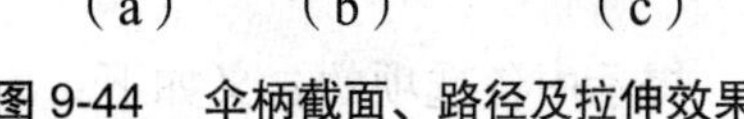

图 9-44 伞柄截面、路径及拉伸效果

当前线框密度：ISOLINES=20
选择要旋转的对象：找到 1 个
指定轴起点或根据以下选项之一定义轴 [对象（O）/X/Y/Z] < 对象 >：
指定轴的终点：
指定旋转角度或 [起点角度（ST）] <360>：

提示中各选项含义如下：

"轴起点"：表示指定旋转轴的第一点和第二点。

[对象（O）]：表示选择现有的对象定义旋转轴。

[X/Y/Z]：表示使用当前 UCS 的正向 X 轴、Y 轴和 Z 轴为轴的正方向。

注意：旋转对象如果是封闭的二维对象，则旋转得到的是实体，否则得到的是曲面。

【例 9-4】 绘制如图 9-45（b）所示的轴承盖。

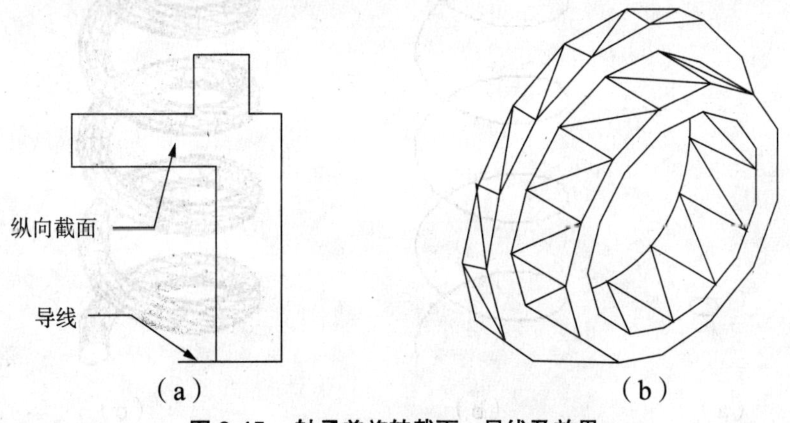

图 9-45 轴承盖旋转截面、导线及效果

操作步骤如下：

（1）在前视图上创建如图 9-45（a）所示的面域及导线。

（2）将变量"ISOLINES"设为 60。

（3）旋转这个面域，旋转轴为通过面域下边的一条导线，切换到轴侧图，效果如图 9-45（b）所示。

3. 扫掠实体

创建旋转实体方法如下：

（1）功能区："常用"→"建模"→按钮。

（2）菜单："绘图（D）"→"建模（M）"→"扫掠（P）"图标。

（3）命令行：SWEEP。

执行命令后，系统提示如下：

当前线框密度：ISOLINES =4

选择要扫掠的对象：找到 1 个

选择要扫掠的对象：

选择扫掠路径或 [对齐（A）/ 基点（B）/ 比例（S）/ 扭曲（T）]：

提示中各选项的含义如下：

"对齐（A）"：用于指定轮廓是否对齐，以使其作为扫掠路径的切向与轮廓所在平面垂直，在默认情况下，轮廓是对齐的。

"基点（B）"：用于指定被扫掠对象的基点，如果指定的点不在选定对象所在的平面上，则该点将被投影到该平面上。

"比例（S）"：用于指定比例因子以缩放扫掠轮廓。

"扭曲（T）"：用于设置被扫掠对象的扭曲角度，扭曲角度指定了沿扫掠路径全部长度的旋转量。

【例 9-5】 用 SWEEP 命令创建一压缩弹簧，如图 9-46（c）所示。

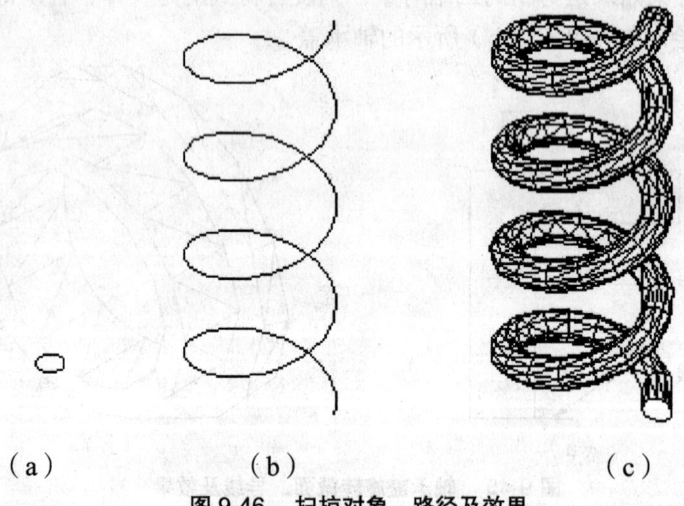

（a）　　（b）　　（c）

图 9-46　扫掠对象、路径及效果

操作步骤如下：

（1）在俯视图上创建如图 9-46（a）、（b）所示簧丝断面圆及螺旋线。

（2）以断面圆为对象，螺旋线为路径扫掠，切换到轴测图，效果如图 9-46（c）所示。

4. 放样

创建实体放样的方法如下：

（1）功能区："常用"→"建模"→按钮。

（2）菜单："绘图（D）"→"建模（M）"→"放样（L）"图标。

（3）命令行：LOFT。

执行命令后，系统提示如下：

按放样次序选择横截面：（按照放样将要通过的次序选择截面）
输入选项 [导向（G）/ 路径（P）/ 仅横截面（C）] < 仅横截面 >：

提示中各选项的含义如下：

（1）“引导（G）”：用于指定放样的导向曲线，导向曲线可以是直线也可以是曲线，可通过将其他线框信息添加至对象来进一步定义实体或曲面的形状。

（2）“路径（P）”：用于指定放样实体或曲面的单一路径。

（3）“仅横截面（C）”：用于显示“放样设置”对话框，如图 9-47 所示，其中放样设置相关参数含义如下：

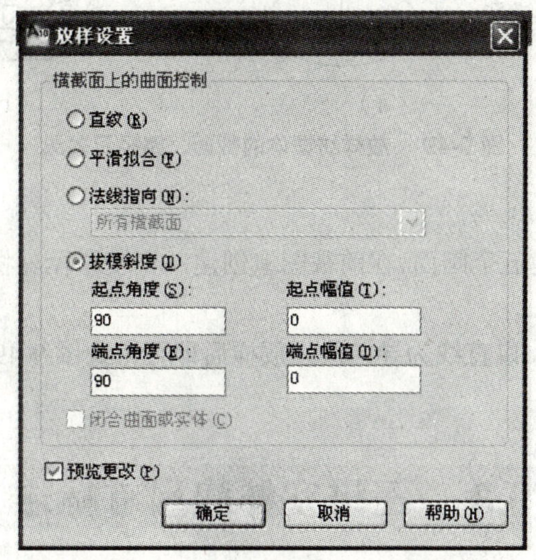

图 9-47　“放样设置”对话框

1）直纹（R）：指定实体或曲面在横截面之间是直纹，并且在横截面处具有鲜明边界。

2）平滑拟合（F）：指定在横截面之间绘制平滑实体或曲面，在起点和终点横截面处具有鲜明边界。

3）法线指定（N）：控制实体或曲面在其通过横截面处的曲面法线。

4）拔模斜度（D）：以不同拔模斜度放样的效果如图 9-48 所示。

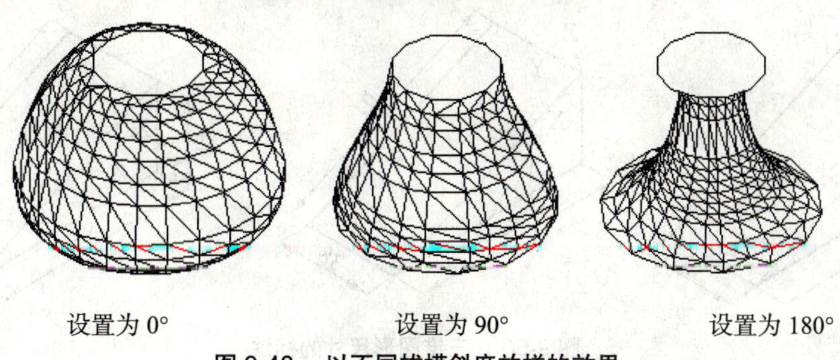

图 9-48　以不同拔模斜度放样的效果

注意：放样对象与路径、导向曲线不能共面。

【例 9-6】 用 LOFT 命令创建一个纺锤体，如图 9-49 所示。

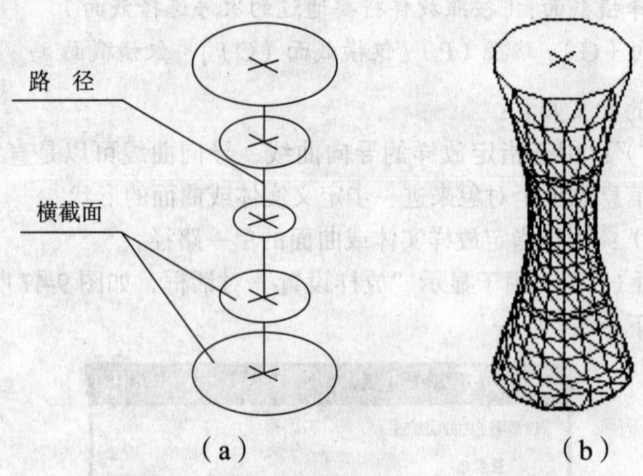

图 9-49 放样纺锤体的截面、路径及效果

步骤如下：

（1）在俯视图上创建五个圆面，在前视图上创建一直线路径。将各个圆移至图 9-49（a）所示的位置。

（2）以各圆为截面，以直线为导向线，放样后即可得到图 9-49（b）所示结果。

9.3 三维实体的尺寸标注

在 AutoCAD 2010 中，使用功能区面板："注释"→"标注"或"菜单"→"标注（N）"中各项标注命令，不仅可以标注二维对象的尺寸，还可以标注三维对象的尺寸。由于所有的尺寸标注都只能在当前坐标系的 XY 平面中进行，因此，用户需要不断地变换和移动坐标系才能准确标注三维对象中各部分的尺寸。如图 9-50 所示，为楔形体的尺寸标注过程中，坐标系的设定方法。

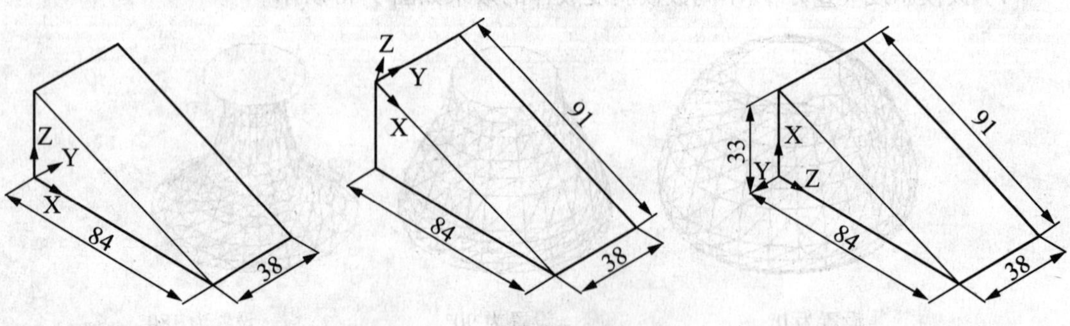

图 9-50 三维图形尺寸的标注

思考与操作

一、填空题

1. 在 AutoCAD 中，我们可以创建 3 类三维模型，它们分别是 ________、________、和 ________。

2. 要在三维空间中精确定位点，可使用 ________ 和 ________。

3. AutoCAD 为我们提供了 5 种视觉样式，它们分别是 ________、________、________、________ 和 ________。

4. 控制实体显示的系统变量包括 ________、________ 与 ________，其作用分别是 ________、________ 和 ________。

5. 通过拉伸创建实体时，可以沿 ________ 与 ________ 进行拉伸。

6. 用于旋转的二维对象可以是 ________、________、________、________、________、________ 及 ________。

7. 要使用扫掠方式创建实体，必须指定 ________ 与 ________。

8. 为三维对象标注尺寸时，标注的尺寸只能位于 ________，因此，应该随时根据需要 ________。

二、问答题

1. 在中文版 AutoCAD 2010 中，绘制三维实体的方法有哪些？
2. 在中文版 AutoCAD 2010 中，控制图形显示的系统变量有哪些？
3. 如果希望将当前坐标系绕 X 轴顺时针旋转 45°，应该如何操作？
4. 在中文版 AutoCAD 2010 中，设置视点的方法有哪些？
5. 在使用“拉伸”命令拉伸对象时，随着拉伸角度的变化，将产生哪些效果？
6. 执行放样操作时，可以通过指定哪些对象来控制放样形状？
7. 通过按住并拖动创建实体与拉伸创建实体有何区别？
8. 如何通过扫掠创建实体或曲面？

三、操作题

1. 根据图 9-51（a）所示的平面图，拉伸生成楼梯三维模型，如图 9-51（b）所示。

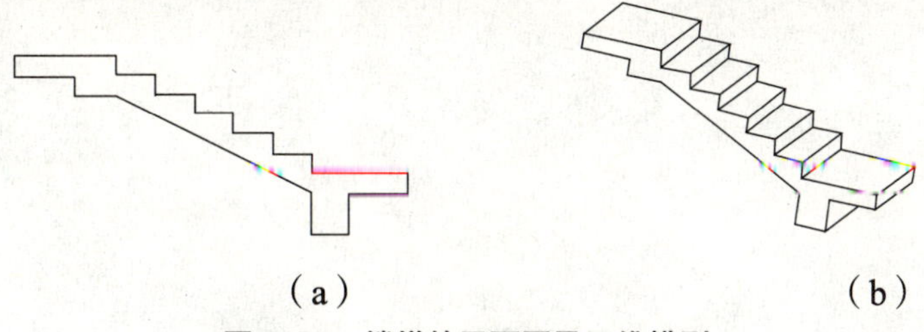

（a）　　（b）

图 9-51　楼梯的平面图及三维模型

2. 根据图 9-52（a）所示的平面图，旋转生成图 9-52（b）所示的三维模型。

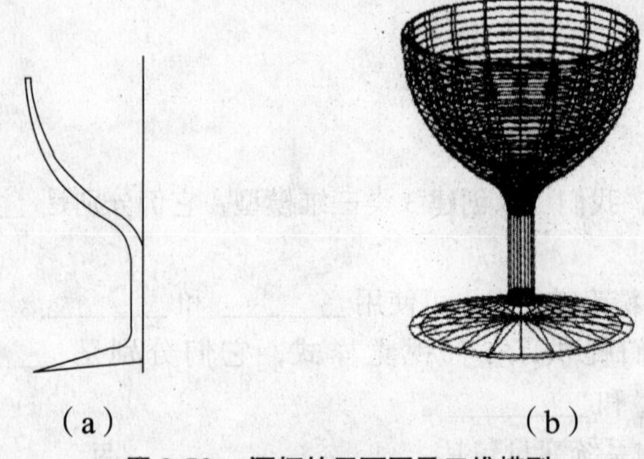

（a）　　　　　　　　　　（b）

图 9-52　酒杯的平面图及三维模型

3. 绘制一个底面中心为（0，0），底面半径为 10，顶面半径为 20，顺时针旋转 10 圈，高度为 60 的螺旋线，如图 9-53 所示。

4. 以图 9-54 为参照，利用自行绘制的三维图样，根据所学的知识，创建相机、创建路径，并添加光源观察效果。

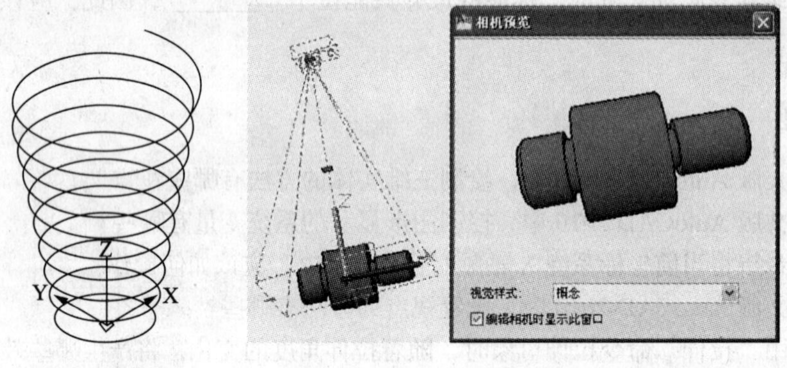

图 9-53　螺旋线示例　　　　　　　　图 9-54　相机观察效果

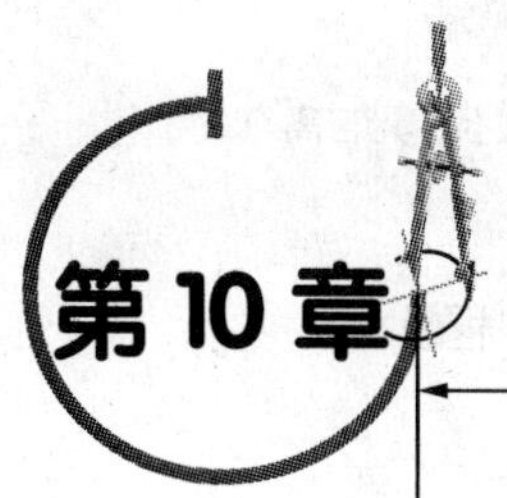

三维操作、编辑与渲染

学习要点

- 三维图形操作
- 三维实体编辑
- 三维图形渲染

在 AutoCAD 中，二维图形编辑中的许多命令（如移动、复制、删除等）同样适用于三维图形。此外，用户可以使用功能区面板选项卡或使用“菜单”→“修改”→“三维操作”（实体编辑）子命令，对三维图形进行各种操作、编辑及渲染。

10.1 三维操作

10.1.1 三维移动

“三维移动”命令的功能，是在三维视图中显示移动夹点工具，并沿指定方向将对象移动指定距离。

启动“三维移动”命令的方法如下：

（1）功能区：“常用”→“修改”→按钮。

（2）菜单：“修改（M）”→“三维操作（3）”→“三维移动（M）”图标。

（3）命令行：3DMOVE。

执行命令后，系统提示如下：

命令：3DMOVE
选择对象：（指定对角点选择对象）
选择对象：按 Enter 键，选择完成。

指定基点或 [位移（D）] < 位移 >：（指定位移实体的基点）

指定第二个点或 < 使用第一个点作为位移 >：（指定第二点或输入位移距离）

正在重生成模型。

如图 10-1 所示，演示了使用“三维移动”命令移动三维实体的过程。

10.1.2 三维旋转

“三维旋转”命令用于将实体沿指定轴旋转。旋转轴可以根据两点指定，或选择对象的 X 轴、Y 轴、Z 轴，还可以选择当前视图的 Z 方向。

启动“三维旋转”命令的方法如下：

（1）功能区：“常用”→“修改”→按钮。

（2）菜单：“修改（M）”→“三维操作（3）”→“三维旋转（R）”图标。

（3）命令行：3DROTATE。

执行命令后，系统提示如下：

命令行：3DROTATE

UCS 当前的正角方向：ANGDIR= 逆时针 ANGBASE=0

选择对象：指定对角点：找到 1 个

选择对象：

指定基点：

拾取旋转轴：

指定角的起点或键入角度：30°

图 10-2 为三维实体进行三维旋转的过程。

图 10-1　三维实体移动过程　　　图 10-2　三维旋转过程

10.1.3 对齐

使用“对齐”命令，可以在二维和三维空间中将对象与其他对象对齐。操作时，可以指定一对、两对或三对源点和定义点，进行对齐。

启动“对齐”命令的方法如下：

（1）功能区：“常用”→“修改”→按钮。

（2）菜单：“修改（M）”→“三维操作（3）”→“对齐（L）”图标。

（3）命令行：ALIGN。

1. ALIGN使用一对点

指定一对源点和定义点，执行该命令后，系统提示如下：

命令：ALIGN

选择对象：（拾取需要执行对齐操作的对象）

选择对象：按Enter键

指定第一个源点：（指定源点1）

指定第一个目标点：（指定目标点2）

指定第二个源点：

按Enter键，完成移动。

当只选择一对源点和目标点时，选定对象将在二维或三维空间中从源点1移动至目标点2，对齐的演示效果如图10-3所示。

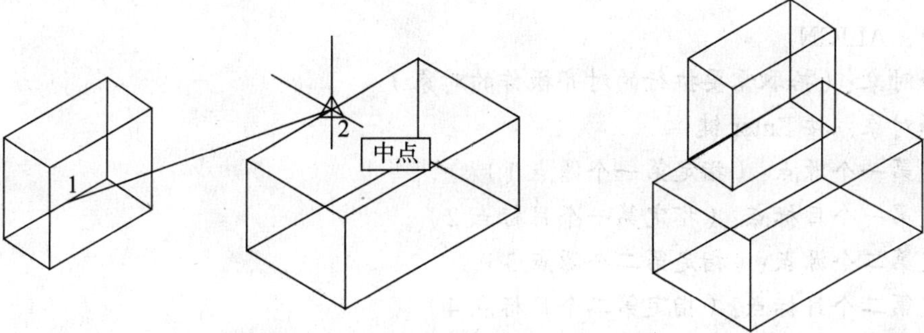

图10-3 使用一对点的对齐过程及效果

2. ALIGN使用两对点

当选择两对点时，可以在二维或三维空间移动、旋转和缩放选定对象，用于和另一对象的一对源点和定义点对齐，执行该命令后，系统提示如下：

命令：ALIGN

选择对象：（拾取需要执行对齐操作的对象）

选择对象：按Enter键

指定第一个源点：（指定第一个源点1）

指定第一个目标点：（指定第一个目标点2）

指定第二个源点：（指定第二个源点3）

指定第二个目标点：（指定第二个目标点4）

指定第三个源点或<继续>：按Enter键

是否基于对齐点缩放对象？[是（Y）/否（N）]<否>：（输入Y或按Enter键缩放对象）

在命令行中，第一对源点和目标点定义对齐的基点（1 和 2），第二对点定义旋转的角度（3 和 4），在输入了第二对点后，系统会给出缩放的提示，将以第一个目标点和第二个目标点（2 和 4）之间的距离作为缩放对象的参考长度，只有使用两对对齐对象时才能使用缩放。如图 10-4 所示为使用两对点执行操作的效果。

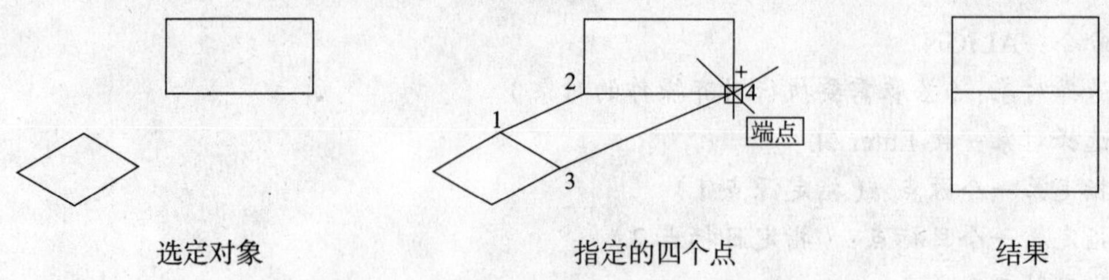

图 10-4　使用两对点的对齐过程及效果

3. ALIGN 使用三对点

当选择三对点时，选定对象可在三维空间内移动和旋转，使之与目标对象对齐，执行该命令后，系统提示如下：

命令：ALIGN
选择对象：（拾取需要执行的对齐操作的对象）
选择对象：按 Enter 键
指定第一个源点：（指定第一个源点 1）
指定第一个目标点：（指定第一个目标点 2）
指定第二个源点：（指定第二个源点 3）
指定第二个目标点：（指定第二个目标点 4）
指定第三个源点或 <继续>：（指定第三个源点 5）
指定第三个目标点：（指定第三个目标点 6）

使用三对点执行“对齐”命令后，选定对象从源点（1）移动目标点（2），旋转选定对象（1 和 3），使之与目标对象（2 和 4）对齐，然后再次旋转选定对象（3 和 5），使之与目标对象（4 和 6）对齐。图 10-5 所示，为使用三点执行“对齐”命令的效果。

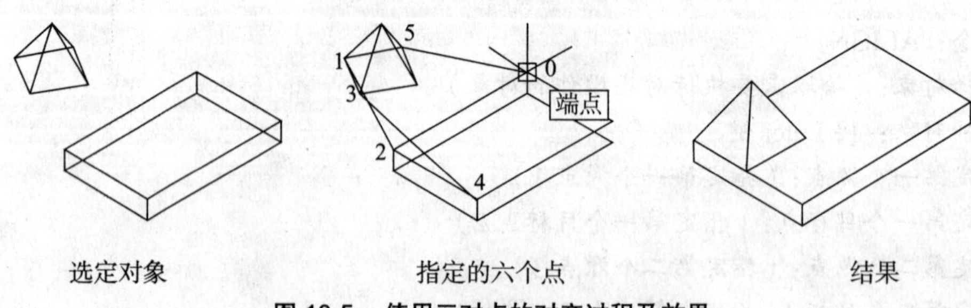

图 10-5　使用三对点的对齐过程及效果

10.1.4　三维对齐

使用“三维对齐”命令，可以在二维和三维空间对齐对象。

启动“三维对齐”命令的方法如下：

（1）功能区：“常用”→“修改”→按钮。

（2）菜单：“修改（M）”→“三维操作（3）”→“三维对齐（A）”图标。

（3）命令行：3DALIGN。

执行该命令后，系统提示如下：

命令：3DALIGN
选择对象：（拾取需要执行的三维对齐操作的对象）
选择对象：
指定源平面和方向 …
指定基点或 [复制（C）]：
指定第二个点或 [继续（C）] <C>：
指定第三个点或 [继续（C）] <C>：
指定目标平面和方向 …
指定第一个目标点：
指定第二个目标点或 [退出（X）] <X>：
指定第三个目标点或 [退出（X）] <X>：

使用“三维对齐”命令，可以为源对象和目标对象指定一对、两对或三对点，并将移动和旋转选定的对象，使三维空间中的源和目标的基点、X 轴和 Y 轴对齐。该命令可用于动态 UCS，因此可以动态地拖动选定对象与目标对齐。

10.1.5 三维镜像

使用 MIRRO3D 命令，可以沿指定的镜像平面创建对象的镜像。镜像平面可以是以下平面：对象所在平面、通过指定点且与当前 UCS 的 XY 平面、YZ 平面、XZ 平面平行的平面或由三点自定义的平面。

启动“三维镜像”命令的方法如下：

（1）功能区：“常用”→“修改”→按钮。

（2）菜单：“修改（M）”→“三维操作（3）”→“三维镜像（D）”图标。

（3）命令行：MIRRO3D。

执行该命令后，系统提示如下：

命令：MIRRO3D
选择对象：（拾取需要执行的三维镜像操作的对象）
选择对象：
指定镜像平面（三点）的第一个点或 [对象（O）/ 最近的（L）/Z 轴（Z）/ 视图（V）/XY 平面（XY）/YZ 平面（YZ）/ZX 平面（ZX）/ 三点（3）] < 三点 >：

提示中各选项的含义如下：

“对象（O）”：该选项使用选定平面对象的平面作为镜像平面，如果输入 Y，完成镜像操作并删除原始对象；如果输入 N 或按回车键，完成镜像并保留原始对象。

“最近的（L）”：该选项选择最后定义的镜像平面对选定对象进行镜像操作。

“Z 轴（Z）”：该选项根据平面上的一个点和平面法线上的一个点定义镜像平面。

“视图（V）”：该选项选择通过指定点与视图平面平行的平面作为镜像平面。

“XY/YZ/ZX”：这三个选项选择一个通过指定点与标准平面（XY、YZ、ZX）平行的平面作为镜像平面。

“三点（3）”：该选项通过三个点来定义镜像平面，如果通过指定点来选择此选项，将不显示“在镜像平面上指定第一点”的提示。

如图 10-6 所示，以支座体底面为镜像面的三维镜像效果。

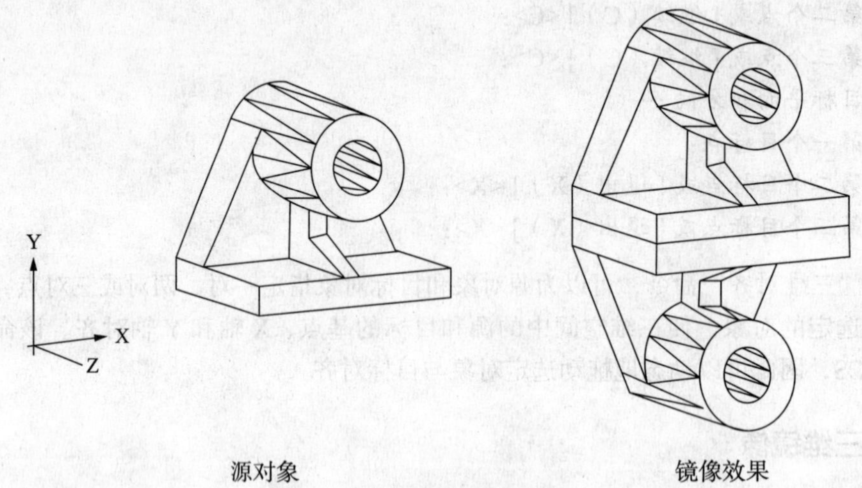

源对象　　　　镜像效果

图 10-6　三维镜像效果

10.1.6　三维阵列

三维阵列可以在三维空间中创建对象的矩形阵列或环形阵列。与二维阵列不同，除了需要指定阵列行数和列数外，还要指定阵列的层数。

启动“三维阵列”命令的方法如下：

（1）功能区：“常用”→“修改”→按钮。

（2）菜单：“修改（M）”→“三维操作（3）”→“三维阵列（3）”图标。

（3）命令行：3DARRAY。

1. 矩形阵列

一个矩形阵列必须具有至少两行、列和层。矩形阵列可沿行（X）、列（Y）和层（Z）复制对象。

执行该命令后，系统提示如下：

命令：3DARRAY

选择对象：（拾取需要阵列的对象）

选择对象：（按 Enter 键，完成选择。）

输入阵列类型 [矩形（R）/ 环形（P）] < 矩形 >：（按 Enter 键，默认为矩形阵列）

输入行数（---）<1>：（输入阵列的行数）

输入列数（|||）<1>：（输入阵列的列数）

输入层数（...）<1>：（输入阵列的层数）

指定行间距（---）：（输入阵列的行间距）

指定列间距（|||）：（输入阵列的列间距）

指定层间距（...）：（输入阵列的层间距）

在命令行输入正值将沿 X、Y、Z 轴正方向阵列，输入负值将沿 X、Y、Z 负方向阵列。图 10-7（a）为行数为 3、列数为 3、层数为 2、行间距为 5、列间距为 5、层间距为 12 的矩形阵列效果。

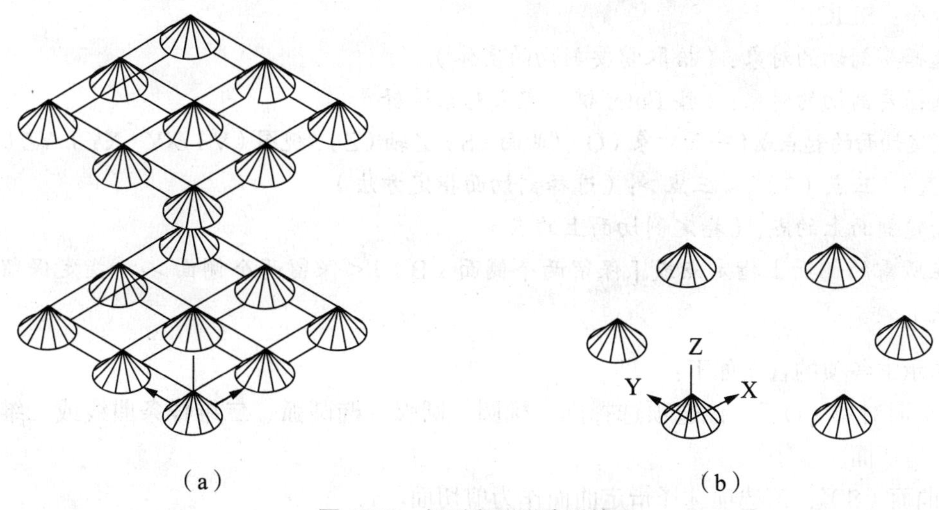

图 10-7　矩形和环形阵列效果

2. 环形阵列

环形阵列可以绕旋转轴复制对象。执行三维阵列命令后，系统提示如下：

命令：3DARRAY

选择对象：（拾取需要阵列的对象）

选择对象：（按 Enter 键，完成选择）

输入阵列类型 [矩形（R）/ 环形（P）] < 矩形 >：（输入 P，表示环形阵列）

输入阵列中的项目数目：（输入阵列数目）

指定要填充的角度（+= 逆时针，-= 顺时针）<360>：（输入填充角度）

旋转阵列对象？［是（Y）/ 否（N）] <Y>：（确定是否旋转阵列对象）

指定阵列的中心点：（指定旋转轴的第一点）

指定旋转轴上的第二点（指定旋转轴的第二点）

在命令行中，指定的角度用于确定对象绕旋转轴的角度范围，正数值表示沿逆时针方向旋转；负数值表示沿顺时针方向旋转。图 10-7（b）为阵列数为 6 的环形阵列效果。

10.1.7 剖切

“剖切”命令可以通过平面或曲面剖切实体。操作时，可以通过多种方式定义剪切平面，包括指定点、平面或曲面。使用该命令剖切实体时，可以保留剖切实体的一半或全部，被剖切实体保留原实体的图层和颜色特性。

启动“剖切”实体命令的方法如下：

（1）功能区：“常用”→“实体编辑”→按钮。

（2）菜单：“修改（M）”→“三维操作（3）”→“剖切（S）”图标。

（3）命令行：SLICE。

执行该命令后，系统提示如下：

命令：SLICE

选择要剖切的对象：（拾取需要剖切的实体）

选择要剖切的对象：（按 Enter 键，完成对象选择）

指定切面的起点或 [平面对象（O）/ 曲面（S）/Z 轴（Z）/ 视图（V）/XY（XY）/YZ（YZ）/ZX（ZX）/ 三点（3）] < 三点 >：（选择剖切面指定方法）

指定剖面上的点：（指定剖切面上的点）

在所需的侧面上指定点或 [保留两个侧面（B）] < 保留两个侧面 >：（指定保留侧面上的点）

提示中各项的含义如下：

“平面对象（O）”：该选项选择圆、椭圆、圆弧、椭圆弧、二维样条曲线或二维多段线作为剪切面。

“曲面（S）”：该选项选择指定曲面作为剪切面。

“Z 轴（Z）”：该选项通过平面上指定一点和平面的 Z 轴（法向）上指定另一点来定义剪切平面。

“视图（V）”：该选项选择通过指定点与当前视图的视图平面平行的平面作为剪切平面。

“XY（XY）”：该选项使剪切平面与当前用户坐标（UCS）的 XY 平面平行，指定一点定义剪切平面的位置。

“YZ（YZ）”：该选项使剪切平面与当前 UCS 的 YZ 平面平行，指定一点定义剪切平面的位置。

“ZX（ZX）”：该选项使剪切平面与当前 UCS 的 ZX 平面平行，指定一点定义剪切平面的位置。

“三点（3）”：该选项通过指定三点定义剪切平面。

如图 10-8 所示，为底座剖切前、后的效果。

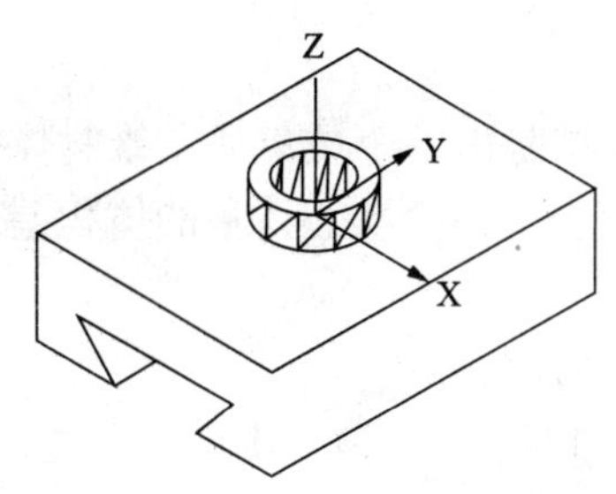

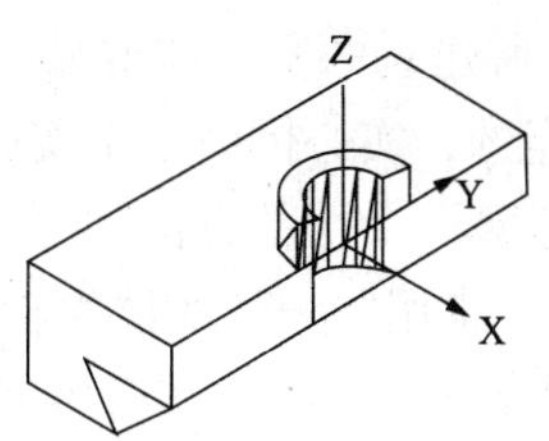

图 10-8 剖切前、后效果

10.2 实体编辑

在 AutoCAD 中，除了可以对三维对象进行旋转、镜像等操作外，还可以对三维实体进行布尔运算、编辑面和边，以及分解、分割等操作。

10.2.1 布尔运算

布尔运算是指通过两个以上基本体或面域创建的复合实体或面域，提供了并集、差集、交集三种操作功能，从而获得较复杂的三维实体。

1. 并集运算

"并集运算"是建立一个合成实心体或合成域。合成实心体通过计算两个或更多现有的实心体的总体积来建立，合成域通过计算两个或更多现有域的总面积来建立。

启动"并集运算"命令的方法如下：

（1）功能区："常用"→"实体编辑"→按钮。

（2）菜单："修改（M）"→"三维操作（3）"→"并集（U）"图标。

（3）命令行：UNION。

执行该命令后，系统提示如下：

命令行：UNION
选择对象：指定对角点（拾取需要合并的对象）
选择对象：（按 Enter 键，完成选择）

如图 10-9 所示，为两个圆柱体执行并集运算的效果。

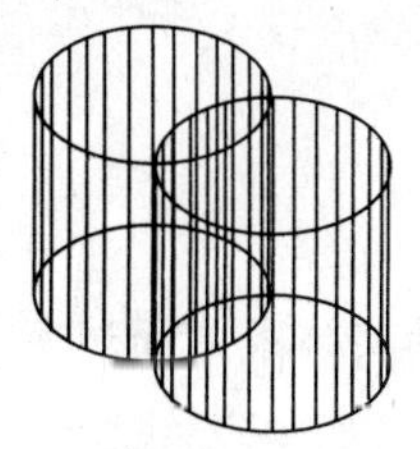

用于求并集的圆柱体

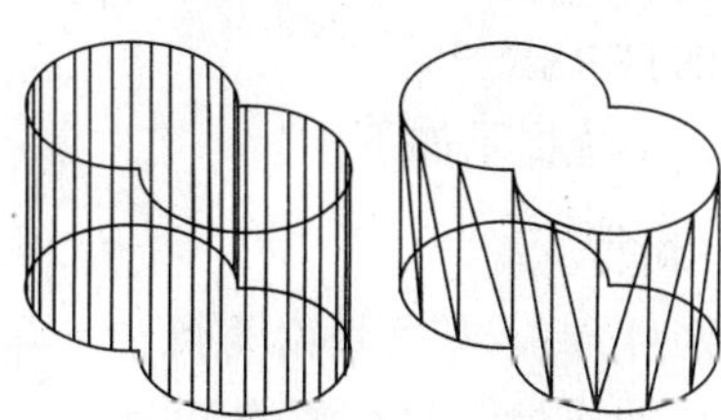

执行并集操作并消隐后的效果

图 10-9 并集运算效果

2. 差集运算

“差集运算”所建立的实心体或域，其中域是由一个域集或二维物体的面积与另一个集合体的差来确定的，实心体由一个实心体集与另一个实心体集的体积差来确定。

启动“差集运算”命令的方法如下：

（1）功能区：“常用”→“实体编辑”→ 按钮。

（2）菜单：“修改（M）”→“三维操作（3）”→“差集（S）”图标。

（3）命令行：SUBTRACT。

执行该命令后，系统提示如下：

命令：SUBTRACT 选择要从中减去的实体、曲面和面域...
选择对象：（选择要从中减去的实体、曲面和面域）
选择对象：（按 Enter 键，完成选择）
选择对象：（选择要减去的实体、曲面和面域）
选择对象：（按 Enter 键，完成选择）

如图 10-10 所示，为两个圆柱体执行差集运算的效果。

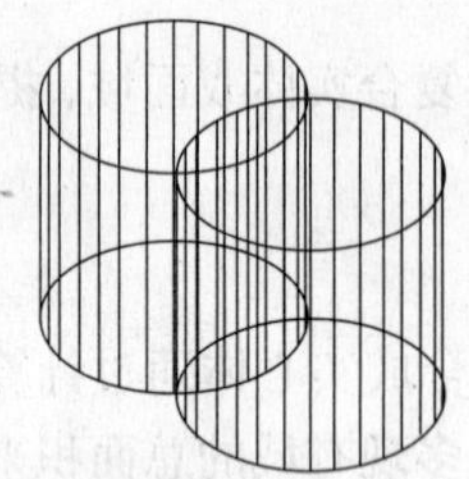

用于求差集的圆柱体

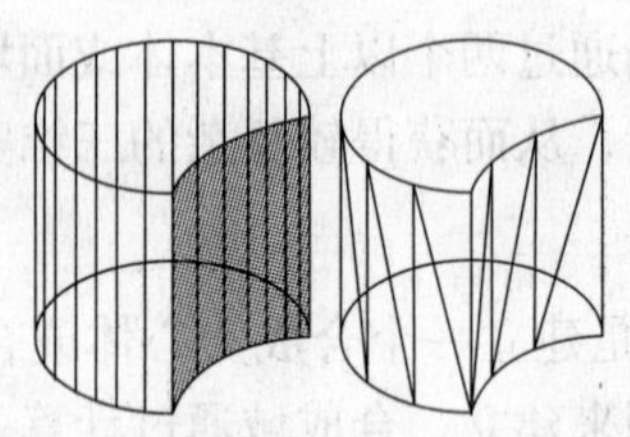

执行差集操作并消隐后的效果

图 10-10　差集运算效果

3. 交集运算

“交集运算”可以从两个或多个相交的实心体或域中建立一个合成实心体或合成域，所建立的合成域基于两个或者相互覆盖的域计算出来，实心体由两个或者多个相交实心体的共同值计算产生，即使用相交的部分建立一个新的实心体或者域。

启动“交集运算”命令的方法如下：

（1）功能区：“常用”→“实体编辑”→ 按钮。

（2）菜单：“修改（M）”→“三维操作（3）”→“交集（I）”图标。

（3）命令行：INTERSECT。

执行该命令后，系统提示如下：

命令： INTERSECT
选择对象：指定对角点：（选择需要执行交集运算的实体或者面域）
选择对象：（按 Enter 键，完成选择）

如图 10-11 所示，为两个圆柱体执行交集运算的效果。

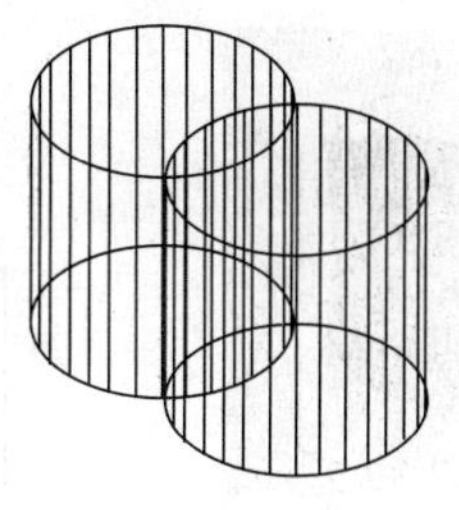

用于求交集的圆柱体

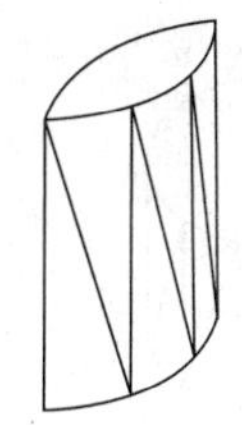

执行交集操作并消隐后的效果

图 10-11　交集运算效果

4. 干涉运算

“干涉运算”就是把原实体保留下来，并检查两个实体的交集或利用两个实体的交集生成一个新的实体。

启动“干涉运算”命令的方法如下：

（1）功能区：“常用”→“实体编辑”→按钮。

（2）菜单：“修改（M）”→“三维操作（3）”→“干涉检查（I）”图标。

（3）命令行：INTERFERE。

执行该命令后，系统提示如下：

命令：INTERFERE

选择第一组对象或［嵌套选择（N）/ 设置（S）］:（选择第一组对象）

选择第一组对象或［嵌套选择（N）/ 设置（S）］:

选择第二组对象或［嵌套选择（N）/ 检查第一组（K）］<检查>:（选择第二组对象）

选择第二组对象或［嵌套选择（N）/ 检查第一组（K）］<检查>:

按 Enter 键后出现干涉检查对话框，如图 10-12 所示。如果有多个结果，可以在利用“上一个”、“下一个”按钮进行浏览。如果要创建干涉对象，则取消勾选“关闭时删除已创建的干涉对象”复选框。

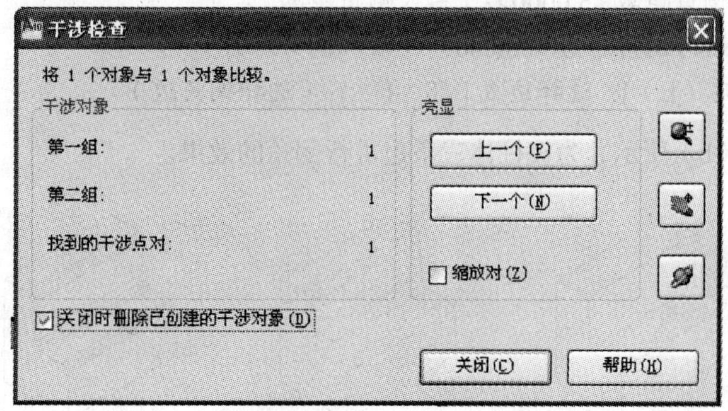

图 10-12　干涉检查对话框

如图 10-13 所示，为两圆柱体“干涉运算”的效果及生成的“干涉”实体。

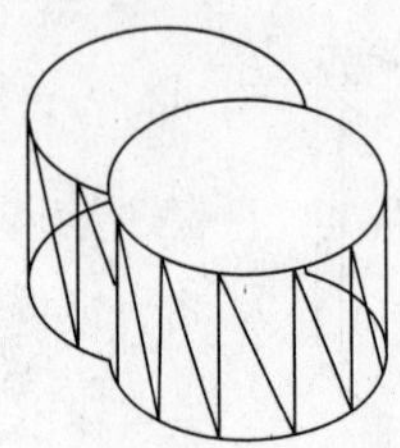
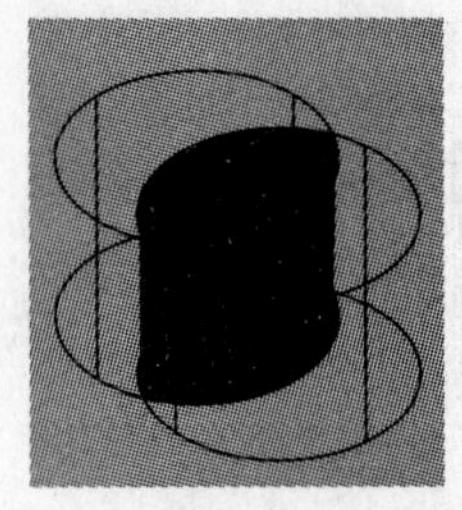
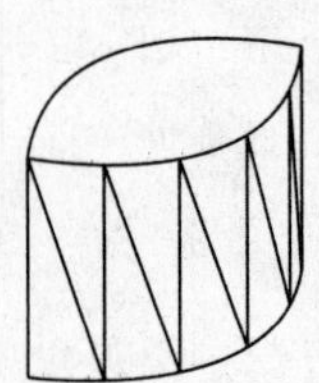

图 10-13　干涉检查效果及生成的实体

10.2.2　倒角与倒圆

1. 倒角

使用“倒角”命令，可以对基准面上的边进行倒角操作，从而在两相邻的面之间生成一个平坦的过渡面。

启动“倒角”命令的方法如下：

（1）功能区：“常用”→“修改”→按钮。

（2）菜单：“修改（M）”→“倒角（C）”图标。

（3）命令行：CHAMFER。

执行该命令后，系统提示如下：

命令：CHAMFER

（“修剪”模式）当前倒角距离 1 = 0.0000，距离 2 = 0.0000

选择第一条直线或 [放弃（U）/ 多段线（P）/ 距离（D）/ 角度（A）/ 修剪（T）/ 方式（E）/ 多个（M）]：

（指定倒角对象）

基面选择…

输入曲面选择选项 [下一个（N）/ 当前（OK）] < 当前（OK）>：（输入曲面选项）

指定基面的倒角距离 <5.0000>：（输入倒角距离）

指定其他曲面的倒角距离 <5.0000>：（输入倒角距离）

选择边或 [环（L）]：选择边或 [环（L）]：（选择倒角边）

如图 10-14（b）所示，为棱柱体三条边进行倒角的效果。

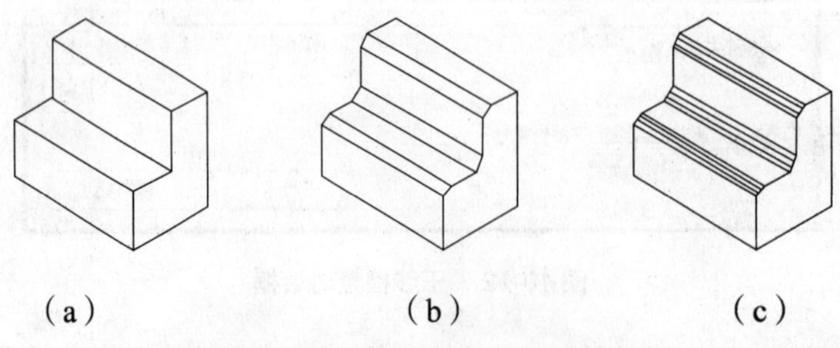

图 10-14　倒角、倒圆前后效果

2. 倒圆

使用“倒圆”命令，可以对三维实体的边进行倒圆操作，从而在两相邻的面之间生成一个圆滑过渡的曲面。

启动“倒圆”命令的方法如下：

（1）功能区：“常用”→“修改”→按钮。

（2）菜单：“修改（M）”→“圆角（F）”图标。

（3）命令行：FILLET。

执行该命令后，系统提示如下：

命令：FILLET

当前设置：模式 = 修剪，半径 = 0.0000

选择第一个对象或 [放弃（U）/ 多段线（P）/ 半径（R）/ 修剪（T）/ 多个（M）]：（选择需要圆角的对象）

输入圆角半径：（输入圆角半径）

选择边或 [链（C）/ 半径（R）]：（选择需要倒圆的边）

已选定 N 个边用于圆角。

如图 10-14（c）所示，为棱柱体三条边进行圆角的效果。

10.2.3 编辑边

在 AutoCAD 中，提供了压印边、复制边和着色边三种编辑边的方法。

1. 压印边

“压印边”命令可以将对象压印到选定的实体上，要求被压印的对象必须是选定的对象的一个或多个面相交。执行“压印”命令仅限于以下对象：直线、二维和三维多段线、样条曲线、圆弧、圆、椭圆、面域、体和二维实体。

如图 10-15 所示，为长方体上表面压印修订云线的效果。

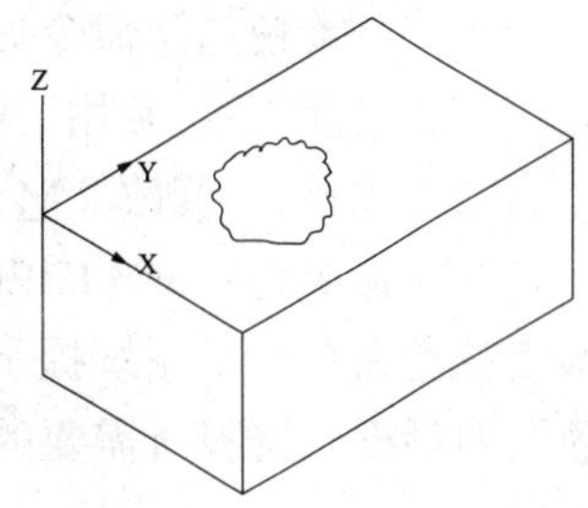

图 10-15 压印边效果

启动“压印边”命令的方法如下：

（1）功能区：“常用”→“实体编辑”→按钮。

（2）菜单：“修改（M）”→“实体编辑（N）”→“压印边（I）”图标。

（3）命令行：IMPRINT。

执行该命令后，系统提示如下：

命令：IMPRINT

选择三维实体或曲面：（选择需要进行压印操作的三维实体）

选择要压印的对象：（选择需要压印的对象）

是否删除源对象 [是（Y）/ 否（N）]〈N〉：（输入 Y，删除源对象；输入 N，保留源对象）

选择要压印的对象：（按 Enter 键，完成选择）

2. 复制边

“复制边”命令可以将三维实体的边复制为独立的直线、圆、椭圆或样条线等对象。如果指定两个点，系统将使用第一个点作为基点，表示两点之间的位置关系放置一个副本；如果只指定一个点，然后按 Enter 键，系统将使用原始选择点作为基点，下一点作为移动的目标点。

启动“复制边”命令的方法如下：

（1）功能区：“常用”→“实体编辑”→按钮。

（2）菜单：“修改（M）”→“实体编辑（N）”→“复制边（G）”图标。

（3）命令行：SOLIDEDIT。

执行该命令后，系统提示如下：

命令：SOLIDEDIT

实体编辑自动检查：SOLIDCHECK=1

输入实体编辑选项［面（F）/边（E）/体（B）/放弃（U）/退出（X）］<退出>：EDGE

输入边编辑选项［复制（C）/着色（L）/放弃（U）/退出（X）］<退出>：COPY

选择边或［放弃（U）/删除（R）］：（选择需要复制的对象）

选择边或［放弃（U）/删除（R）］：（按 Enter 键，完成边的选择）

指定基点或位移：（指定位移的基点）

指定位移的第二点：（指定位移的第二点）

输入边编辑选项［复制（C）/着色（L）/放弃（U）/退出（X）］<退出>：X

实体编辑自动检查：SOLIDCHECK=1

3. 着色边

“着色边”命令可以为三维实体对象的独立边指定颜色。

启动“着色边”命令的方法如下：

（1）功能区：“常用”→“实体编辑”→按钮。

（2）菜单：“修改（M）”→“实体编辑（N）”→“着色边（L）”图标。

（3）命令行：SOLIDEDIT。

执行命令后，系统提示着色边的操作，只是选择需要着色的边之后，会弹出“选择颜色”对话框，选择所需要的颜色即可，这里不再叙述。

10.2.4 编辑面

对于已经存在的三维实体的面，用户可以通过拉伸、移动、旋转、偏移、倾斜、删除或复制进行编辑，或改变面的颜色。

启动“编辑面”命令的方法如下：

（1）功能区：“常用”→“实体编辑”→相应按钮（如图 10-16（a）所示）。

（2）菜单：“修改（M）”→“实体编辑（N）”→“拉伸面（E）”相应图标（如图 10-16（b）所示）。

（3）命令行：SOLIDEDIT。

执行命令后，系统提示如下：

命令：SOLIDEDIT

实体编辑自动检查：SOLIDCHECK=1

输入实体编辑选项 [面（F）/ 边（E）/ 体（B）/ 放弃（U）/ 退出（X）] <退出>：FACE

输入面编辑选项 [拉伸（E）/ 移动（M）/ 旋转（R）/ 偏移（O）/ 倾斜（T）/ 删除（D）/ 复制（C）/ 颜色（L）/ 材质（A）/ 放弃（U）/ 退出（X）]<退出>：

提示中各选项的含义如下：

拉伸面
倾斜面
移动面
复制面
偏移面
删除面
旋转面
着色面

（a）

拉伸面(E)
移动面(M)
偏移面(O)
删除面(D)
旋转面(A)
倾斜面(T)
着色面(C)
复制面(F)

（b）

图 10-16 编辑面工具条

“拉伸（E）”：沿着指定高度或路径拉伸实体表面。

“移动（M）”：利用这个命令可以移动实体表面，尤其是可以方便地移动实体上的孔。

“旋转（R）”：绕指定的轴旋转一个或多个面或实体的某些部分，当旋转孔时，如果旋转轴或旋转角度选取不当，就会导致孔旋转出实体范围。

“偏移（O）”：按指定的距离或通过指定的点均匀地偏移面，正值增大实体尺寸或体积，负值减小实体大小或体积。

“倾斜（T）”：按角度倾斜面，角度的正方向由右手定则定义。

“删除（D）”：删除面，该命令可以删除实体上的圆角和倒角。

“复制（C）”：可以复制实体表面，如果选择了实体的全部表面则生成一个曲面模型。

“颜色（L）”：修改面的颜色。

如图 10-17 所示，为对应各选项的示例。

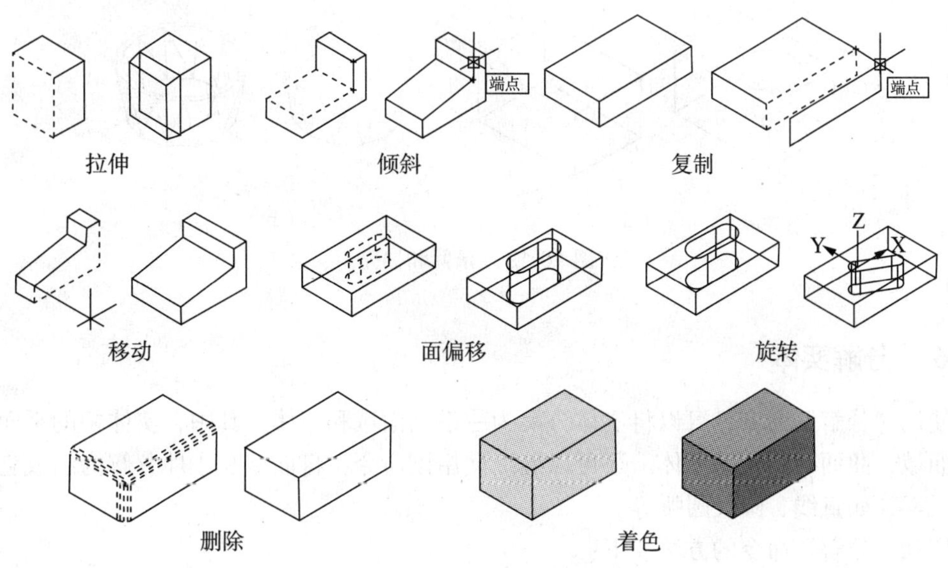

图 10-17 编辑实体面

10.2.5 编辑实体

AutoCAD 系统提供了“清除”、“分割”、“抽壳”和“检查”命令，直接对三维实体进行修改。

启动“编辑实体”命令的方法如下：

（1）功能区：“常用”→“实体编辑”→相应按钮（如图 10-18（a）所示）。

（2）菜单：“修改(M)”→“实体编辑(N)”→“清除(N)”相应图标（如图 10-18（b）所示）。

执行命令后，系统提示如下：

输入体编辑选项 [压印（I）/ 分割实体（P）/ 抽壳（S）/ 清除（L）/ 检查（C）/ 放弃（U）/ 退出（X）] <退出>:

清除(N)
分割(S)
抽壳(H)
检查(K)

（a）　（b）

图 10-18　编辑实体工具条

提示中各选项的含义如下：

“分割实体（P）”：利用“分割”命令，可以将组合实体分割成各个基本件，或者分割成组合三维实体对象不能共享的公共面积或体积。在将三维实体分割后，独立的实体将保留其图层和原始颜色，所有嵌套的三维实体对象都将被分割成最简单的结构。

“抽壳（S）”：利用“抽壳”命令，可以从三维对象中以指定的厚度创建壳体或中空的墙体。

“清除（L）”：如果三维实体的边的两侧或顶点共享相同的曲面或顶点，那么可以删除这些边或顶点。系统将检查实体对象的体、面或边，并且合并共享相同曲面的相邻面，三维实体对象中所有多余的、压印的以及未使用的边都将删除。

“检查（C）”：检查功能可以检查实体对象是否是有效的三维实体。对于有效的三维实体，进行修改时不会导致 ACIS 失败错误信息；如果三维实体无效，则不能编辑对象。

图 10-19（a）、（b）所示，为清除和抽壳示例。

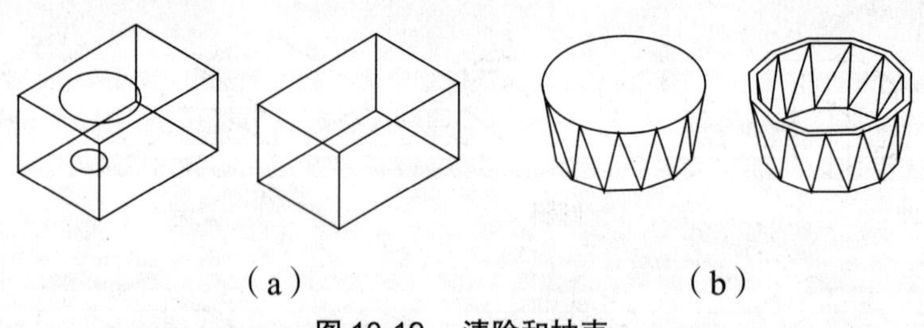

（a）　（b）

图 10-19　清除和抽壳

10.2.6 分解实体

使用“分解”命令，可以将实体分解为一系列面域和主体。其中，实体中的平面被转换为面域，曲面被转化为主体。还可以继续使用该命令，将面域和主体分解为组成它们的基本元素，如直线、圆及圆弧等。

启动“分解”命令的方法如下：

（1）功能区："常用" → "修改" → 按钮。

（2）菜单："修改（M）"→"分解（X）"图标。

（3）命令行：EXPLODE。

执行命令后，系统提示如下：

命令：EXPLODE
选择对象：（拾取需要被分解的对象）
选择对象：（按 Enter 键，即可分解实体）

如图 10-20 所示，为一组合立体被"分解"的效果。

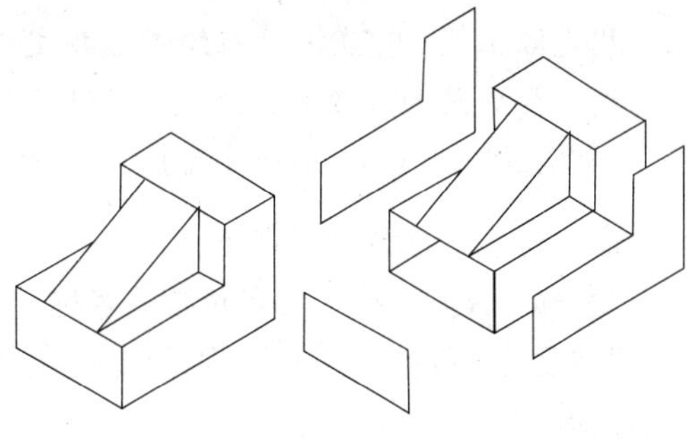

图 10-20 分解实体效果

10.3 渲染三维对象

在 AutoCAD 中，可以使三维对象以着色或渲染方式显示。着色是对三维对象进行阴影处理，以生成更加逼真的图像。渲染可使三维对象的表面显示出明暗色彩和光照效果，以获得逼真的图像效果。此外，还可以对渲染效果进行各种设置，如设置光源、场景、材料、背景等。

10.3.1 设置光源

光源的设置直接影响渲染效果。一般在进行渲染操作之前，都要设置光源。AutoCAD 提供了 4 种光源：点光源、聚光灯、平行光和阳光。如果在渲染时没有设置光源，系统将使用默认光源。下面分别介绍这些光源的创建方法及设置选项。

1. 点光源

点光源从其所在位置向四周发射光线，使用点光源可以达到基本的照明效果。

启动"点光源"命令的方法如下：

（1）功能区："渲染" → "光源" → 按钮。

（2）菜单："视图（V）" → "渲染（E）" → "光源（L）" → "新建点光源（P）"图标。

（3）命令行：POINTLIGHT。

如果将 LIGHTINGUNITS 系统变量设置为 0，执行该命令后，系统提示如下：

命令：POINTLIGHT
指定源位置 <0,0,0>：（在绘图区指定光源的位置）
输入要更改的选项 [名称（N）/ 强度（I）/ 状态（S）/ 阴影（W）/ 衰减（A）/ 颜色（C）/ 退出（X）] < 退出 >：

如果将 LIGHTINGUNITS 系统变量设置为 1 或 2，执行该命令后，系统提示如下：

命令：POINTLIGHT

指定源位置 <0,0,0>：（在绘图区指定光源的位置）

输入要更改的选项 [名称（N）/ 强度因子（I）/ 状态（S）/ 光度（P）/ 阴影（W）/ 衰减（A）/ 过滤颜色（C）/ 退出（X）] < 退出 >：

命令行各选项的含义如下：

“名称（N）”：用于指定光源的名称。

“强度 / 强度因子（I）”：用于设置光源的强度或亮度，取值范围是从 0.00 到系统支持的最大值。

“状态（S）”：表示是否打开和关闭光源。

“光度（P）”：指可见光源的照度，在光度中，照度是指对光源特定方向发出的可感知能量的数值。光通量是指每单位立体角中的可感知的能量数值。一盏灯的总光通量为沿所有方向发射的可感知的能量之和；亮度是指入射到每单位面积表面上的总光通量。

“阴影（W）”：用于控制点光源投射阴影的大小。

“衰减（A）”：用于控制点光源的衰减效果。

“过滤颜色（C）”：用于控制光源的过滤颜色。

图 10-21 为 LIGHTINGUNITS 系统变量为 0 时的点光源的“特性”选项板。图 10-22 为 LIGHTINGUNITS 系统变量为 1 或 2 时的点光源的“特性”选项板。

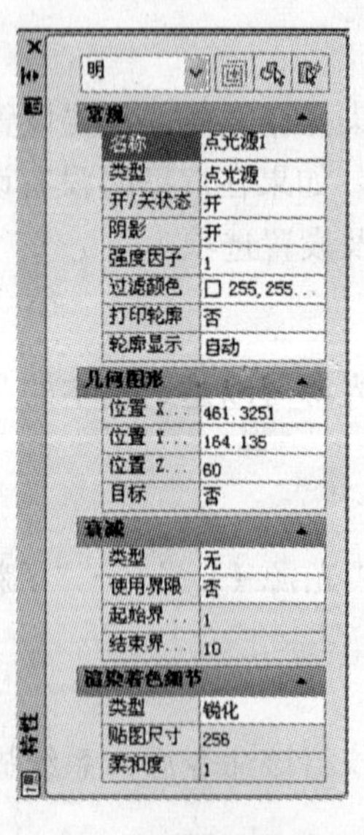

图 10-21　系统变量为 0 时

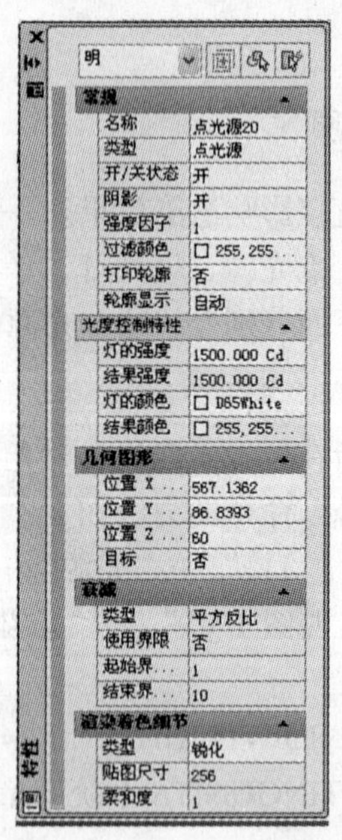

图 10-22　系统变量为 1 或 2 时

用户可以使用 TARGETPOINT 命令创建目标点光源。目标点光源和点光源的区别在于具有可用的“其他目标”特性。目标光源可以通过指定一个对象创建，也可以通过将点光源的“目标”特性从“否”更改为“是”创建，从点光源创建为目标点光源，“其他

目标”特性将会启用。

在命令行输入命令 TARGETPOINT，系统提示如下：

命令：TARGETPOINT
指定源位置 <0,0,0>：（在绘图区指定点光源的位置）
指定目标位置 <0,0,-10>：（在绘图区指定目标的位置）
输入要更改的选项 [名称（N）/ 强度因子（I）/ 状态（S）/ 光度（P）/ 阴影（W）/ 衰减（A）/ 过滤颜色（C）/ 退出（X）] < 退出 >：

2. 聚光灯

聚光灯（如闪光灯、剧场中的跟踪聚光灯等）由一点投射一个聚光束。聚光灯发射定向锥形光，用户可以控制光源的方向和圆锥体的尺寸。与点光源相似，聚光灯也可以手动设置强度随距离的衰减。但是，聚光灯的强度始终还是根据相对于聚光灯目标矢量的角度衰减的。

启动“聚光灯”命令的方法如下：

（1）功能区：“渲染”→“光源”→按钮。

（2）菜单：“视图（V）”→“渲染（E）”→“光源（L）”→“新建聚光灯（S）”图标。

（3）命令行：SPOTLIGHT。

如果将 LIGHTINGUNITS 系统变量设置为 0，执行该命令后，系统提示如下：

命令：SPOTLIGHT
指定源位置 <0,0,0>：（在绘图区指定聚光灯的位置）
指定目标位置 <0,0,0>：（在绘图区指定目标的位置）
输入要更改的选项 [名称（N）/ 强度因子（I）/ 状态（S）/ 光度（P）/ 聚光角（H）/ 照射角（F）/ 阴影（W）/ 衰减（A）/ 过滤颜色（C）/ 退出（X）] < 退出 >：

在命令行中，与点光源相同的选项，其含义也一致，而其他选项的含义如下：

“聚光角（H）”：用于指定最亮光锥的角度，也称为光束角。

“照射角（F）”：用于指定完整光锥的角度。照射角的取值范围为 0°~160°。

用户还可以创建与未指定目标的聚光灯相似的自由聚光灯，即通过命令行输入命令 FREESPOT，系统提示如下：

命令：FREESPOT
指定源位置 <0,0,0>：（指定聚光灯位置）
输入要更改的选项 [名称（N）/ 强度因子（I）/ 状态（S）/ 光度（P）/ 聚光角（H）/ 照射角（F）/ 阴影（W）/ 衰减（A）/ 过滤颜色（C）/ 退出（X）] < 退出 >：

当 LIGHTINGUNTIS 系统变量为 1 或 2 时，系统提示与上述命令行提示相似。

3. 平行光

平行光仅向一个方向发射统一的平行光线，用户可以用平行光统一照亮对象或背景。可以在视图中的任意位置指定 FROM 点和 TO 点，以定义光线的方向。使用不同的光线轮廓可以表示聚光灯和点光源，但是在图形中，不会用轮廓表示平行光和阳光，因为它们有离散的位置，并且也不会影响到整个场景。

平面光的强度并不随着距离的增加而衰减，因此可以用平行光统一照亮对象或背景。

启动“平行光”命令的方法如下：

（1）功能区：“渲染”→“光源”→按钮。

（2）菜单：“视图（V）”→“渲染（E）”→“光源（L）”→“新建平行光（D）”图标。

（3）命令行：DISTANTLIGHT。

执行命令后，系统提示如下：

命令：DISTANTLIGHT

指定光源来向 <0,0,0> 或 [矢量（V）]:（在绘图区指定光源的起点）

指定光源去向 <1,1,1>:（在绘图区指定光源的终点，确定光源方向）

输入要更改的选项 [名称（N）/ 强度因子（I）/ 状态（S）/ 光度（P）/ 阴影（W）/ 过滤颜色（C）/ 退出（X）] < 退出 >:

在命令行中，各参数的含义与点光源和聚光灯中各参数的含义类似。

4. 地理位置

启动“地理位置”命令的方法如下：

（1）功能区：“渲染”→“阳光和位置”→按钮。

（2）命令行：DISTANTLIGHT。

执行命令后，界面弹出“定义地理位置”对话框，选择“输入位置值”选项，即可打开如图 10-23 所示的“地理位置”设置对话框。

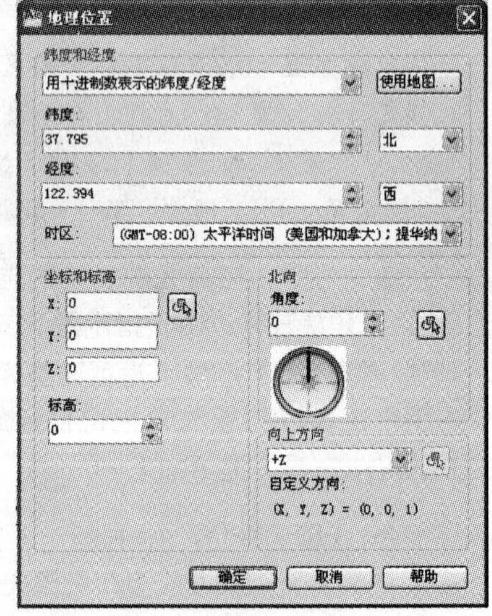

图 10-23 “地理位置”对话框

对话框中各选项的含义如下：

（1）“纬度”：“纬度”文本框用于设置当前位置的纬度；“方向”下拉列表框用于设置纬度相对于赤道的方向。

（2）“经度”：用于显示或设置经度和方向，正值表示西经。“经度”文本框用于显示当前位置的经度；“方向”下拉列表框用于显示经度相对于子午线的方向。

（3）“坐标与标高”：基于世界坐标系（WCS）指定地理位置的坐标值或标高值。

（4）“北向”：用于设置正北方向。“角度”文本框用于指定相对于北向的角度。

5. 光源列表

启动“光源列表”命令的方法如下：

（1）功能区：“渲染”→“光源”→按钮。

（2）菜单：“视图（V）”→“渲染（E）”→“光源（L）”→“光源列表（L）”图标。

（3）命令行：LIGHTLIST。

执行命令后，界面弹出如图 10-24 所示“模型中的光源”选项板，在该选项板中可以添加和修改光源。

在“模型中的光源”选项板中，按照名称和类型列出了每个添加到图形的光源，其中不包括阳光、默认光源以及块和外部参照的光源。

在列表中选定一个光源时，将在图形中使用该光源，反之亦然。选中光源后，双击弹出“特性”选项板，可以在其中更改特性。在图形中选定一个光源时，可以使用夹点工具来移动或旋转该光源，并可更改光源的其他特性（如聚光灯中的聚光角和衰减锥角），更改光源特性后，可以在模型上看到更改的效果。

6. 阳光特性

启动“阳光特性”命令的方法如下：

（1）功能区：“渲染”→“光源和位置”→按钮。

（2）菜单：“视图（V）”→“渲染（E）”→“光源（L）”→“阳光特性（U）”图标。

（3）命令行：SUNPROPERTIES。

执行命令后，界面弹出如图 10-25 所示的“阳光特性”选项板，在该选项板中可以设置并修改阳光特性。

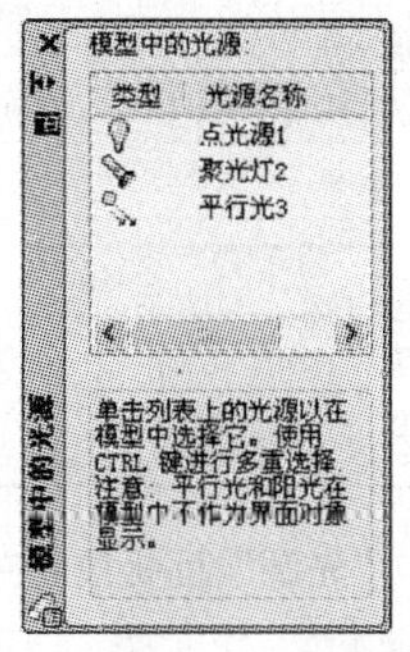

图 10-24 “模型中的光源”选项板

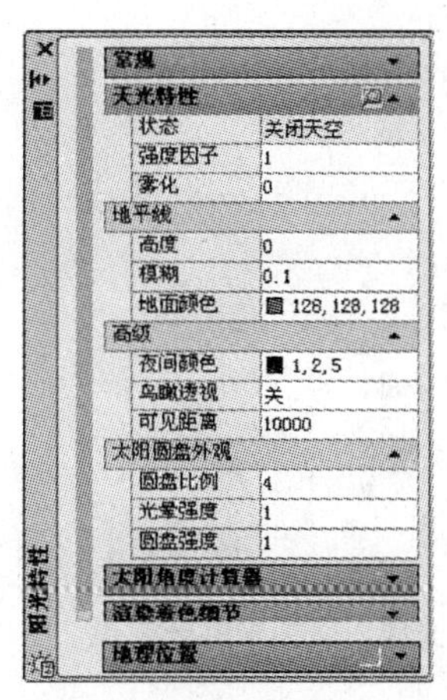

图 10-25 “阳光特性”选项板

该选项板中部分选项的含义如下：

（1）“天光特性”卷展栏用于设置天光的一些基本特性。“状态”下拉列表框用于确定渲染时是否计算自然光照明。此操作对视图照明或背景没有影响，它可使自然光在渲染时作为收集光源使用。下拉列表中提供的选项包括“关闭天空”、“天光背景”、“天光背景和照明”，默认设置为“关闭天空”。“强度因子”文本框提供了一个放大天光的方法；“雾化”文本框用于确定大气中散射效果的幅值。

（2）“地平线”卷展栏用于设置地平面的外观和位置。“高度”文本框用于确定相对于世界零海拔的地平面的绝对高度；“模糊”文本框用于确定地平面和天空之间的模糊量；“地面颜色”文本框通过从下拉列表或在“选择颜色”对话框中选择颜色来确定地平面的颜色。

（3）“高级”卷展栏用于设置不同的艺术效果。“夜间颜色”文本框通过从下拉列表中选择颜色或在“选择颜色”对话框中选择颜色，以指定夜间自然光的颜色；“鸟瞰透视”文本框用于指定是否应用鸟瞰透视；“可见距离”文本框用于指定10%雾化阻光度情况下的可视距离。

（4）“太阳圆盘外观”卷展栏适合设置背景，它们控制太阳圆盘的外观。“圆盘比例”文本框用于指定太阳圆盘的比例；“光晕强度”文本框用于指定太阳光晕的强度；“圆盘强度”文本框用于指定太阳圆盘的强度。

（5）“太阳角度计算器”卷展栏用于设置阳光的角度。“日期”文本框显示当前日期设置；“时间”文本框显示当前时间设置；“夏令时”文本框显示了当前保存时的时间设置；“方位角”文本框显示方位角；“仰角”文本框显示仰角；“源矢量”文本框显示源矢量（阳光方向）的坐标。

7. 光源面板

当使用“三维建模”工作空间时，在功能区系统默认存在“光源”面板，“光源”面板可以使用户快速访问基本的光源功能。第一次打开图形时，“光源”面板通常以收拢状态显示，如图10-26所示，展开后的效果如图10-27所示。

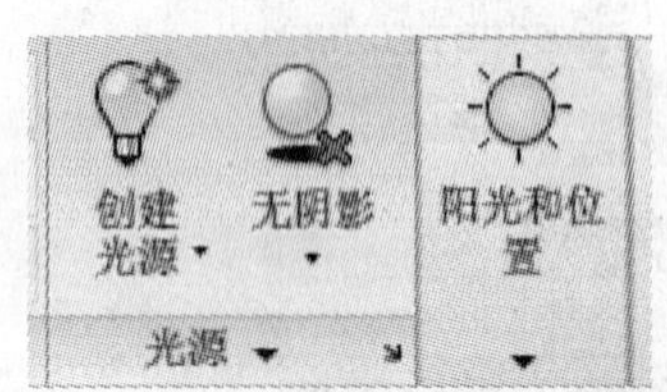

图10-26 “光源”面板未展开效果

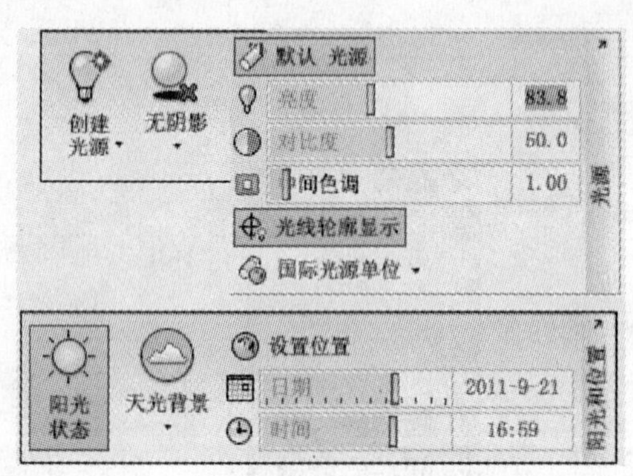

图10-27 “光源”面板展开效果

在“光源”面板上提供常用的各类光源按钮和参数设置项，其含义如下：

（1）“默认光源”按钮：用于切换视口光源模式，当系统变量DEFAULTLIGHTING为1时，表示使用默认光源模式；当系统变量DEFAULTLIGHTING为0时，表示使用用户光源模式。

（2）“阳光状态”按钮：用于打开和关闭“阳光状态”，当处于打开状态时，可以激活“日期”滑块和“时间”滑块；关闭时，同时关闭“日期”和“时间”滑块。

（3）“天光背景”按钮：用于列出光度控制光源，当LIGHTINGUNITS系统变量设置为1或2时，可以激活天光关闭、天光背景或者天光背景和照明选项，其中按钮表示天光关闭，按钮表示天光背景，按钮表示天光背景和照明。

（4）“光源”按钮：用于激活“模型中的光源”选项板。此选项板将显示图形中可用的光源，并可用于选择光源以及更改特性。

（5）“创建光源”按钮：单击该按钮，其下拉列表项：点光源按钮、聚光灯按钮和平行光按钮，可以分别向图形对象添加点光源、聚光灯和平行光。

（6）“设置位置”按钮：用于激活“地理位置”对话框。

（7）“光线轮廓”按钮：用于控制光线轮廓的关闭和打开，当系统变量LIGHTGLYPHDISPLAY为0时，表示光线轮廓关闭；当系统变量LIGHTGLYPHDISPLAY为1时，表示光线轮廓打开。

（8）“亮度”滑块：用于调整已转换的颜色亮度。

（9）“对比度”滑块：用于调整已转换的颜色对比度。

（10）“中间色调”滑块：用于调整由阳光照亮的外部场景的中色调值。当LIGHTINGUNITS系统变量设置为1或2时，滑块可用。

10.3.2 材质

为了增加图形对象的真实感，用户可以根据具体的实物给图形对象定义相应的材质，如透明的玻璃材质、大理石材质等。

启动“材质”命令的方法如下：

（1）功能区：“渲染”→“材质”→按钮。

（2）菜单：“视图（V）”→“渲染（E）”→“材质…”图标。

（3）命令行：RMAT。

执行命令后，界面会弹出如图10-28所示的“材质”选项板，在选项板中，用户可以设置各种材质。

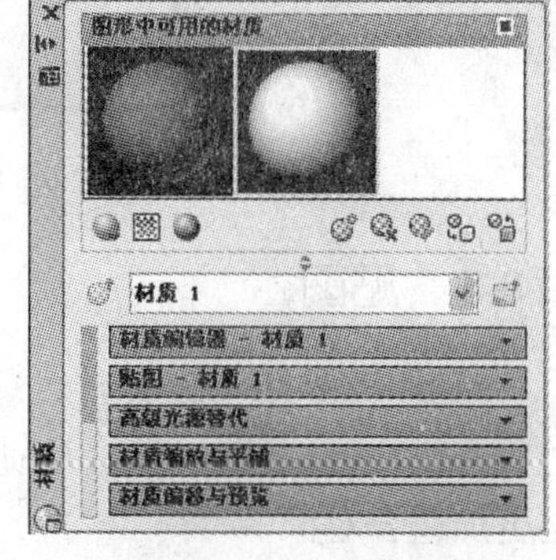

图10-28 “材质”选项板

该选项板中各选项的含义如下：

（1）“图形中可用的材质”框：用于显示材质样例的预览和工具按钮。

（2）“嵌套贴图导航”：用于显示活动材质及贴图树中的材质。

（3）“材质编辑器”卷展栏：用于显示材质类型、样板和特性。

（4）“贴图”卷展栏：用于显示贴图频道、贴图类型、工具按钮，并可以访问贴图控件。

（5）“高级光源替代”卷展栏：在真实材质类型和真实金属材质类型下可用；当使用光度控制光源材质时，可设置影响材质渲染的参数。

（6）“材质缩放与平铺”卷展栏：用于指定贴图频道、同步缩放或平铺因子，以在所有贴图级别中共享。此部分用于二维（纹理贴图、棋盘）贴图和贴图频道（漫射、凹凸、不透明）。

（7）“材质偏移与预览”卷展栏：用于指定材质贴图的偏移与预览特性。

“图形中可用材质”框显示了图形中可用材质的样例。默认材质命名为“全局”。单击样例以选择材质。该材质的设置将显示在“材质编辑器”卷展栏中，样例轮廓为黄色表明已选中。样例上方的按钮和位于其下方的两组按钮的含义如下：

（1）“切换显示模式”■按钮：位于样例的右上角，用于切换样例的显示。

（2）“样例几何体”按钮：用于控制选定样例显示的几何体类型：长方体、圆柱体或球体。在其他样例中选择几何体时，其中的几何体也将会改变。

（3）“关闭 / 打开交错参考底图”按钮：用于显示彩色交错参考底图，以帮助用户查看材质的不透明度。

（4）“预览样例光源模型”按钮：将光源模型从单光源更改为背光源模型。在弹出的列表中进行选择后，将更改选定的材质样例。

（5）“创建新材质”按钮：单击该按钮界面弹出如图 10-29 所示的“创建新材质”对话框。输入名称后，将在当前样例的右侧创建并选中新样例。

（6）“从图形中清除”按钮：从图形中删除选定的材质，但无法删除全局材质和任何正在使用的材质。

（7）“将材质应用到对象”按钮：将更新正在使用的图标的显示。

（8）单击“将材质应用到对象”按钮：将当前选定的材质应用到选定的对象和面。

（9）“将材质应用到对象”按钮：将从选定的对象和面中拆分材质。

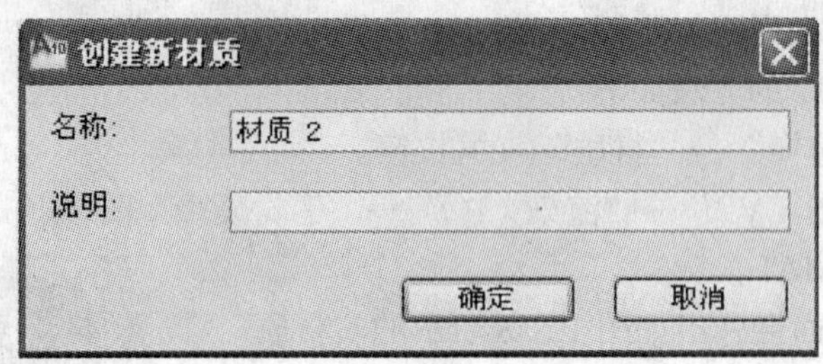

图 10-29　“创建新材质”对话框

10.3.3　贴图

“贴图”是用于附着带纹理的材质后，调整对象或面上纹理贴图的方向。当材质被映射后，用户可以调整材质以适应对象的形状，从而将合适的材质贴图类型应用到对象，使之更加适合对象。

启动“贴图”命令的方法如下：

（1）功能区：“渲染”→“材质”→“材质贴图”→各选项按钮。

（2）菜单：“视图（V）”→“渲染（E）”→“贴图（A）”→各选项图标。

执行命令后，界面会弹出图 10-30 所示的贴图菜单，其各选项的含义如下：

平面贴图(P)
长方体贴图(B)
柱面贴图(C)
球面贴图(S)

图 10-30　贴图菜单

（1）平面贴图（P）：将图像映射到对象上，就像将其幻灯片投影器投射到二维曲面上一样，图像不会失真，但会被缩放以适应对象，该贴图常用于面。

（2）长方体贴图（B）：将图像映射到类似长方体的实体上，该图像将在对象的每个面上重复使用。

（3）球面贴图（S）：在水平和垂直两个方向上同时使用图像弯曲。纹理贴图的顶边在球体的“北极”压缩为一个点；同样，底边在“南极”压缩为一个点。

（4）柱面贴图（C）：将图像映射到圆柱体对象上，水平边将一起弯曲，但顶边和底边不会弯曲。图像的高度将沿圆柱体的轴进行缩放。

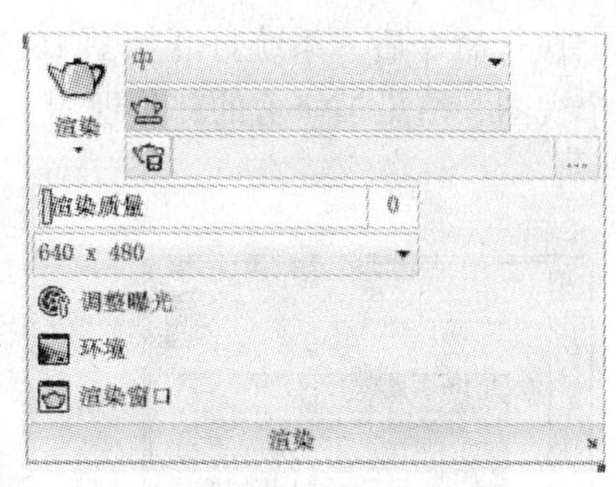

图 10-31 “渲染”面板

10.3.4 渲染

在功能选项区渲染面板中，点击“渲染”按钮，界面会出现如图 10-31 所示的“渲染”面板。通过该面板用户可以快速使用渲染功能。

该选项面板上主要选项的含义如下：

（1）“渲染预设管理器”复选框：下拉列表，在该对话框中可以创建或修改自定义的渲染预设；渲染进度表，是用来调整渲染的进度；用于设置存储位置、文件名称和文件格式等，可以完成渲染并保存图像。

（2）“图像质量调整”列表：用于渲染更详细或更粗略的图像；“输入尺寸”下拉列表，可以设置渲染分辨率。

（3）“调整曝光”按钮：单击该按钮，界面弹出如图 10-32 所示的“调整渲染曝光”对话框，在该对话框中，可以调整亮度、对比度、中色调、室外日光和过程背景等。

（4）“渲染环境”按钮：单击该按钮，界面弹出如图 10-33 所示的“渲染环境”对话框。在该对话框中，可以设置雾化和深度效果。

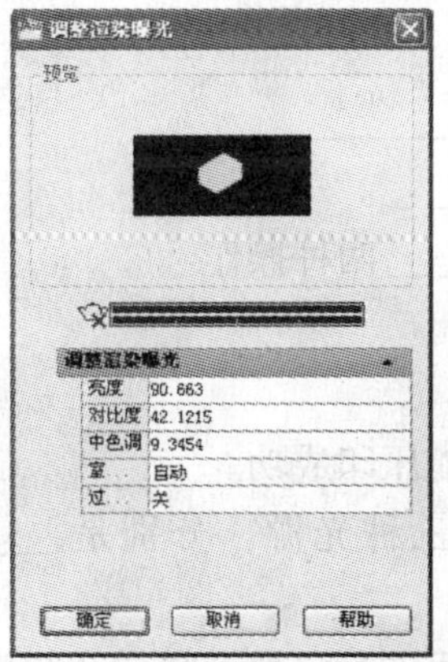

图 10-32 “调整渲染曝光”对话框

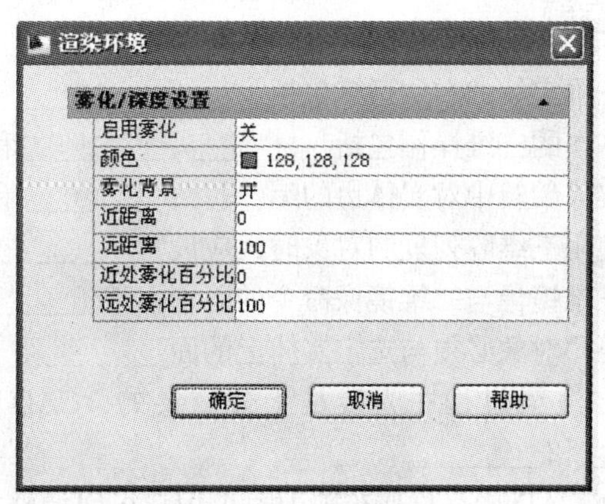

图 10-33 “渲染环境”对话框

（5）“高级渲染设置”按钮：单击该按钮，界面会弹出如图 10-34 所示的“高级渲染设置”选项板，用户可以利用该选项板进行更多高级设置。

完成上述各项“渲染”设置后，即可对对象进行渲染操作。

启动“渲染”命令的方法如下：

（1）功能区：“渲染”→“渲染”→按钮。

（2）菜单：“视图（V）”→“渲染（E）”→“渲染（R）”图标。

执行命令后，系统打开如图 10-35 所示“渲染”对话框。在该状态下，用户可以渲染整个视图、渲染被修剪的部分视图、选择渲染预设及取消正在进行的渲染任务。

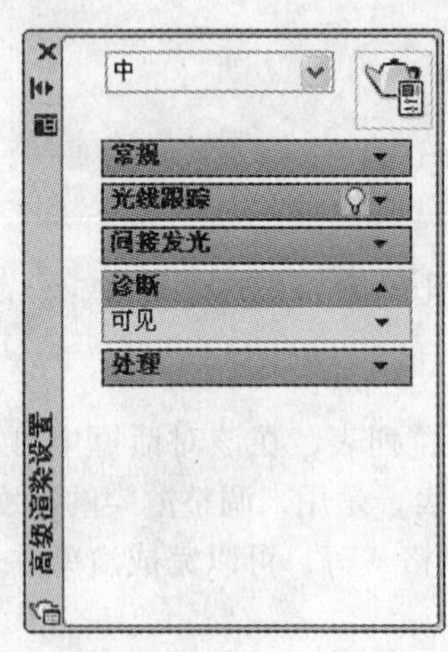

图 10-34 “高级渲染设置”选项板

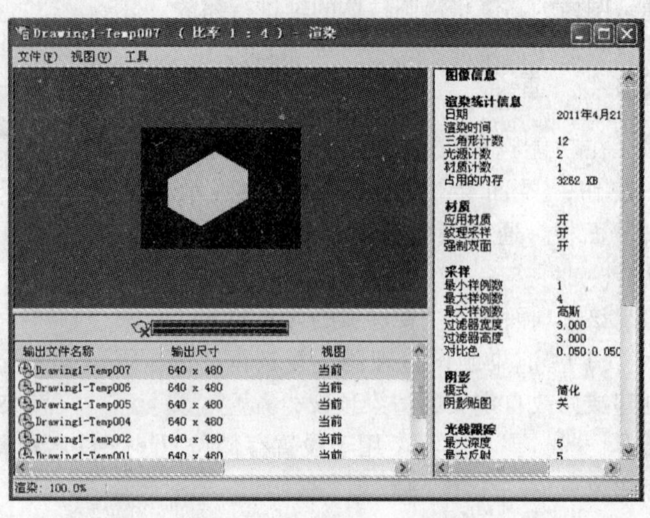

图 10-35 “渲染”对话框

思考与操作

一、填空题

1. 三维实体的布尔运算包括 ________、________ 和 ________。
2. 基本的三维操作包括 ________、________ 和 ________。
3. 实体编辑中对实体边的编辑包括 ________ 和 ________ 两种操作。
4. 使用三维阵列复制对象时，应设置 ________ 参数。
5. 三维镜像与二维镜像命令的区别在于 ________。
6. 压印对象必须与选定实体上的面________，这样才能压印成功。
7. 在渲染过程中光线是十分重要的，CAD 提供了三种光源，分别是 ________、________ 和 ________。
8. 在 CAD 中，材质被映射后，用户可以调整材质以适应对象的形状，系统提供了四种纹理贴图形状，即 ________、________、________ 和 ________。
9. 从三维实体对象中以指定的厚度创建壳体或中空的墙，可以使用 ________ 命令。

二、问答题

1. 在 AutoCAD 中，使用“三维镜像”命令时，应注意哪些方向？
2. 如何使用动态 UCS 在三维实体的平面上创建对象？
3. 有哪些面操作命令？有哪些边操作命令？

4. 要为渲染的对象附着材质，应该怎么办？

三、操作题

1. 创建如图 10-36 所示的图形，在模型空间出图。根据图 10-36（a）所示轴的结构尺寸，绘制图 10-36（b）所示该阶梯轴的三维图样。

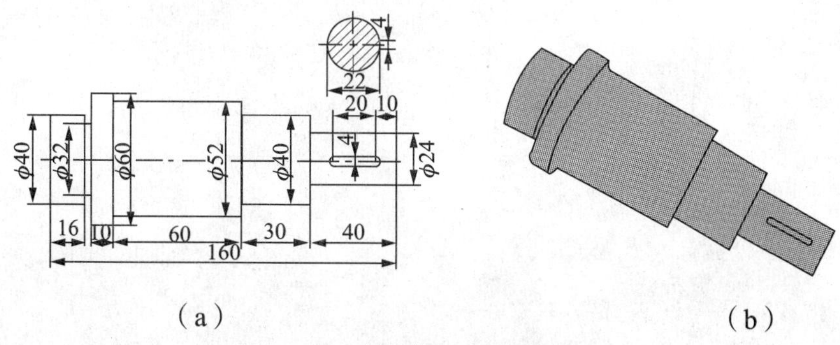

（a） （b）

图 10-36 轴结构尺寸及观察效果

2. 自定尺寸大小，绘制图 10-37 和图 10-38 所示图形，并为其添加材质进行渲染。

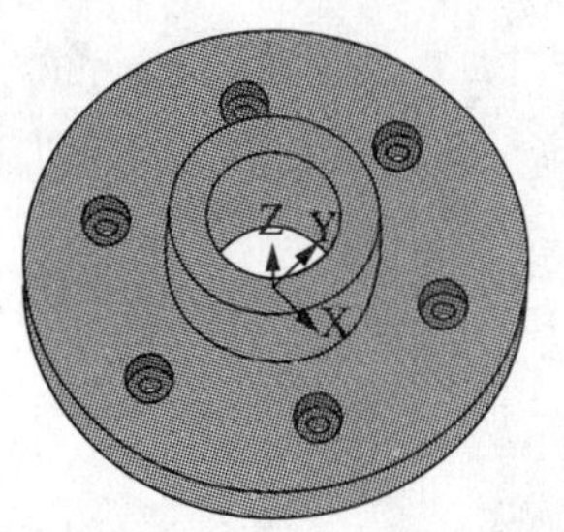

图 10-37 绘制并渲染图形

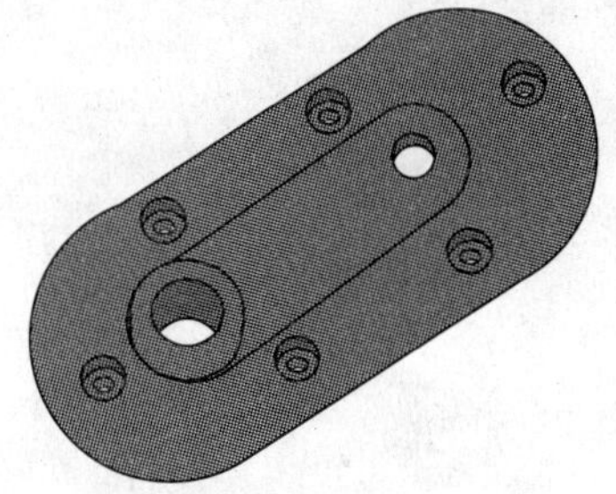

图 10-38 绘制并渲染图形

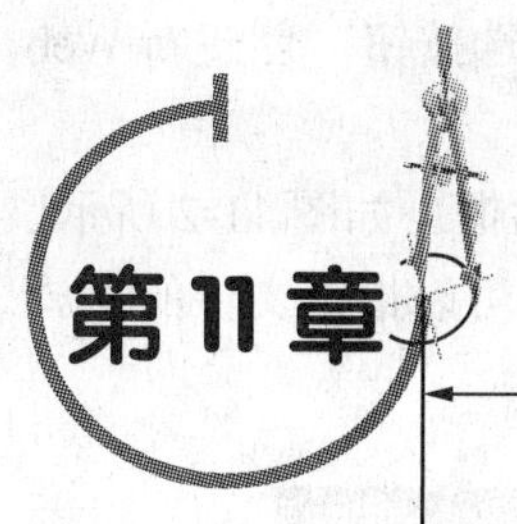

第11章 图形发布与打印

学习要点

- 将图形发布到 Web 上
- 创建布局
- 打印样式
- 打印图形

AutoCAD 的网上发布功能，使其与互联网的相关操作更加方便、高效。设计图纸要进行加工生产，必须打印出图。本章主要介绍图纸的发布及打印出图等知识。

11.1 将图形发布到 Wcb

网上发布向导为创建包含 AutoCAD 图形的 DWF、JPEG 或 PNG 图像的格式化网页提供了简化的界面。

（1）DWF 格式不会压缩图形文件。

（2）JPEG 格式采用有损压缩，即丢弃一些数据以减小压缩文件的大小。

（3）PNG（便携式网络图形）格式采用无损压缩，即不丢失原始数据就可以减小文件的大小。

使用网上发布向导，可以快速且轻松地创建出精彩的格式化网页。创建网页后，可以将其发布到 Internet 或 Intranet 上。

使用网上发布向导的操作步骤如下：

（1）选择“文件”→“网上发布（W）…”（或选择“工具（T）”→“向导（Z）”→“网上发布（W）…”）命令，打开“网上发布—开始”对话框，如图 11-1 所示。使用“创建新 Web 页（C）”和“编辑现有的 Web 页（E）”单选按钮，用户可以选择是创建新

Web 页还是编辑已有的 Web 页。此处选中“创建新 Web 页（C）”单选按钮，创建新 Web 页（C）。

（2）单击“下一步”按钮，打开“网上发布—创建 Web 页”对话框，如图 11-2 所示。在“指定 Web 页的名称”文本框中输入 Web 页的名称“MyWeb”，也可以指定文件的存放位置。

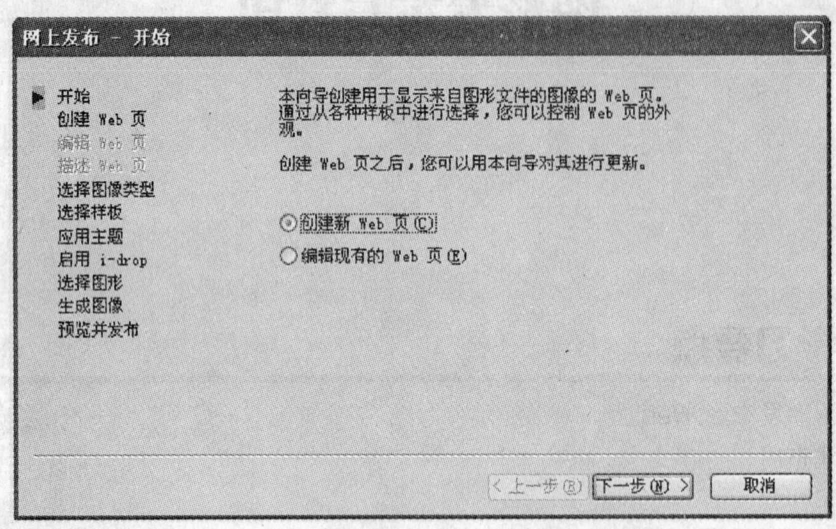

图 11-1　网上发布—开始

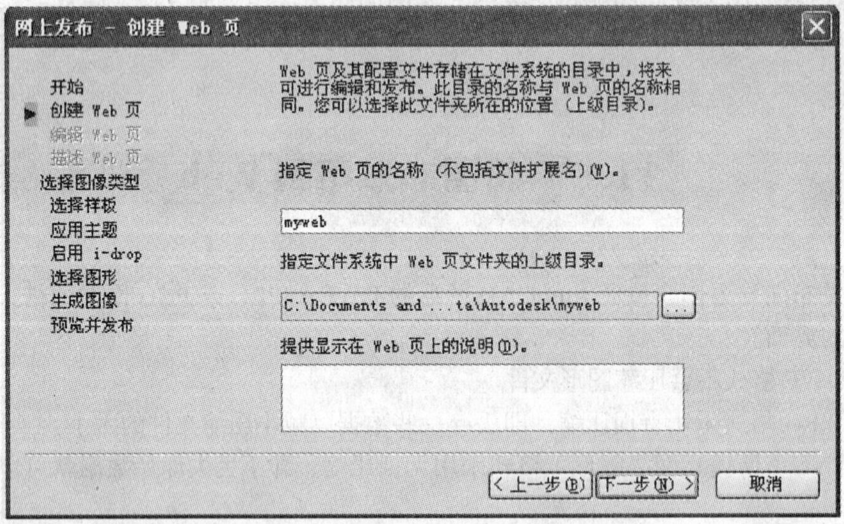

图 11-2　网上发布—创建 Web 页

（3）单击“下一步”按钮，打开“网上发布—选择图像类型”对话框，如图 11-3 所示。用户可以选择在 Web 页上显示的图形图像的类型，即通过左面的下拉列表框在 DWF、JPG、PNG 之间选择。确定文件类型后，用户使用右面的下拉列表框可以确定 Web 页中显示图像的大小，包括“小”、“中”、“大”和“极大”四个选项。

（4）单击“下一步”按钮，打开“网上发布—选择样板”对话框。设置 Web 页样板，如图 11-4 所示，当选择相应选项后，在预览框中将显示相应样板示例。

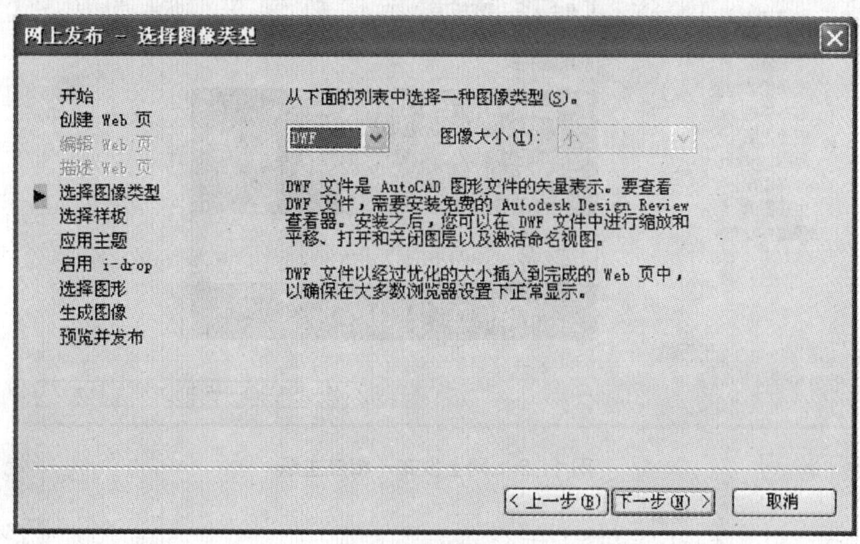

图 11-3　网上发布—选择图像类型

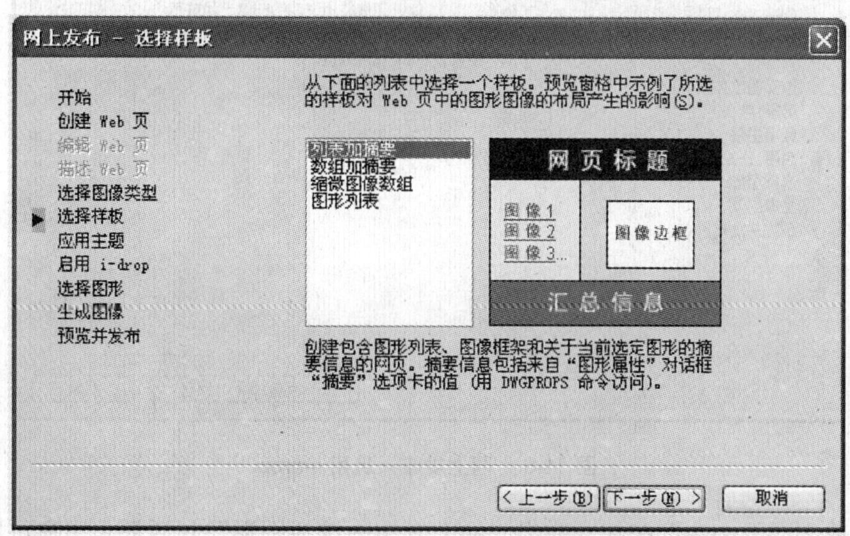

图 11-4　网上发布—选择样板

（5）单击“下一步”按钮，打开“网上发布—应用主题”对话框，如图 11-5 所示。用户可以在该对话框选择 Web 页面上各元素的外观样式，如字体及颜色等，在该对话框的下拉列表中选择好样式后，在预览中将显示出相应的样式。

（6）单击“下一步”按钮，打开“网上发布—启用 i-drop”对话框，如图 11-6 所示。系统将询问是否要创建 i–drop 有效的 Web 页。勾选“启用 i–drop”复选框，即可创建 i–drop 有效的 Web 页。

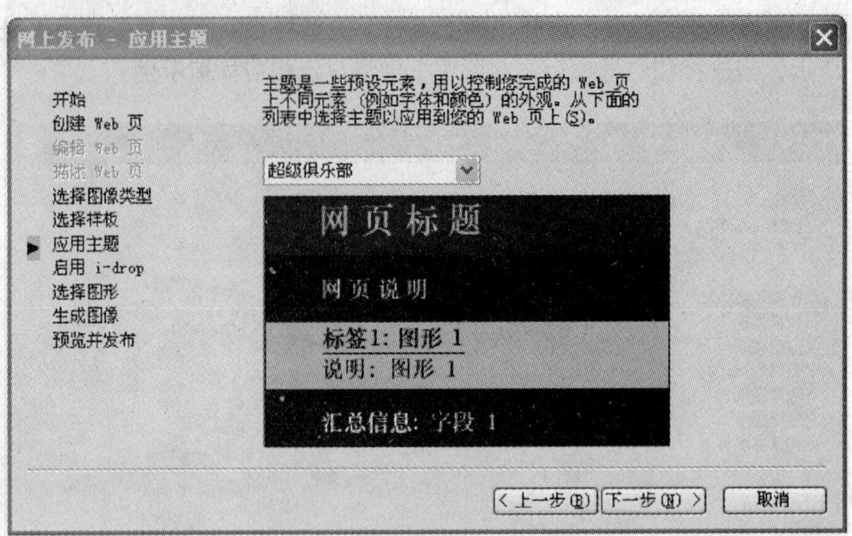

图 11-5　网上发布—相应主题

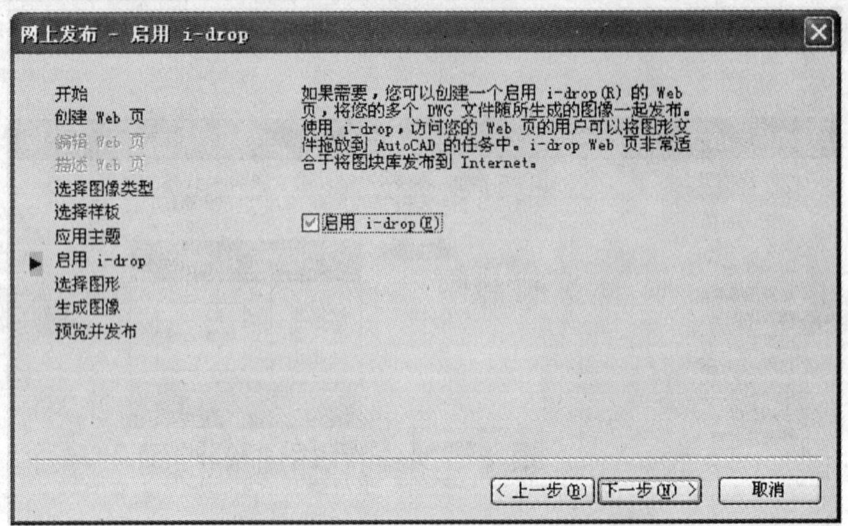

图 11-6　网上发布—启用 i-drop

（7）单击“下一步”按钮，弹出“网上发布—选择图形”对话框，用户可以确定在Web页上要显示成图像的图形文件，如图11-7所示。设置好图像后单击“添加”按钮，即可将文件添加到“图像列表”列表框中。

（8）单击“下一步”按钮，打开“网上发布—生成图像”对话框，可以选择“重新生成已修改图形的图像”或“重新生成所有图像”，如图11-8所示。

（9）单击“下一步”按钮，打开“网上发布—预览并发布”对话框，如图11-9所示。单击“预览”按钮即可预览所创建的Web页。单击“立即发布”按钮，则可立即发布新创建的Web页。发布Web页后，通过“发送电子邮件”按钮可以创建发送包括URL及其位置等信息的邮件。

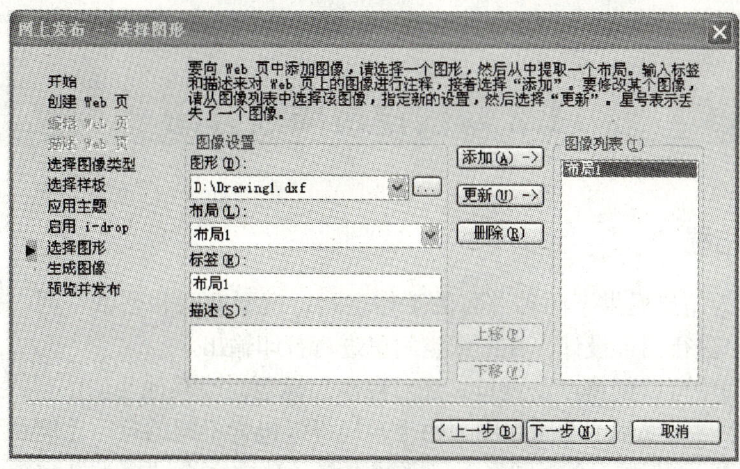

图 11-7　网上发布—选择图形

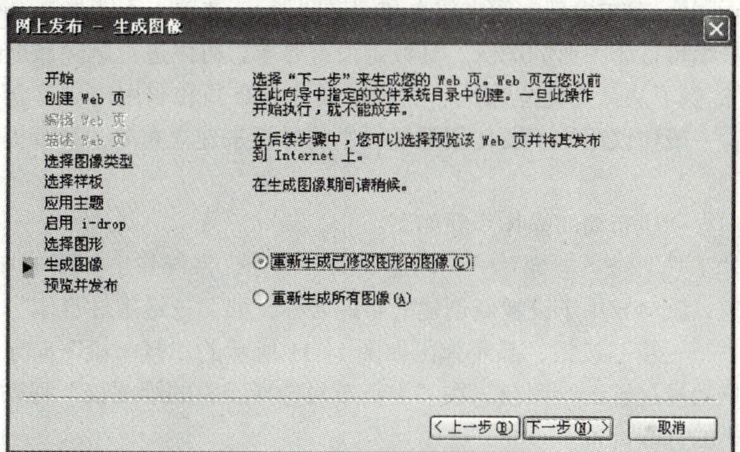

图 11-8　网上发布—生成图像

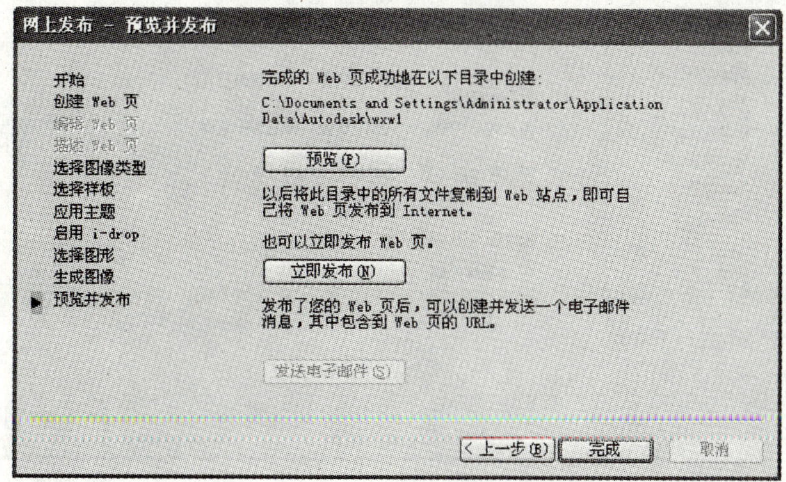

图 11-9　网上发布—预览并发布

11.2 创建布局及打印

11.2.1 创建布局

AutoCAD 为用户提供了两种并行的工作空间：模型空间和图纸空间。一般来说，用户在模型空间里进行图形设计，在图纸空间里进行打印输出。

在图纸空间中可以创建浮动视口，还可以添加标题栏或其他几何图形。另外，可以在图形中创建多个布局以显示不同视图，每个布局可以包含不同的打印比例和图纸尺寸。

在 AutoCAD 中建立一个新图形时，系统会自动建立一个“模型”选项卡和两个“布局”选项卡，用户可以通过单击状态栏中的“模型”和“图纸”按钮来切换两种空间。“模型”选项卡可以用来在模型空间中建立和编辑图形,该选项卡不能被删除和重命名;“布局”选项卡用来编辑打印图形的图纸，其数量没有要求，可以进行删除和重命名操作。

AutoCAD 提供了从开始建立布局、利用样板建立布局和利用向导建立布局 3 种创建新布局的方法。一般建议用户不要使用系统提供的样板来建立布局，系统提供的样板不符合我国国标。

使用布局向导创建布局的操作步骤如下：

（1）选择“工具”→“向导”→“创建布局”命令，系统弹出如图 11-10 所示的“创建布局”对话框。该向导用于设置新创建的布局名称，如“三维零件打印”。

（2）单击“下一步”按钮，系统弹出如图 11-11 所示的“打印机”向导对话框，该向导用于为新布局选择配置的绘图仪，在“为新布局选择配置的绘图仪”列表框中给出了当前已经配置完毕的打印设备。

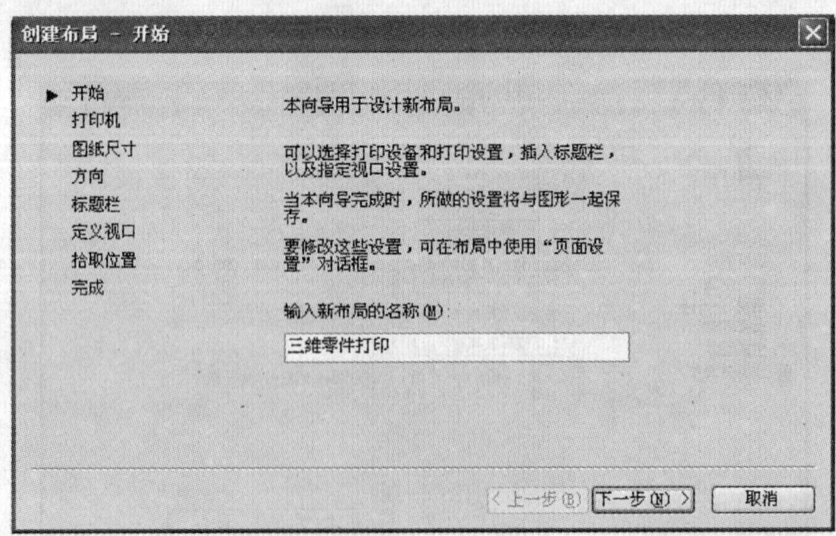

图 11-10　创建布局

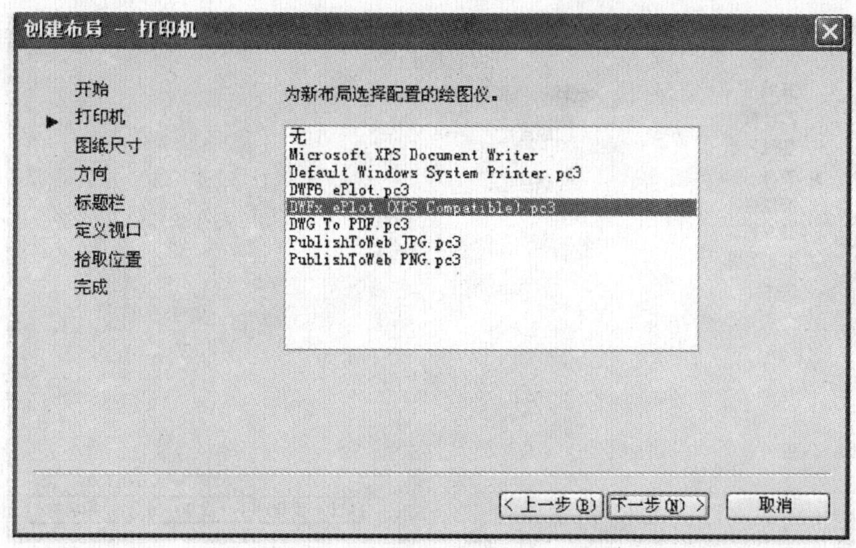

图 11-11 “打印机”向导

（3）单击“下一步”按钮，系统弹出如图 11-12 所示的“图纸尺寸”向导对话框，该向导用于选择布局使用的图纸尺寸。在下拉列表框中选择要使用的纸张大小，在“图形单位”选项组中指定图形所使用的打印单位。这里选择 A4 图纸，图形尺寸为“毫米”。

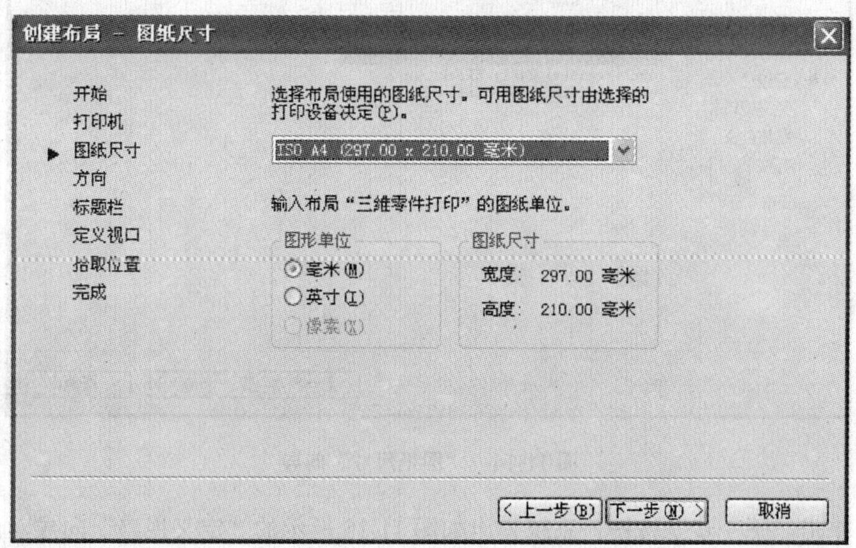

图 11-12 “图纸尺寸”向导

（4）单击“下一步”按钮，系统弹出如图 11-13 所示的“方向”向导对话框，该向导用于选择图形在图纸上的方向，如选择“横向”单选按钮。

（5）单击“下一步”按钮，系统弹出如图 11-14 所示的“标题栏”向导对话框，该向导用于选择应用于此布局的标题栏，用户在“路径”列表中选择合适的标题栏，也可选择“无”选项。

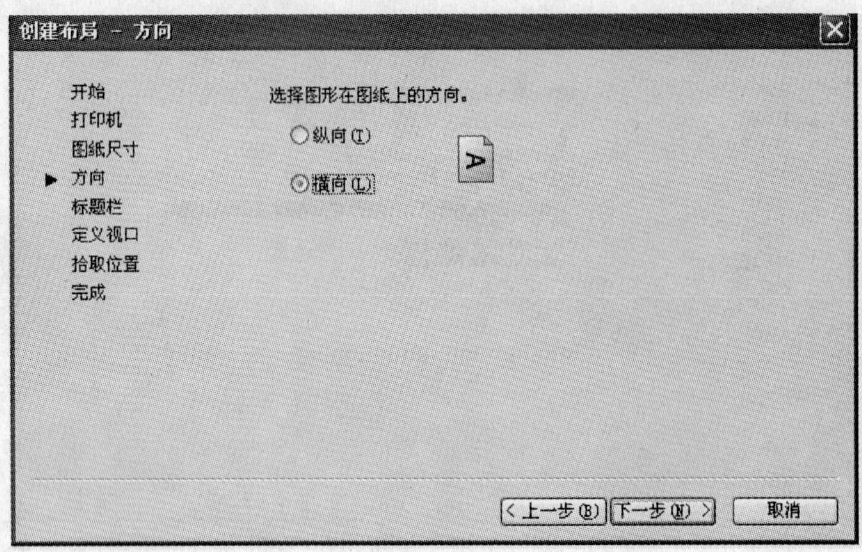

图 11-13 “方向”向导

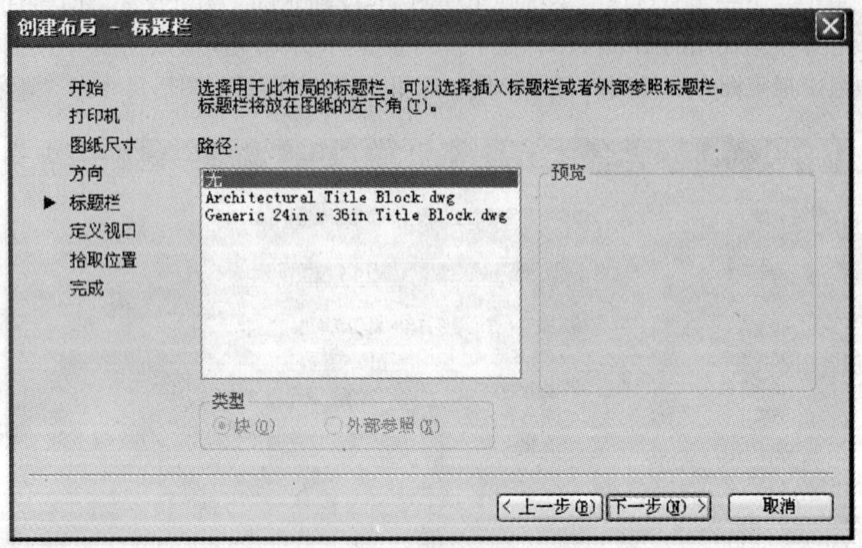

图 11-14 “图纸尺寸”向导

（6）单击“下一步”按钮，系统弹出如图 11-15 所示的“定义视口”向导对话框，该向导用于设置该布局视口的类型以及比例等。用户可以在“视口设置”选项组中选择视口类型，在“视口比例”下拉列表中选择比例。“行数”、“列数”、“行间距”等文本框用于设置行、列及间距。如选中“标准三维工程图”选项，其他设置使用默认值。

（7）单击“下一步”按钮，系统弹出如图 11-16 所示的“拾取位置”向导对话框，该向导用于选择要创建的视口配置的角点，这里不作选择。

（8）单击“下一步”按钮，系统弹出如图 11-17 所示的“完成”向导对话框，单击“完成”按钮，即可完成布局的创建。

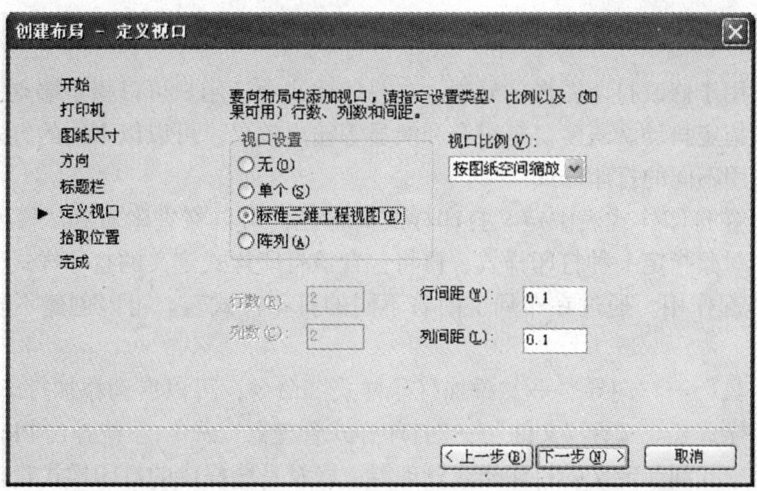

图 11-15 “方向”向导

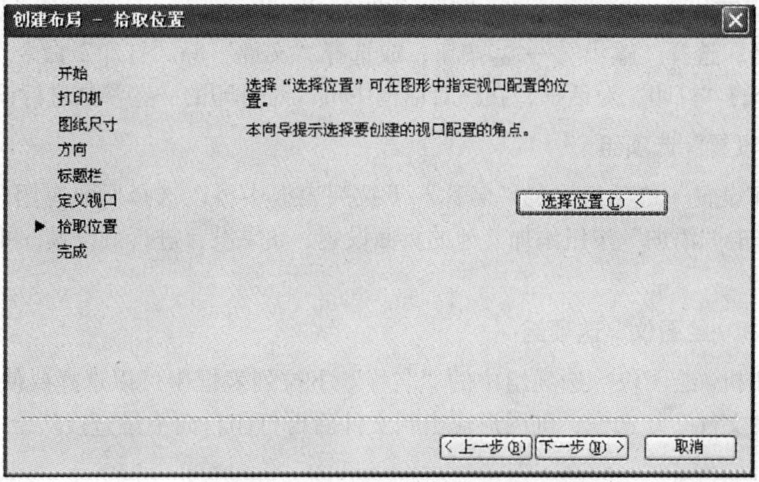

创建布局 - 拾取位置

开始
打印机
图纸尺寸
方向
标题栏
定义视口
▶ 拾取位置
完成

选择“选择位置”可在图形中指定视口配置的位置。

本向导提示选择要创建的视口配置的角点。

选择位置(L) <

< 上一步(B) 下一步(N) > 取消

图 11-16 “拾取点”向导

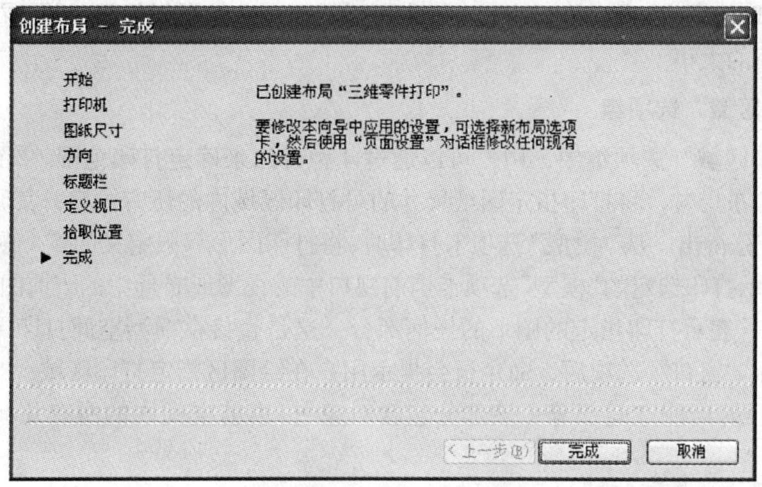

图 11-17 “完成”向导

11.2.2 打印样式

打印样式用于修改打印图形的外观。在打印样式中，用户可以指定端点、链接和填充样式，也可以指定抖动、灰度、笔指定和淡显等输出效果。可以以不同的方式打印同一图形，也可以使用不同的打印样式。

用户可以在打印样式表中定义打印样式的特性，可以将它附着到“模型”标签和布局中。如果给对象指定一种打印样式，再将包含该打印样式定义的打印样式表删除，则该打印样式将不起作用。通过在布局上附着不同的打印样式表，可以创建不同外观的打印图纸。

选择“工具”→“向导”→“添加打印样式”命令，可以启动添加打印样式表向导，创建新的打印样式表。选择“文件”→“打印样式管理器”命令，系统弹出 Plot Styles 窗口，用户可以在其中找到新定义的打印样式管理器，以及系统提供的打印样式管理器。

11.2.3 打印图形

在功能区，选择“输出”→ 按钮，或选择“文件”→“打印”命令，系统弹出如图 11-18 所示的“打印”对话框，在该对话框中可以对打印的一些参数进行设置。

1.“页面设置”选项组

在“页面设置”选项组中的“名称”下拉列表框中可以选择所要应用的页面设置名称，也可以单击“添加”按钮添加其他的页面设置，如果没有进行页设置，可以选择“无”选项。

2.“打印机 / 绘图仪”选项组

在“打印机 / 绘图仪”选项组中的“名称”下拉列表框中可以选择要使用的绘图仪。勾选“打印到文件”复选框，则图形输出到文件后再打印，而不是直接从绘图仪或者打印机打印。

3.“图纸尺寸”选项组

在“图纸尺寸”选项组的下拉列表框中可以选择合适的图纸幅面，并且在右上角可以预览图纸幅面的大小。

4.“打印区域”选项组

在“打印区域”选项组中，用户可以通过 4 种方法来确定打印范围。“图形界限”选项：表示打印布局时，将打印指定图纸尺寸的可打印区域内的所有内容，其原点从布局中的（0,0）点计算得出。从“模型”选项卡打印时，将打印图形界限定义的整个图形区域；“显示”选项：表示打印选定的“模型”选项卡当前视口中的视图或布局中的当前图纸空间视图；“窗口”选项：表示打印指定的图形的任何部分，这是直接在模型空间打印图形时最常用的方法。选择“窗口”选项后，命令行会提示用户在绘图区指定打印区域；“范围”选项：用于打印图形的当前空间部分（该部分包含对象），当前空间内的所有几何图形都将被打印。

5.“打印比例”选项组

在“打印比例”选项组中，当选中“布满图纸”复选框后，其他选项均显示为灰色，不能更改。取消选中“布满图纸”复选框后用户可以对比例进行设置。

单击“打印”对话框右下角的按钮，则展开“打印”对话框，如图 11-19 所示。

在“打印”对话框展开部分中，可以在“打印样式表”选项组的下拉列表框中选择合适的打印样式表，在“图形方向”选项组中可以选择图形打印的方向，如果选中“上下颠倒打印”复选框，则会上下颠倒地放置并打印图形。

单击“预览”按钮，可以对打印图形效果进行预览，若对某些设置不满意可以返回修改。在预览中，按 Enter 键可以退出预览并返回到“打印”对话框，单击“确定”按钮进行打印即可。

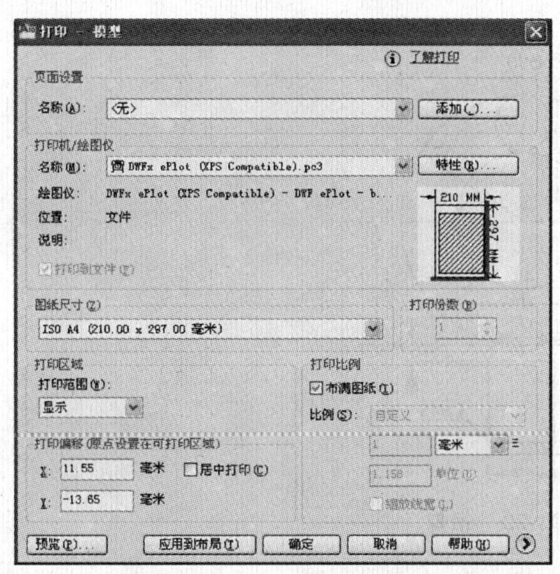

图 11-18 “打印”对话框

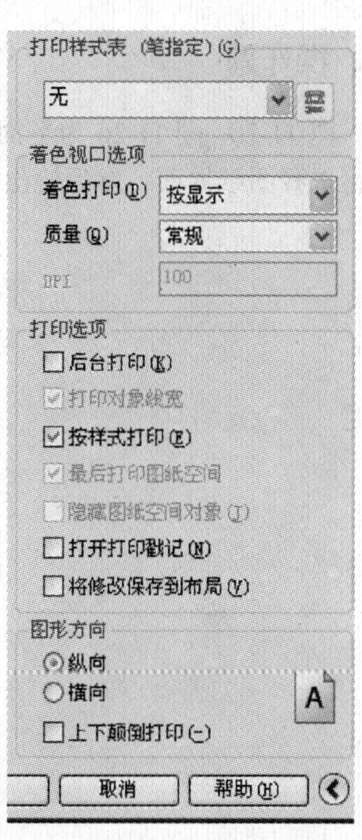

图 11-19 “打印”对话框展开部分

思考与操作

一、填空题

1. CAD 为用户提供了两种并行的工作空间：________ 和 ________ 。

2. 在“打印”对话框的 ________ 选项组中可以设置图形在打印纸中的位置。

3. 要打印图形的指定部分，采用 ________ 方式确定打印范围，而在图纸空间打印，一般选择 ________ 方式确定打印范围。

二、选择题

1. CAD 打印图形选择图纸尺寸时，________ 选项表示打印指定的图形的任何部分，这是直接在模型空间打印图形时最常用的方法。

A. “布局”　　B. “窗口”　　C. “显示”　　D. “范围”

2. 在同一张图纸中绘制不同比例的图形，采用从 ________ 出图时，不需设置不同的尺寸标注样式。

A. 模型空间　　B. 图纸空间

三、操作题

图 11-20~ 图 11-26 为平面图形、零件图及三维立体图形。读者可以进行选择性练习，自行选择图纸界面，然后输出打印。

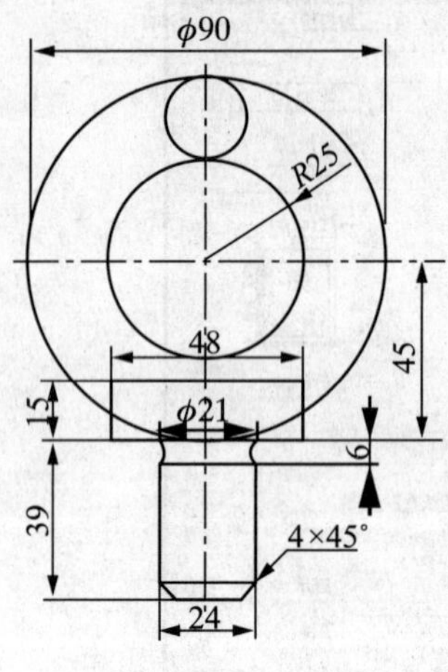

图 11-20　吊勾

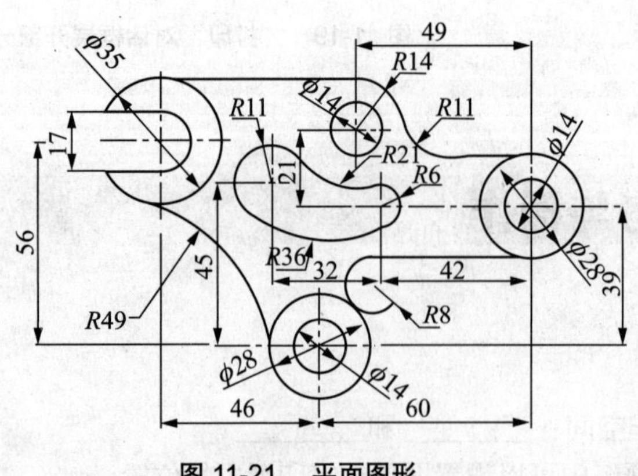

图 11-21　平面图形

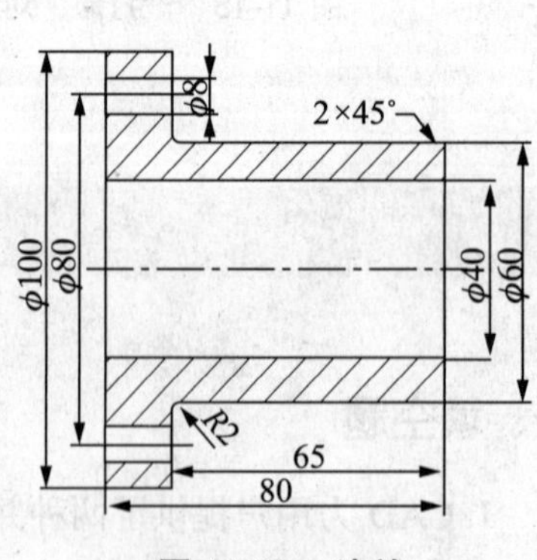

图 11-22　法兰

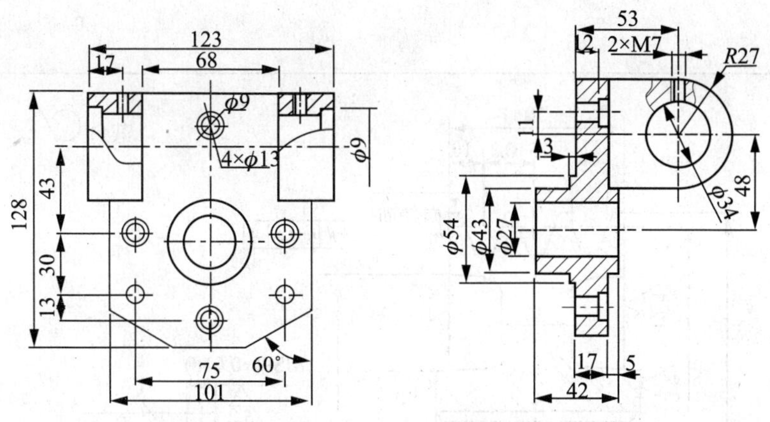

图 11-23　支架体

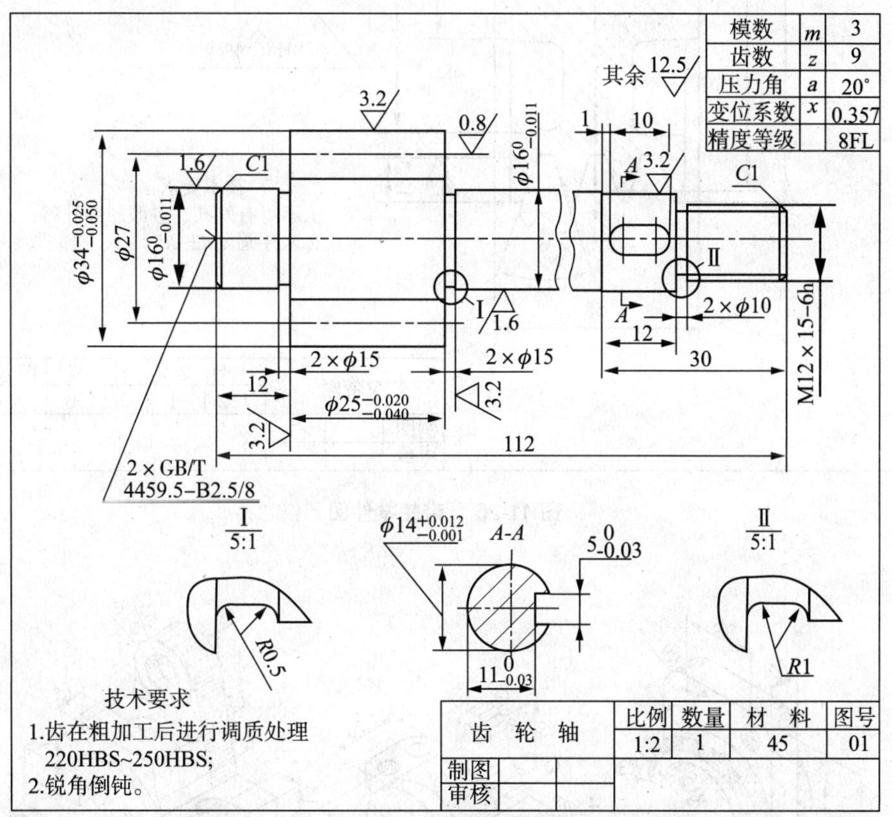

图 11-24　阶梯轴零件图

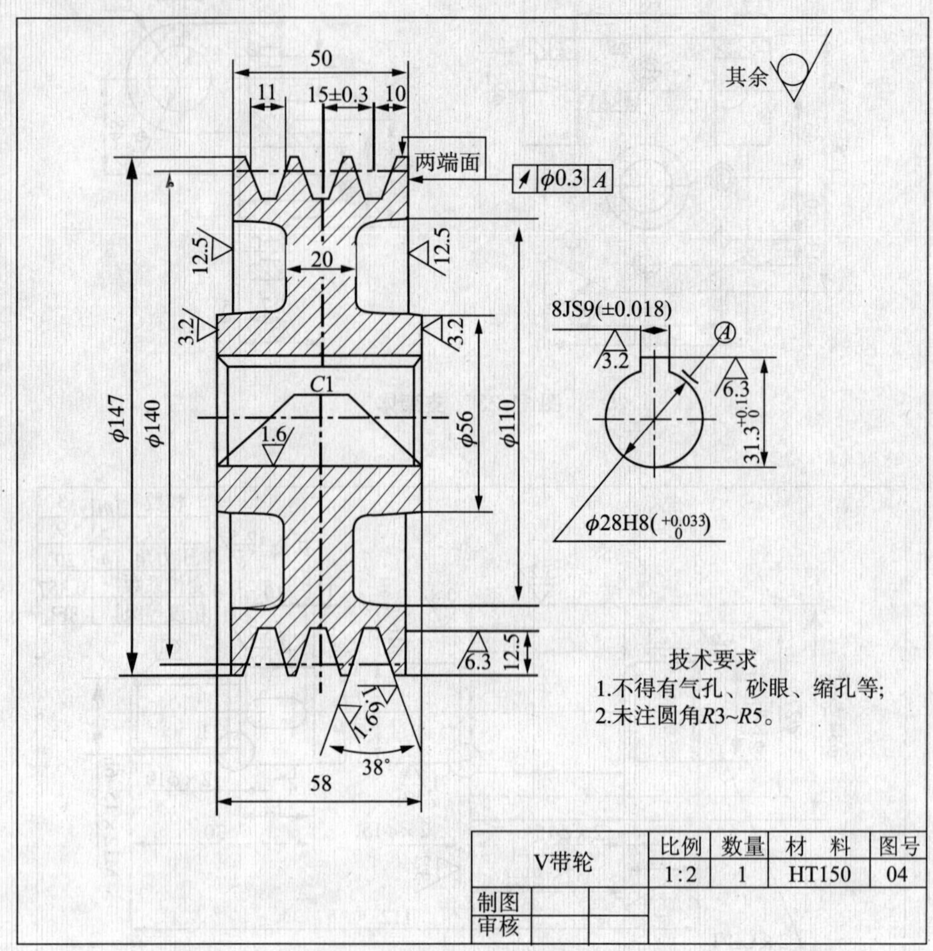

图 11-25 带轮零件图

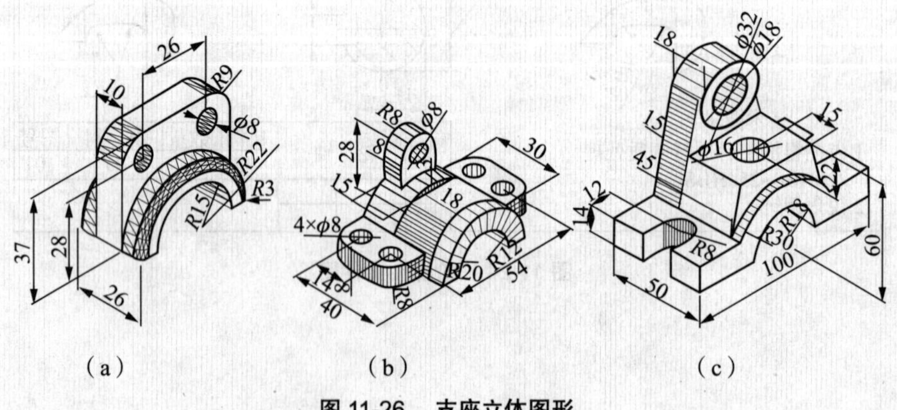

图 11-26 支座立体图形

参考文献

[1] 李捷 . 中文 AutoCAD 实用教程（AutoCAD 2009 版）. 北京：机械工业出版社，2009
[2] 李景仲 . AutoCAD 2008 中文版实用教程 . 北京：国防工业出版社，2009
[3] 李秀娟 . AutoCAD 绘图实训教程 . 北京：航空工业出版社，2009
[4] 王宪生 . AutoCAD 中文版实训教程（2008）. 北京：清华大学出版社，2007
[5] 杨立浑 . AutoCAD 2009 机械设计入门到精通 . 北京：机械工业出版社，2009

图书在版编目（CIP）数据

AutoCAD 2010中文版基础教程/魏祥武主编. —北京：中国人民大学出版社，2011.10
21世纪高职高专机电类规划教材
ISBN 978-7-300-14252-4

Ⅰ.①A… Ⅱ.①魏… Ⅲ.①计算机辅助设计—AutoCAD软件—高等职业教育—教材
Ⅳ.①TP391.72

中国版本图书馆 CIP 数据核字（2011）第 215721 号

21世纪高职高专机电类规划教材
AutoCAD 2010中文版基础教程
主　编　魏祥武
副主编　王　梅　胡晓燕　李　靖
主　审　李滨慧

出版发行　中国人民大学出版社
社　　址　北京中关村大街31号　　邮政编码　100080
电　　话　010-62511242（总编室）　010-62511398（质管部）
　　　　　010-82501766（邮购部）　010-62514148（门市部）
　　　　　010-62515195（发行公司）　010-62515275（盗版举报）
网　　址　http:// www. crup. com. cn
经　　销　新华书店
印　　刷　北京宏伟双华印刷有限公司
规　　格　185 mm × 260 mm　16开本　　版　　次　2011 年 11 月第 1 版
印　　张　16.5　　印　　次　2020 年 1 月第 2 次印刷
字　　数　354 000　　定　　价　29.00 元